U0574149

北京鸟类图鉴 （第2版）

北京地区 448 种鸟类彩色图鉴

Beijing Niaolei Tujian

赵欣如 主编

北京师范大学出版集团
BEIJING NORMAL UNIVERSITY PUBLISHING GROUP
北京师范大学出版社

图书在版编目（CIP）数据

北京鸟类图鉴 / 赵欣如主编. —2版. —北京：北京
师范大学出版社，2014.1（2024.8重印）
ISBN 978-7-303-15861-4

Ⅰ.①北…　Ⅱ.①赵…　Ⅲ.①鸟纲－北京市－图谱
Ⅳ.①Q959.708-64

中国版本图书馆 CIP 数据核字（2012）第 313367 号

图书意见反馈　gaozhifk@bnupg.com　010-58805079

BEIJING NIAOLEI TUJIAN
出版发行：北京师范大学出版社　www.bnup.com
　　　　　北京市西城区新街口外大街 12-3 号
　　　　　邮政编码：100088
印　　刷：北京盛通印刷股份有限公司
经　　销：全国新华书店
开　　本：890 mm×1240 mm　1/48
印　　张：12.5
插　　页：108 千字
字　　数：400 千字
版　　次：2014 年 1 月第 2 版
印　　次：2024 年 8 月第 5 次印刷
定　　价：98.00 元

策划编辑：周益群　王婧凝　责任编辑：周益群　王婧凝
美术编辑：毛　佳　　　　　装帧设计：毛　佳
责任校对：李　菡　　　　　责任印制：马　洁

内容简介

新出版的《北京鸟类图鉴》是《北京鸟类图鉴》(1999)的第 2 版，是识别北京地区鸟类的一部比较全面实用的工具书。共记录北京鸟类 448 种，分属于 19目，69 科，种数较第 1 版增加了一倍（增加 224 种）。每种鸟类均以彩色生态照片刊出，并对每种鸟依次列出中文名称、拉丁学名、英文名，给出体长、体重和形态特征描述。还根据研究资料，对每种鸟的生活习性、繁殖特点、食性、居留类型和分布等作了扼要的介绍。为满足野外快速识别的需要，本版还特别增加了每种鸟的野外识别特征，以数十字的描述精准概括各个鸟种在野外识别的要点。第 2 版内容注意呈现十余年来北京地区鸟类的种类、分布和数量的变化情况。

本书可供专业人员在北京及其附近地区开展科学研究，农、林、综合大学、师范院校师生开展动物学实习，自然保护、海关、商检、检疫以及旅游部门和鸟类爱好者及广大青少年使用、参考。本书除在北京及其附近地区适用外，也适用于中国北方的广大地区。

主　　编：赵欣如

副 主 编：肖　雯　　蔡　益　　董　路　　张　瑜
　　　　　刘　阳　　雷进宇

文字撰稿：赵欣如　　肖　雯　　蔡　益　　刘　阳
　　　　　雷进宇　　黄　伟　　舒晓南　　李海涛
　　　　　赵碧清　　郭冬生　　张素艳　　颜　菁
　　　　　郭　洁　　冷雪莲

文字统稿：董　路　　肖　雯

校　　对：董　路　　赵欣如　　梁　炟　　卓小利

内文摄影：白　勇　　陈建中　　陈　林　　陈青骞
　　　　　陈承光　　董江天　　董　磊　　冯立国
　　　　　冯启文　　萧敏晶　　高宏颖　　高建中
　　　　　谷国强　　韩　政　　何静臣　　黄卓研
　　　　　江航东　　李宝东　　李剑志　　李全江
　　　　　李显达　　林文崇　　林　植　　刘东伟
　　　　　牛蜀军　　乔轶伦　　秦成利　　任世君
　　　　　荣　昕　　沈惠明　　沈　强　　沈　越
　　　　　舒晓南　　孙宝安　　孙少海　　陶玉敏
　　　　　万绍平　　王吉衣　　王　利　　王天尧
　　　　　吴宏伟　　吴志华　　徐永春　　颜小勤
　　　　　羊　奎　　阳德青　　杨　可　　余日东
　　　　　袁　晓　　张立峰　　张　明　　张　铭
　　　　　张代富　　张锡贤　　张　永　　张　瑜
　　　　　张振昌　　张培钰　　赵超彬　　赵和平
　　　　　郑谦逊　　钟悦陶　　周　彬　　周奇志
　　　　　朱　雷

封面摄影：宿双宁　　范继江

绘　　图：肖　雯　　张　瑜　　赵欣如

摄影统稿：张　瑜　　舒晓南

电脑制作：张　瑜

目　录

第一部分　图片检索

第二部分　分种描述

附录

　世界自然保护联盟制定的 9 个物种保护级别

　北京地区观鸟地点简介

　北京地区观鸟地点示意图

　野外观鸟的准备工作

　野外识别鸟类的方法

　数字观鸟

　鸟类的摄影、摄像及录音常识

　鸟名中的生僻字

第 2 版序

　　非常高兴地看到由北京师范大学赵欣如先生主编的《北京鸟类图鉴》第 2 版问世，这是继《北京鸟类图鉴》第 1 版出版十余年后，作者对北京地区鸟类种类与分布地点所做的进一步充实和完善，在编写内容和鸟类图片质量方面都有了很大提高。

　　中国鸟类学研究的蓬勃发展以及"爱鸟周"宣传活动的广泛深入，从多方面促进了鸟类科学的普及，爱护鸟类、观赏鸟类和鸟类摄影已经成为一种时尚。十余年前从北京悄然兴起的民间观鸟活动正在逐渐壮大并影响到全国，它给鸟类的分布调查以及观察和保护等方面都带来了新的活力，近年来仅北京地区的鸟类新记录就多达 60 余种，这些新发现有不少是来自于民间观鸟者。这股力量也正在悄悄地影响和推动着社会的进步。

　　科学家注意到近几十年来的全球气候变化已导致某些物种的数量和分布发生了巨大的改变，这一方面显现了自然环境主宰着物种的命运；另一方面也反映出生物物种对不利环境的积极适应能力。《北京鸟类图鉴》及时归纳总结有关北京地区的鸟类动态并汇集成书，从长远看，不仅对研究北京地区鸟况的历史有参考价值，也为科研工作者、野生动物管理机构等提供较为系统的科学信息。

　　随着中国经济的快速发展，城乡环境正在发生翻天覆地的改变。生态城市怎样建设？生态园林怎样实现？已成为自然科学家、社会科学家以及政府最为关注的问题。鸟类是对环境变化最为敏感的动物类群之一，用它来监测环境变化，是各国普遍认同的一种方法。这本鸟类识别的工具书可以很好地帮助读者鉴别鸟种，吸引更多的朋友参与到鸟类的观察和研究活动中来。

无论是鸟类生态学研究，还是机场鸟撞预防、农作区和果园地区鸟害防控等应用性研究，都需要在野外识别鸟类。只有快速、准确的识别鸟种才能顺利开展研究工作。因此它是专业人员和业余人员共同的基本需求。一本好的图鉴能够给使用者带来很大的帮助。

赵欣如先生早在读大学时就表现出对鸟类有着特别浓厚的兴趣。在长期的教学、科研过程中热爱野外工作，勤于观察和思考，认真钻研，特别在野外辨识鸟类和鸟类鸣声记录等方面下过一番苦功，对鸟类有了许多自己的理解。他在繁忙的工作之余，始终不忘对鸟类保护工作的关心，并怀着极大的热情开展鸟类科普工作，特别是从 1996 年开始参与普及民间的观鸟活动，对我国观鸟活动的健康发展起到了推动作用。《北京鸟类图鉴》第 2 版的出版，从多方面展现出他对鸟类研究和观鸟活动的一份热爱和心得。

希望读者们拿到这本书时会喜欢它。让我们带上它走进自然，走进鸟类的世界，和鸟类成为真正的朋友！

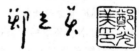

中国科学院　院士
北京师范大学　教授
2013 年 6 月

序

"盛世修志"是中华民族的悠久传统。新中国成立后，特别是改革开放以来，我国鸟类学的全国志、区域志、地方志以及图志陆续出版。

由北京师范大学赵欣如先生主编，中国林业出版社出版的《北京鸟类图鉴》的问世，堪称是目前国内诸多图志中的一部精品。该书对于北京地区的鸟类，以丰富的记述，精练的语言，翔实的数据和图文并茂的特色出现于出版物之林，必将受到广大读者的欢迎和称许。

本书首次在我国鸟类图鉴上使用了全部彩色图片，成为集学术性、技术性和可操作性为一体的工具书。本书收集的鸟类共计有 224 种，对于每个鸟种都记述了中文名、英文名、拉丁学名、量衡度、形态、生态、居留状况和地理分布。并且，提纲挈领地对它们所属的各个目及科都简述了其主要特征。

特别难得可贵的是赵欣如先生在北京师范大学从事生物学教学和研究工作近 20 年，发表的数十篇研究论文和一些专著，都涉及北京的山地森林、水库湿地、城市公园鸟类。其他作者及摄影者也大都是这方面的专业工作者。作者们在野外调查和科学研究的基础上，依据实地观察和标本，编著的这部《北京鸟类图鉴》不仅具有学术价值，而且也具有实用价值。例如：书中提到北京的小太平鸟居留状况是罕见的冬候鸟；发冠卷尾则为较罕见的夏候鸟。这些都是依据长时间观察后得出的正确定量论断。

全书采用了在野外拍摄的大量鸟类彩色图片，它不仅对于野外鸟类识别十分有用，而且更会引起社会上广泛读者群体的兴趣，包括大、中学校师生，社会鸟类爱好者及所有爱护自然环境、保护自然环境的朋友、群众团体的青睐。同时，也可以作为野生动物管理部门、海关、检疫部门及美术家的参考资料。

当前是知识经济兴起的新时代。知识经济中最重要的资源是知识，而知识积累和传播都离不开各种出版媒体。可以预期，这将为更多的出版物持续快速发展提供广阔空间和无穷动力。祝更多的研究鸟类和保护鸟类的出版物在中华大地上不断涌现。

郭继框

1998 年 9 月 30 日

第 2 版前言

《北京鸟类图鉴》第 1 版在 1999 年 3 月份出版。今年推出第 2 版。

时隔 12 年，中国和世界都发生了翻天覆地变化。科学与教育越来越引起人们的重视。从中国鸟类学科研究的不断深入与民间观鸟活动的普及发展，都能反映出社会与民众的态度。今天，人们更加重视鸟类的生存与环境的保护。关注与研究野生鸟类已不是少数鸟类学家的事情，广大的观鸟朋友也加入其中。他们人数之多，规模之大，活动形式之多样，分布之广，在全国各地形成一支特别的队伍。他们常年充满热情地观察与记录鸟类的活动。虽然不十分专业，但不断有别具一格的发现，并为国家收集了大量的鸟类基础数据，甚至于还有不少鸟类分布与生态方面的新记录。由此，15 年来，中国民间观鸟活动的适时发展给鸟类学的发展带来新的活力。

迄今为止，世界上唯有天文学和鸟类学拥有了如此庞大的爱好者队伍。这两支队伍乐此不疲地对他们相应的学科给予支持，做出贡献。

在中国，我们高兴地看到鸟类爱好者的群体已经形成，观鸟活动日渐兴旺。虽然观鸟的发展历史并不长，但观鸟的方式已形成了多种类型。有些观鸟者以快速增加个人的新鸟种为主要目标，不但要有总量的迅速增长，而且要拼争一年之中或一次观鸟活动之中所目击的鸟种数以及个人新增的鸟种数，猎奇与占有的心态特征鲜明。他们十分热情以至于表现出近于痴狂的状态，可谓活力十足。另有些观鸟者以放松休闲为第一目的，到哪看鸟都高兴，看到什么鸟都高兴，看到的种类记不大清，熟悉的鸟种也不多，对观鸟的知识、方法、设备都不大在意。无忧无虑是他们最明显的特征。还有一些观鸟者以认识和懂得鸟类为主体目标，他们观鸟讲究方法，循序渐进，始终保持着观鸟的耐心态度与冷静的好奇心。他们仔细观察、认真记录、勤于总结、乐于分享，不满足于发现和辨认种类，还尽可能地观察和记录鸟类的生态与行为，从中思考鸟类所叙述自然故事，咀嚼鸟类表现出的生态原理。无论怎样，哪种类型的观鸟者都在观鸟中得到了快乐。观鸟的方式取决于他们不同的理念、情感、品位和文化取向。他们不同的活动类型正是观鸟多元化的真实写照，各有各的特点。我个人更欣赏第三类观鸟者，他们的观鸟方式体现了科学精神与人文精神的结合，体现了尊重自然，科学观鸟的情趣与态度。他们的观鸟行为无论是在社会还是在自然中都显得那么优雅和谐。

年轻的鸟类工作者往往由于在学期间过早地专门研究一两种鸟，不具备野外识别鸟类的能力。应该结合工作加强实践，和观鸟者交朋友，坚持不懈地通过观鸟提高专业工作能力。

今天，知识经济时代已经到来。社会的进步促使人们更多地考虑环境保护和生态文明建设。因此，观鸟活动显示出了它的时代价值。

让我们带着永久的好奇心，走进鸟的世界，安安静静，少去打扰。把我们高尚的情感融入到自然之中！

赵欣如

写于北京师范大学

2013 年 3 月

前　言

　　1980 年的夏天，当我置身于河北省小五台山的深山密林中开始尝试鸟类学野外工作的时候，就深感野外识别鸟类的艰难和困惑。虽然当时已经具备了动物学和鸟类学的基础，并携带了能找到的一些鸟类专业书籍，但仍无法准确辩认遇到的鸟类，甚至一些常见种类。那时，我就萌生了编写彩色鸟类图鉴的想法，因为图鉴可以有效地解决野外工作的困难，使研究者能尽快地认识和区分不熟悉的种类，从而开展真正的研究工作。

　　回想近 20 年来我在鸟类学研究工作上的进步，首先应该感谢我的老师郑光美教授，是他引导我走上了鸟类学研究的道路。他对鸟类表现出来的研究热情和令人羡慕的野外观察研究能力，以及对科学事业的献身精神一直感染和激励着我去不断进取和探索。在他的影响下，我努力锻炼野外识别和研究鸟类的能力，坚持去做力所能及的研究工作；也使我鼓起勇气，把编写《北京鸟类图鉴》的幻想变成现实。当前，在国内一些鸟类科学专业人员中仍然存在着不能认识野外鸟类或是只能靠标本认识鸟类的问题。这是由许多历史原因造成的。早期的鸟类研究，往往是通过猎取标本开展工作。随着科学的发展，人们开始注重研究自然的、生活状态下的鸟类。野外识别鸟类成为研究者必不可少的基本功。无论从事鸟类的种群、群落、区系、分布，还是行为、生态工作都需要在野外辨认和区分种类。因此，精美适用的鸟类图鉴是目前国内非常需要的专业工具书。

　　我们尝试着用彩色照片的形式出版《北京鸟类图鉴》，以尽量客观、准确地反映鸟种的形态特征和栖息环境。本书还配以相应的文字对每个鸟种进行描述，包括形态特征、生态特征、居留状况和分布等内容。这些内容不仅适于专业人员开展研究，也适合高校生物专业的大学生在北方地区开展野外实习时用。对于业余观鸟者、爱好自然的朋友们来说，本图鉴也希望能成为他们从事观鸟活动时的好朋友。我们真诚地将此书奉献给所有研究和热爱鸟类的朋友们。

本书的中文版和英文版同时发行。

感谢汪永晨女士、金嘉满女士对出版此书所作出的巨大努力！

感谢茹梦公司和李丹霓女士对出版此书的大力支持！

感谢所有对出版此书给予帮助的朋友们！

由于我们的水平所限和拍摄照片的艰难，书中还存在着许多不尽如人意之处，希望鸟类学的同行和所有的读者给予谅解，并提出宝贵的意见，以便再版时加以改进。

写于北京师范大学

1998 年 9 月

使用说明

本书介绍的所有鸟种均按照郑光美先生《中国鸟类分类与分布名录》第 2 版（2011）的分类系统编排。鸟类的中文名、英文名和拉丁学名也采用该书的系统。本书不涉及种下分类问题。

本书内容主要分为两大部分。

第一部分是彩色照片，展示了北京地区 19 目 69 科 448 种鸟类的真实形态与生境。每幅彩色照片下均标有序号及该鸟种的中文名、拉丁学名与英文名。由于版面所限，每种鸟只安排了一幅照片（少数种安排两幅）。许多鸟类雌、雄、成、幼体的羽色、体型不同或是冬羽、夏羽不同，这些内容均在第二部分文字说明中分别予以介绍。

第二部分是文字说明，集中编排在彩页之后，对第一部分所涉及的 448 种鸟类逐一进行简明的科学描述，其序号、中文名、拉丁学名和英文名均与彩色照片下的标注相同，读者可以方便地对照阅读。在介绍每种鸟的形态特征之前，特别介绍野外识别特征；生态特征则主要介绍栖息环境、鸣叫特点、食性、繁殖习性等内容；分布简介了该种鸟在国内、外的主要分布情况；居留状况介绍了该种鸟在北京地区的居留类型和时期。每个鸟种的体长和重量呈现于名称之后。在文字页各鸟种描述之后，采用图标集中呈现该种鸟的居留类型、数量等级和在北京地区的主要栖息地。该种鸟所属的国家保护级别在学名前用罗马数字标出。进入世界自然保护联盟（IUCN）《红色名录》和《中国濒危动物红皮书》的鸟种分别用英文缩写字母标出保护等级（物种保护级别详见书后附录）。

由于人们在考察或观鸟时通常总是面对某种栖息地，因而所见到的鸟类并不是单一目或科的集合，而往往是该栖息地生态类群的集合（如湿地的游禽、涉禽，森林中的鸣禽、攀禽等）。为此，本图鉴在彩色照片部分的前面编排了游禽、涉禽、陆禽、猛禽、攀禽、鸣禽六大生态类群的快速查找目录，读者可以根据所观察到的鸟类的外形轮廓及特征，迅速查到相应的目或科的图标，该图标后面的页码即为该目或科下各种鸟类所处的位置。对于非雀形目的鸟可查到目；雀形目的鸟可查到科。

图例说明：

雄鸟	♂
雌鸟	♀
留鸟	●
夏候鸟	⊕
冬候鸟	⊕
旅鸟	◐
数量多	●●●●
数量较多	●●●○
数量较少	●●○○
偶见	●○○○
平原	⊖
低山	▲ (海拔 100～750 m)
中山	▲ (海拔 750～1 400 m)
亚高山	▲ (海拔 1 400 m 以上)
水域	⊗
城郊公园	◉

北京地区自然条件和鸟类分布概况

北京位于华北平原西北端，地理坐标为北纬 39°26′~41°03′，东经 115°25′~117°30′，土地面积为 16 807.8 km²。地势西北高，东南低；傍山面海，地理优越。西北部群山连绵，西部山地属太行山脉，北部属燕山山脉；东南部是一片缓慢向渤海倾斜的平原，距渤海仅 150 km。按地势高低划分，本市分为山地和平原两部分，山地占土地面积的 62%；平原占土地面积的 38%。

目前北京全市森林覆盖率仅为 38.26%，原生植被已经消失，山地森林由天然次生林和人工林构成，且林龄偏幼。但从地理角度看，北京地处中纬度地区，具有明显的温带大陆性季风气候特征，适合森林发育。曾是且现在也是华北地区物种较丰富的地段。从动物地理角度看，北京属古北界，东北亚界，华北区（内含黄土高原亚区和黄淮平原亚区的成分）。北京地区分布的鸟种主要是北方种类（古北种），也有一些南方种类（东洋种）的渗透。既是古北界北方种类的分布区，又有蒙新区种类向东延伸的分布，同时还是东洋界种类向北渗透的北界，甚至还有某些喜马拉雅成分的渗透。因此，北京地区鸟类相对较丰富，蔡其侃先生所著的《北京鸟类志》上共记录了 340 余种。

近 30 年，特别是近十年来北京地区鸟类分布的种类数逐渐增加，已多达 400 余种。新增的分布种类记录主要来自民间观鸟者的发现，这些重要的记录反映出观鸟活动对科学的不小贡献。鸟类分布在北京地区的较大变化应该让我们注意到两个问题：科学的发现与记录是一个不断发展、不断积累的过程；鸟类的分布随环境的变化在发生改变。

不过这个数字是中外学者、观鸟者 100 多年来研究结果的积累。其中有一些种类仅在某个时期有过偶然的记录。除此以外，北京地区的鸟类并不能同时都在北京出现，而是存在着明显的季节性特征。这些鸟类中有：**留鸟**常年居留北京地区的鸟种；**夏候鸟**春夏在北京地区繁殖，秋冬南迁的鸟种；**冬候鸟**仅冬季在北京地区生活，春季向北迁徙的鸟种；**旅鸟**既不在北京繁殖，又不在北京越冬，仅每年春季和秋冬在南北迁徙途中，路过北京地区的鸟种；**迷鸟**本不该在北京生活，而由于某种自然原因在北京偶然出现的野生鸟种。另有八哥等个别种类因人为放生或逃逸所致，已在北京地区建立野外种群，本图鉴将其视为逃逸性留鸟。此外，由于本书不讨论种下分类，而一些鸟种的亚种或种群较多，在北京地区可存在多种居留类型。

因此，在每个季节中我们所能看见的鸟类实际上仅仅是北京地区的留鸟和与季节相对应的居留成分。从全年看，常见鸟种约 100 余种。

由于地理、气候和植被等方面的因素，鸟类分布还会表现出垂直变化的特征。在北京地区可粗略地分为平原鸟(海拔 100 m 以下)，低山鸟(海拔 100～750 m)，中山、亚高山鸟(海拔 750～1 400 m、1 400 m 以上)。夏季，山地鸟类相对丰富，平原鸟类较少；冬季，低山和平原鸟类相对丰富，中山、亚高山鸟类较少；春、秋两季从平原到中山地带鸟类均较丰富。在北京地区，平原常见的种类有麻雀、灰喜鹊、喜鹊、乌鸦类、燕、雨燕、灰椋鸟、鸫类和百灵类等；低山常见的种类有麻雀、山雀、鸦雀、鸫类、喜鹊、灰喜鹊、蓝鹊、鸠鸽、雉鸡、红角鸮等；中山、亚高山常见的种类有山雀、柳莺、鸠鸽、雉鸡、鸫类、松鸦、山鸦、鹛和鸦雀等；水域湿地的常见种类有翠鸟、鹡鸰、黑水鸡、苇鳽、鹭、鸭、雁、鸻鹬类和鸊鷉类等。

从生态类群看，游禽、涉禽喜在水域湿地栖息；陆禽、攀禽喜在森林环境生活；猛禽和鸣禽在各种环境都有相应的种类出现。

北京城区亦属平原地带，由于城市的发展和人类活动形成了特殊的景观，对鸟类分布也带来特殊的影响。城市中的公园绿地像岛屿一样，吸引着一些平原鸟种和迁徙种类，有大面积水面的公园还能季节性地吸引一些水禽。

总体看来，鸟类在北京的分布包含了季节分布和垂直分布两大特征。由于环境差异极大，北京地区鸟类的分布是不均匀的。植被丰富、生境多样的地区鸟种多；植被单一或缺乏、生境单一的地区鸟种明显少。因此，山区鸟种多于平原，湿地鸟种多于旱地，城市公园鸟种多于城市其他地区。

北京地区示意图

N

鸟类形

头顶 ——————————————
耳羽 ——————————————

枕 ————————————————

背 ————————————————

肩羽 ——————————————
小覆羽 —————————————
中覆羽 —————————————
大覆羽 —————————————
腰 ————————————————
三级飞羽 ————————————
次级飞羽 ————————————
尾上覆羽 ————————————
尾羽 ——————————————

尾下覆羽 ————————————

初级飞羽 ————————————

跗蹠 ——————
趾 ————————
爪 ————————

鸟体各部分名称

鸟类体长、翼展的测量

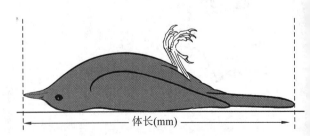

体长(mm)

示注图

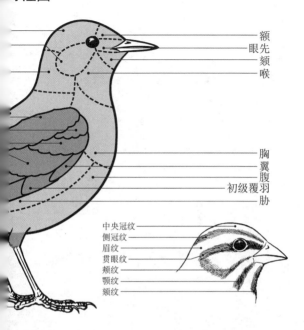

额
眼先
颏
喉

胸
翼
腹
初级覆羽
胁

中央冠纹
侧冠纹
眉纹
贯眼纹
颊纹
颚纹
颏纹

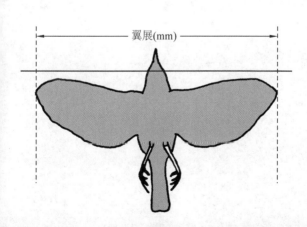

翼展(mm)

第一部分
图片检索

Part I
Color Key

游禽 Waterfowls

涉禽 Wading Birds

猛禽 Raptors

陆禽 Upland Birds

攀禽 Scansores

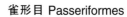

雀形目 Passeriformes

鸣禽 Songbirds

雀形目 Passeriformes

鸣禽 Songbirds

雀形目 Passeriformes

鸣禽 Songbirds

雀形目 Passeriformes

鸣禽 Songbirds

一、潜鸟目

体形似鸭。嘴强直，端部尖锐。鼻孔呈缝状。
后肢极度后移，前三趾具蹼，后趾很小，
且高于其他脚趾。善潜水。善飞翔。
雌雄相似。冬、夏羽不同。雏鸟早成。

1. Gaviiformes

Duck-like waterbirds.
Straight bills, pointed and sharp at the top.
Chink-shaped nostrils.
Legs set far back, webbed in the three front toes,
the hind toe is small and higher than the other toes.
Expert divers. Good at flying. Males and femaes
look the same. Both have different breeding and
wintering plumage. Chicks are precocial.

潜鸟目 **Gaviiformes**

001 红喉潜鸟 *Gavia stellata* Red-throated Diver

002 黑喉潜鸟 *Gavia arctica* Black-throated Diver

003 太平洋潜鸟 *Gavia pacifica* Pacific Diver

二、䴙䴘目

体形似鸭。颈细长。嘴细长，直而尖。
翅短，尾羽退化为几根绒羽。后肢后移。
具瓣状蹼。善潜水。
雌雄相似。雏鸟早成。

2. Podicipediformes

Duck-like waterbirds.
Long and slender neck.
Bills are slender, straight and pointed.
Wings are short and rounded.
The tail feathers are reduced to several small downs
and look like tailless.
Legs are located far back on the body.
Toes are lobed. Expert divers.
Males and females look similar.
Chicks are precocial.

鸊鷉目 **Podicipediformes**

004 小鸊鷉 *Tachybaptus ruficollis* Little Grebe

005 赤颈鸊鷉 *Podiceps grisegena* Red-necked Grebe

006 凤头鸊鷉 *Podiceps cristatus* Great Crested Grebe

007 角䴙䴘 *Podiceps auritus* Horned Grebe

008 黑颈䴙䴘 *Podiceps nigricollis* Black-necked Grebe

三、鹈形目

嘴强壮呈圆锥状，
常在嘴下有发达的喉囊。
四趾均向前，具全蹼。善飞翔。善潜水。
雌雄相似。雏鸟晚成。

3. Pelecaniformes

Bills are large, strong and conical-shaped.
Gular pouch often well developed between
the branches of the lower mandible.
The four toes all set front and
are joined by full-webs.
Expert fliers and good at diving.
Males and females look similar.
Chicks are altricial.

009 斑嘴鹈鹕 *Pelecanus philippensis* Spot-billed Pelican

010 卷羽鹈鹕 *Pelecanus crispus* Dalmatian Pelican

011 普通鸬鹚 *Phalacrocorax carbo* Great Cormorant

012 **绿背鸬鹚** *Phalacrocorax capillatus* Japanese Cormorant

013 **白斑军舰鸟** *Fregata ariel* Lesser Frigatebird

四、鹳形目

具有嘴长、颈长、后肢长的特征，
适于涉水。四趾均发达，且在同一平面。
巢常造在高大树木上。
雌雄相似。雏鸟晚成。

4. Ciconiiformes

Long bills,long necks and long-legged shorebirds.
The four toes are well developed
and situated at the same plane.
Often nest in high trees.
Males and females look similar.
Chicks are altricial.

鹳形目 Ciconiiformes

014 苍鹭 *Ardea cinerea* Gray Heron

015 草鹭 *Ardea purpurea* Purple Heron

016 大白鷺 *Ardea alba* Great Egret

017 中白鷺 *Egretta intermedia* Intermediate Egret

鹳形目 **Ciconiiformes**

018 白鹭 *Egretta garzetta* Little Egret

019 牛背鹭 *Bubulcus ibis* Cattle Egret

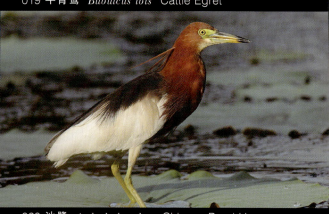

020 池鹭 *Ardeola bacchus* Chinese Pond Heron

021 绿鹭 *Butorides striata* Striated Heron

022 夜鹭 *Nycticorax nycticorax* Black-crowned Night Heron

023 黄斑苇鳽 *Ixobrychus sinensis* Yellow Bittern

024 紫背苇鳽 *Ixobrychus eurhythmus* Schrenck's Bittern

025 栗苇鳽 *Ixobrychus cinnamomeus* Cinnamon Bittern

026 黑苇鳽 *Dupetor flavicollis* Black Bittern

027 大麻鳽 *Botaurus stellaris* Eurasian Bittern

028 黑鹳 *Ciconia nigra* Black Stork

029 东方白鹳 *Ciconia boyciana* Oriental White Stork

030 白琵鹭　*Platalea leucorodia*　White Spoonbill

031 黑脸琵鹭　*Platalea minor*　Black-faced Spoonbill

五、雁形目

适于漂游或潜水的游禽。

嘴大，上下嘴宽而扁平，上嘴端具嘴甲，

嘴缘有锯齿状缺刻。头大、颈长。

前三趾具蹼。尾脂腺发达。

雌雄同色或异色。雏鸟早成。

5. Anseriformes

Swimmers that adapted to floating or diving.
Large, broad and flattened bills.

Covered with a thin layer of skin and bearing a nail
at the tip of the maxilla and fine lamellae along the
margins of the maxilla and mandible. Large heads
and long necks. The front three toes are joined by
webs. The tail oil glands are well developed. Sexes
alike or differ in plumages. Chicks are precocial.

032 疣鼻天鹅 *Cygnus olor* Mute Swan

033 大天鹅 *Cygnus cygnus* Whooper Swan

034 小天鹅 *Cygnus columbianus* Tundra Swan

035 鸿雁 *Anser cygnoides* Swan Goose

036 豆雁 *Anser fabalis* Bean Goose

037 白额雁 *Anser albifrons* White-fronted Goose

雁形目 **Anseriformes**

038 小白额雁 *Anser erythropus* Lesser White-fronted Goose

039 灰雁 *Anser anser* Graylag Goose

040 斑头雁 *Anser indicus* Bar-headed Goose

041 埃及雁 *Alopochen aegyptiacus* Egyptian Goose

042 赤麻鸭 *Tadorna ferruginea* Ruddy Shelduck

雁形目 **Anseriformes**

043 翘鼻麻鸭 *Tadorna tadorna* Common Shelduck

044 棉凫 *Nettapus coromandelianus* Cotton Pygmy Goose ♂

045 鸳鸯 *Aix galericulata* Mandarin Duck ♂

045 鸳鸯 *Aix galericulata* Mandarin Duck ♀

046 赤颈鸭 *Anas penelope* Eurasian Wigeon ♂

047 罗纹鸭 *Anas falcata* Falcated Duck ♂

048 赤膀鸭 *Anas strepera* Gadwall 左♂ 右♀

049 花脸鸭 *Anas formosa* Baikal Teal 左♀ 右♂

050 绿翅鸭 *Anas crecca* Green-winged Teal ♂

051 绿头鸭 *Anas platyrhynchos* Mallard ♂

051 绿头鸭 *Anas platyrhynchos* Mallard ♀

052 斑嘴鸭 *Anas poecilorhyncha* Spot-billed Duck

053 针尾鸭 *Anas acuta* Northern Pintail　左♀　中、右♂

054 白眉鸭 *Anas querquedula* Garganey　左♂　右♀

055 琵嘴鸭 *Anas clypeata* Northern Shoveler ♂

056 赤嘴潜鸭 *Netta rufina* Red-crested Pochard 左♂ 右♀

057 红头潜鸭 *Aythya ferina* Common Pochard ♂

058 青头潜鸭 *Aythya baeri* Baer's Pochard ♂

059 白眼潜鸭 *Aythya nyroca* Ferruginous Duck ♂

060 凤头潜鸭 *Aythya fuligula* Tufted Duck ♂

061 斑背潜鸭 *Aythya marila* Greater Scaup ♂

061 斑背潜鸭 *Aythya marila* Greater Scaup ♀

062 长尾鸭 *Clangula hyemalis* Long-tailed Duck ♂

063 斑脸海番鸭 *Melanitta fusca* Velvet Scoter ♂

063 斑脸海番鸭 *Melanitta fusca* Velvet Scoter ♀

064 鹊鸭 *Bucephala clangula* Common Goldeneye 左♂ 右♀

065 斑头秋沙鸭 *Mergellus albellus* Smew 左上、下♂ 右上♀

066 红胸秋沙鸭 *Mergus serrator* Red-breasted Merganser ♂

066 红胸秋沙鸭 *Mergus serrator* Red-breasted Merganser ♀

067 普通秋沙鸭 *Mergus merganser* Common Merganser ♂

068 中华秋沙鸭 *Mergus squamatus* Scaly-sided Merganser ♂

六、隼形目

嘴基部具蜡膜。嘴、爪锐利具钩。
性凶猛、嗜肉食。
翅发达，善飞翔。
雌鸟大于雄鸟。雏鸟晚成。

6. Falconiformes

A fleshy cere exsisted at the base of the bill.
Both bills and claws
are sharp and strongly hooked.
Most species are ferocious and predatory.
Wings are well developed. Expert fliers.
Females are larger than males.
Chicks are altricial.

069 鹗 *Pandion haliaetus* Osprey

070 凤头蜂鹰 *Pernis ptilorhyncus* Oriental Honey Buzzard

071 黑鸢 *Milvus migrans* Black Kite

072 玉带海雕 *Haliaeetus leucoryphus* Pallas's Fish Eagle

073 白尾海雕 *Haliaeetus albicilla* White-tailed Sea Eagle

074 胡兀鹫 *Gypaetus barbatus* Bearded Vulture

075 高山兀鹫 *Gyps himalayensis* Himalayan Griffon

076 秃鹫 *Aegypius monachus* Cinereous Vulture

077 短趾雕 *Circaetus gallicus* Short-toed Snake Eagle

078 蛇雕 *Spilornis cheela* Crested Serpent Eagle

079 白头鹞 *Circus aeruginosus* Western Marsh Harrier

080 白腹鹞 *Circus spilonotus* Eastern Marsh Harrier♂

081 白尾鹞 *Circus cyaneus* Hen Harrier ♀

083 鹊鹞 *Circus melanoleucos* Pied Harrier ♂

084 凤头鹰 *Accipiter trivirgatus* Crested Goshawk ♂

085 赤腹鹰 *Accipiter soloensis* Chinese Goshawk ♂

086 日本松雀鷹 *Accipiter gularis* Japanese Sparrowhawk ♂

松雀鷹 *Accipiter virgatus* Besra Sparrowhawk ♀

088 雀鹰　*Accipiter nisus*　Eurasian Sparrowhawk ♀

089 苍鹰　*Accipiter gentilis*　Northern Goshawk ♀

090 灰脸鵟鹰　*Butastur indicus*　Gray-faced Buzzard

091 普通鵟 *Buteo buteo* Common Buzzard

092 大鵟 *Buteo hemilasius* Upland Buzzard

隼形目 **Falconiformes**

093 毛脚鵟 *Buteo lagopus* Rough-legged Hawk

094 乌雕 *Aquila clanga* Greater Spotted Eagle

095 草原雕 *Aquila nipalensis* Steppe Eagle

096 白肩雕 *Aquila heliaca* Imperial Eagle

097 金雕 *Aquila chrysaetos* Golden Eagle

098 白腹隼雕 *Hieraaetus fasciata* Bonelli's Eagle

099 靴隼雕　*Hieraaetus pennatus*　Booted Eagle

100 黄爪隼　*Falco naumanni*　Lesser Kestrel ♂

101 红隼 *Falco tinnunculus* Common Kestrel ♂

101 红隼 *Falco tinnunculus* Common Kestrel ♀

102 红脚隼 *Falco amurensis* Amur Falcon ♂

103 灰背隼　*Falco columbarius*　Merlin ♂

104 燕隼　*Falco subbuteo*　Eurasian Hobby

105 猎隼 *Falco cherrug* Saker Falcon

106 游隼 *Falco peregrinus* Peregrine Falcon ♀

七、鸡形目

体形似家鸡或鹑。雌雄大都异色，雄性羽色多华丽。
嘴强健，呈弓形，善啄食。脚强壮适于奔走。
雄鸟跗蹠常有距。翅短圆。巢多在地面，雏鸟早成。

7. Galliformes

Chicken or quail-like birds.

Sexes are mostly different in colors.

The male plumage are often elaborate and beautiful.

Bills are strong and upper-curved.

Good at pecking.

Legs are strong and well adapted to running.

Males often have spurs on tarsus.

Wings are short and rounded.

Most nest on the ground. Chicks are precocial.

107 花尾榛鸡 *Bonasa bonasia* Hazel Grouse

108 石鸡 *Alectoris chukar* Chukar Partridge

109 斑翅山鹑 *Perdix dauurica* Daurian Partridge

110 日本鹌鹑 *Coturnix japonica* Japanese Quail

111 勺鸡 *Pucrasia macrolopha* Koklass Pheasant ♂

112 褐马鸡 *Crossoptilon mantchuricum* Brown Eared Pheasant

113 环颈雉 *Phasianus colchicus* Ring-necked Pheasant ♂

113 环颈雉 *Phasianus colchicus* Ring-necked Pheasant ♀

八、鹤形目

除少数种类外，概为涉禽。多为大型鸟类，并具嘴长、颈长、后肢长的"三长"特征。前三趾发达，后趾退化且高于其他趾，适于地栖，不善握枝。气管长而弯曲。巢筑在近水地面。雏鸟早成。

8. Gruiformes

Most are shorebirds except a few species. Large birds with long bills, necks and legs.

The three front toes are well developed while the hind toe is reduced and higher than the other toes.

Adapted to groud-living, not good at perching.

The tracheas are long and curved.

Most nests are built on the ground near water.

Chicks are precocial.

鹤形目 **Gruiformes**

114 黄脚三趾鹑 *Turnix tanki* Yellow-legged Buttonquail

115 蓑羽鹤 *Anthropoides virgo* Demoiselle Crane

116 白鹤 *Grus leucogeranus* Siberian Crane

117 白枕鹤 *Grus vipio* White-naped Crane

118 灰鹤 *Grus grus* Common Crane

119 白头鹤 *Grus monacha* Hooded Crane

120 丹顶鹤 *Grus japonensis* Red-crowned Crane

121 灰胸秧鸡 *Callirallus striatus* Slaty-breasted Banded Rail

122 普通秧鸡 *Rallus indicus* Water Rail

123 西方秧鸡 *Rallus aquaticus* Western Rail

124 白胸苦恶鸟 *Amaurornis phoenicurus* White-breasted Waterhen

125 小田鸡 *Porzana pusilla* Baillon's Crake

126 红胸田鸡 *Porzana fusca* Ruddy-breasted Crake

127 斑胁田鸡 *Porzana paykullii* Band-bellied Crake

128 董鸡 *Gallicrex cinerea* Watercock ♂

128 董鸡 *Gallicrex cinerea* Watercock ♀

129 黑水鸡 *Gallinula chloropus* Common Moorhen

130 白骨顶 *Fulica atra* Common Coot

九、鸻形目

小型和中型涉禽。嘴形变化较大，
在形态构造上具有与生活习性相适应的特征。翅长而
尖，起飞不定向，善飞翔。前三趾发达，具不发达的
蹼膜；后趾多退化。雌雄相似。雏鸟早成。

9. Charadriiformes

Small and medium-sized waders.

The shape of bills vary greatly.

The structures of the bills are well adapted to their habits.

Wings are long and pointed. Expert fliers，
take off without definite directions.

The three front-toes are well developed and have uncompleted webs. The hind toes are mostly reduced. Sexes alike. Chicks are precocial.

132 水雉 *Hydrophasianus chirurgus* Pheasant-tailed Jacana

133 彩鷸 *Rostratula benghalensis* Greater Painted Snipe ♂

133 彩鷸 *Rostratula benghalensis* Greater Painted Snipe ♀

134 鹮嘴鹬 *Ibidorhyncha struthersii* Ibisbill

135 黑翅长脚鹬 *Himantopus himantopus* Black-winged Stilt

136 反嘴鹬 *Recurvirostra avosetta* Pied Avocet

137 普通燕鸻 *Glareola maldivarum* Oriental Pratincole

138 凤头麦鸡 *Vanellus vanellus* Northern Lapwing

139 灰头麦鸡 *Vanellus cinereus* Gray-headed Lapwing

140 金鸻 *Pluvialis fulva* Pacific Golden Plover

141 灰鸻 *Pluvialis squatarola* Gray Plover

鸻形目 **Charadriiformes**

142 长嘴剑鸻 *Charadrius placidus* Long-billed Ringed Plover

143 金眶鸻 *Charadrius dubius* Little Ringed Plover

144 环颈鸻 *Charadrius alexandrinus* Kentish Plover

145 蒙古沙鸻 *Charadrius mongolus* Lesser Sand Plover

146 铁嘴沙鸻 *Charadrius leschenaultii* Greater Sand Plover

147 东方鸻 *Charadrius veredus* Oriental Plover

148 丘鹬　*Scolopax rusticola*　Eurasian Woodcock

149 姬鹬　*Lymnocryptes minimus*　Jack Snipe

150 孤沙锥　*Gallinago solitaria*　Solitary Snipe

151 针尾沙锥 *Gallinago stenura* Pintail Snipe

152 大沙锥 *Gallinago megala* Swinhoe's Snipe

153 扇尾沙锥 *Gallinago gallinago* Common Snipe

154 半蹼鹬 *Limnodromus semipalmatus* Asian Dowitcher

155 黑尾塍鹬 *Limosa limosa* Black-tailed Godwit

156 斑尾塍鹬 *Limosa lapponica* Bar-tailed Godwit

157 小杓鹬 *Numenius minutus* Little Curlew

158 中杓鹬 *Numenius phaeopus* Whimbrel

159 白腰杓鹬 *N.*　　　　　　　Eurasian Curlew

160 鹤鹬 *Tringa erythropus* Spotted Redshank

161 红脚鹬 *Tringa totanus* Common Redshank

162 泽鹬 *Tringa stagnatilis* Marsh Sandpiper

163 青脚鹬 *Tringa nebularia* Common Greenshank

164 小青脚鹬 *Tringa guttifer* Nordmann's Greenshank

165 白腰草鹬 *Tringa ochropus* Green Sandpiper

166 林鹬 *Tringa glareola* Wood Sandpiper

167 翘嘴鹬 *Xenus cinereus* Terek Sandpiper

168 矶鹬 *Actitis hypoleucos* Common Sandpiper

169 翻石鹬 *Arenaria interpres* Ruddy Turnstone

170 红腹滨鹬 *Calidris canutus* Red Knot

171 红颈滨鹬 *Calidris ruficollis* Red-necked Stint

172 小滨鹬 *Calidris minuta* Little Stint

173 青脚滨鹬 *Calidris temminckii* Temminck's Stint

174 长趾滨鹬 *Calidris subminuta* Long-toed Stint

175 尖尾滨鹬 *Calidris acuminata* Sharp-tailed Sandpiper

176 弯嘴滨鹬 *Calidris ferruginea* Curlew Sandpiper

177 黑腹滨鹬 *Calidris alpina* Dunlin

178 勺嘴鹬 *Eurynorhynchus pygmeus* Spoon-billed Sandpiper

179 阔嘴鹬 *Limicola falcinellus* Broad-billed Sandpiper

180 流苏鹬 *Philomachus pugnax* Ruff

181 红颈瓣蹼鹬 *Phalaropus lobatus* Red-necked Phalarope

183 黑尾鸥 *Larus crassirostris* Black-tailed Gull

184 普通海鸥 *Larus canus* Mew Gull

185 北极鸥 *Larus hyperboreus* Glaucous Gull

186 西伯利亚银鸥 *Larus vegae* Siberian Gull

187 黄腿银鸥 *Larus cachinnans* Yellow-legged Gull

188 渔鸥 *Larus ichthyaetus* Great Black-headed Gull

189 棕头鸥 *Larus brunnicephalus* Brown-headed Gull

190 红嘴鸥 *Larus ridibundus* Black-headed Gull

191 遗鸥 *Larus relictus* Relict Gull

192 小鸥 *Larus minutus* Little Gull

193 三趾鸥 *Rissa tridactyla* Black-legged Kittiwake

194 鸥嘴噪鸥 *Gelochelidon nilotica* Gull-billed Tern

195 红嘴巨燕鸥 *Hydroprogne caspia* Caspian Tern

196 普通燕鸥 *Sterna hirundo* Common Tern

鸻形目 Charadriiformes

197 白额燕鸥 *Sterna albifrons* Little Tern

198 灰翅浮鸥 *Chlidonias hybrida* Whiskered Tern

199 白翅浮鸥 *Chlidonias leucopterus* White-winged Tern

200 黑浮鸥 *Chlidonias niger* Black Tern

十、沙鸡目

嘴形直。翅尖长，善飞翔。
前三趾基部连并，后趾小而位高。
体色多以黑、白、灰色为主，罕为褐色。
幼鸟色暗。
雌雄相同。雏鸟晚成。

10. Pterocliformes

Bills straight.
Wings long and pointed.
Expert fliers. The first three toes
are joined by webs,
white the hind toes are smaller and higher.
Plumage mostly in black,white and Gray.
Occasionally in brown.
The juveniles are darker in colors.
Sexes alike. Chicks are altricial.

201 毛腿沙鸡 *Syrrhaptes paradoxus* Pallas's Sandgrouse

十一、鸽形目

小型或中型鸟类。嘴短，基部大都较软，嘴基具隆起的腊膜。翅长而尖或圆。飞翔迅速。脚短健，善行走。雌雄相似，雏鸟晚成。某些种的嗉囊可分泌乳状物育雏。

11. Columbiformes

Small or medium-sized birds.
Bills are short and soft at the base.
The fleshy cere occurs at the base of the bill in most species. Wings are long, pointed or rounded. Fly swiftly. Legs are short and strong. Good at running. Males and females look similar. Chicks are altricial. Some species feed the nestling with a substance secreted from the lining of the crop, which known as the piegon's milk.

202 原鸽 *Columba livia* Rock Dove

203 岩鸽 *Columba rupestris* Hill Pigeon

204 山斑鸠 *Streptopelia orientalis* Oriental Turtle Dove

205 灰斑鸠 *Streptopelia decaocto* Eurasian Collared Dove

206 火斑鸠 *Streptopelia tranquebarica* Red Turtle Dove

207 珠颈斑鸠 *Streptopelia chinensis* Spotted Dove

十二、鹃形目

脚短小，对趾足。
雌雄相似，雏鸟晚成。
树栖性种类多具巢寄生特点；
地栖性种类都自营巢繁殖。
食物以昆虫为主。

12. Cuculiformes

Legs small and short.
Have two toes pointing forward
and another two toes pointing back.
Sexes alike. Chicks are altricial.
Most species are nest-parasites.
Ground cuckoos built nests
and breed nestlings by themselves.
Insects are their main food.

208 红翅凤头鹃 *Clamator coromandus* Chestnut-winged Cuckoo

209 大鹰鹃 *Cuculus sparverioides* Large Hawk Cuckoo

210 北棕腹杜鹃 *Cuculus hyperythrus* Northern Hawk Cuckoo

211 四声杜鹃 *Cuculus micropterus* Indian Cuckoo

212 **大杜鹃** *Cuculus canorus* Common Cuckoo

213 **东方中杜鹃** *Cuculus optatus* Oriental Cuckoo

214 小杜鹃 *Cuculus poliocephalus* Lesser Cuckoo

215 噪鹃 *Eudynamys scolopacea* Common Koel ♂

十三、鸮形目

嘴坚强而钩曲，嘴基具蜡膜。

脚强健且被羽，第四趾能向后转动成对趾足。爪锐利。

眼大且前视。多具面盘。羽毛柔软，飞翔无声。夜行性。善捕鼠。雌鸟大于雄鸟。雏鸟晚成。

13. Strigiformes

Bills are strong and hooked.

Bear cere at the base of bills.

Feet are strong and feathered.

The fourth toe can turn to front and back.

Talons are powerful. Eyes are large and direct forward.

Most species have facial discs.

Feathers are soft and fly silently.

Nocturnal. Good at predating rodents.

The females are larger than males.

Chicks are altricial.

216 领角鸮 *Otus lettia* Collared Scops Owl

218 雕鸮 *Bubo bubo* Eurasian Eagle-Owl

219 灰林鸮 *Strix aluco* Tawny Owl

220 长尾林鸮 *Strix uralensis* Ural Owl

221 斑头鸺鹠 *Glaucidium cuculoides* Asian Barred Owlet

鸮形目 Strigiformes

222 纵纹腹小鸮 *Athene noctua* Little Owl

223 鹰鸮 *Ninox scutulata* Brown Hawk Owl

224 长耳鸮 *Asio otus* Long-eared Owl

跗蹠短，中爪内侧具栉缘。眼大。夜行性。
翅长善飞。羽色酷似树皮枯叶。
雌雄相似。雏鸟晚成。

14. Caprimulgiformes

Bills are short and broad,
with long and well developed bristles.
Adapted to catch insects in flight. Tarsus short.
The eyes are large.
Nocturnal birds.
Wings are long and good at flying.
Plumage like barks of trees or the dead leaves.
Sexes alike.
Chicks are altricial.

226 普通夜鹰 *Caprimulgus indicus* Indian Jungle Nightjar

十五、雨燕目
嘴扁短，基部阔。
翅尖长、飞翔疾速，飞捕昆虫。
四趾均可朝前形成前趾足。唾液腺发达。
雌雄相似。雏鸟晚成。

15. Apodiformes
Bills are flattened and short，broad at the base.
Wings are long and pointed.
Fly swiftly. Catch insects in flying,
The four toes are all set forward.
The saivia gland are well developed.
Sexes alike. Chicks are altricial.

雨燕目 **Apodiformes**

227 白喉针尾雨燕 *Hirundapus caudacutus* White-throated Needletail

228 普通雨燕 *Apus apus* Common Swift

229 白腰雨燕 *Apus pacificus* Fork-tailed Swift

十六、佛法僧目

嘴形长而强或细而曲。翅大都长而阔。
脚短小。并趾足。二趾、三趾基部愈合，
三趾、四趾大半相并连。适攀援。
雌雄相似。雏鸟晚成。

16. Coraciiformes

Bills are long and strong or slender and curved.
Wings are mostly long and broad.
Feets are small and short.
The second and third toes are
joined at the base. Most parts of the
third and forth toes joined together.
Adapted to climb trees.
Males and females look similar.
Chicks are altricial.

230 普通翠鸟　*Alcedo atthis*　Common Kingfisher

231 白胸翡翠　*Halcyon smyrnensis*　White-throated Kingfisher

232 蓝翡翠 *Halcyon pileata* Black-capped Kingfisher

233 冠鱼狗 *Megaceryle lugubris* Crested Kingfisher

234 斑鱼狗 *Ceryle rudis* Lesser Pied Kingfisher

235 蓝胸佛法僧 *Coracias garrulus* European Roller

236 三宝鸟 *Eurystomus orientalis* Dollarbird

十七、戴胜目

中等体型。喙长而下弯。

翼宽而圆。飞行路线飘忽。

尾长而硬,并趾足,擅长攀援。

以昆虫为食。

单配制,雏鸟晚成性。

17. Upupiformes

Medium-sized bird, with a long, thin tapering bill.

Wings are broad and rounded. Flying in undulating.

Tail feathers are long and hard, base of the three toes are joined.

Good at climbing. Insects are the major diet.

Monogamous. Chicks are altrical.

237 戴胜 *Upupa epops* Eurasian Hoopoe

十八、鴷形目

嘴多强直，呈凿状，适于啄木。尾羽羽轴发达，富有弹性。脚短而强，对趾足，善于攀援树干。舌器发达，能钩取树皮内的昆虫。雌雄相差不多。雏鸟晚成。

18. Piciformes

Bills are often strong, straight and conical-shaped,
well adapted to chopping wood.
The tails are well developed and flexible.
Feet are short and strong,
with two toes pointing forward
and two back. Good at climbing trees.
The tongue well developed and can
take insects out from the insides of barks.
Sexes look similar.
Chicks are altricial.

238 蚁䴕 *Jynx torquilla* Eurasian Wryneck

239 星头啄木鸟 *Dendrocopos canicapillus* Gray-capped Woodpecker ♀

240 小星头啄木鸟 *Dendrocopos kizuki* Pygmy Woodpecker ♀

241 棕腹啄木鸟 *Dendrocopos hyperythrus* Rufous-bellied Woodpecker ♀

242 白背啄木鸟 *Dendrocopos leucotos* White-backed Woodpecker ♂

243 大斑啄木鸟 *Dendrocopos major* Great Spotted Woodpecker ♂

244 黑啄木鸟 *Dryocopus martius* Black Woodpecker ♂

245 灰头绿啄木鸟 *Picus canus* Gray-headed Woodpecker ♂

十九、雀形目

种类繁多，分布广泛。
常态足（离趾足）。鸣肌发达，善于鸣叫。巧于营巢。
雄鸟大于雌鸟，羽色也较艳丽。雏鸟晚成。

19. Passeriformes

A diverse and species-rich group
of birds, with widespread in distribution.
The feet includes an enlarged
flexible hind toe (hallux) .
The song muscle are well developed.
Good at singing and
nest-building. Males are
larger than females,
and are often much colorful
than the females as well.
Chicks are altricial.

246 蒙古百灵 *Melanocorypha mongolica* Mongolian Lark

247 大短趾百灵 *Calandrella brachydactyla* Greater Short-toed Lark

248 短趾百灵 *Calandrella cheleensis* Asian Short-toed Lark

249 凤头百灵 *Galerida cristata* Crested Lark

250 云雀 *Alauda arvensis* Eurasian Skylark

251 角百灵 *Eremophila alpestris* Horned Lark ♂

252 崖沙燕 *Riparia riparia* Sand Martin

253 岩燕 *Ptyonoprogne rupestris* Eurasian Crag Martin

254 家燕 *Hirundo rustica* Barn Swallow

255 金腰燕 *Cecropis daurica* Red-rumped Swallow

256 毛脚燕 *Delichon urbicum* Common House Martin

257 烟腹毛脚燕 *Delichon dasypus* Asian House Martin

258 山鹡鸰 *Dendronanthus indicus* Forest Wagtail

259 白鹡鸰 *Motacilla alba* White Wagtail

260 黄头鹡鸰 *Motacilla citreola* Citrine Wagtail

261 黄鹡鸰 *Motacilla flava* Yellow Wagtail

262 灰鹡鸰 *Motacilla cinerea* Gray Wagtail

263 田鹨 *Anthus richardi* Richard's Pipit

264 布氏鹨 *Anthus godlewskii* Blyth's Pipit

265 树鹨 *Anthus hodgsoni* Olive-backed Pipit

266 北鹨 *Anthus gustavi* Pechora Pipit

267 红喉鹨 *Anthus cervinus* Red-throated Pipit

268 粉红胸鹨 *Anthus roseatus* Rosy Pipit

269 水鹨 *Anthus spinoletta* Water Pipit

270 黄腹鹨 *Anthus rubescens* Buff-bellied Pipit

271 暗灰鹃鵙 *Coracina melaschistos* Black-winged Cuckoo-shrike

272 灰山椒鸟 *Pericrocotus divaricatus* Ashy Minivet

273 长尾山椒鸟 *Pericrocotus ethologus* Long-tailed Minivet

274 领雀嘴鹎 *Spizixos semitorques* Collared Finchbill

275 红耳鹎 *Pycnonotus jocosus* Red-whiskered Bulbul

76 白头鹎 *Pycnonotus sinensis* Light-vented Bulbul

77 栗耳短脚鹎 *Microscelis amaurotis* Brown-eared Bulbul

278 太平鸟 *Bombycilla garrulus* Bohemian Waxwing

279 小太平鸟 *Bombycilla japonica* Japanese Waxwing

280 虎纹伯劳 *Lanius tigrinus* Tiger Shrike ♂

281 牛头伯劳 *Lanius bucephalus* Bull-headed Shrike

雀形目 Passeriformes

282 红尾伯劳 *Lanius cristatus* Brown Shrike ♂

283 棕背伯劳 *Lanius schach* Long-tailed Shrike

284 灰伯劳 *Lanius excubitor* Great Gray Shrike

285 楔尾伯劳 *Lanius sphenocercus* Chinese Gray Shrike

286 黑枕黄鹂 *Oriolus chinensis* Black-naped Oriole

287 **黑卷尾** *Dicrurus macrocercus* Black Drongo

288 **灰卷尾** *Dicrurus leucophaeus* Ashy Drongo

289 发冠卷尾 *Dicrurus hottentottus* Hair-crested Drongo

290 八哥 *Acridotheres cristatellus* Crested Myna

291 北椋鸟 *Sturnia sturnina* Daurian Starling

292 丝光椋鸟 *Sturnus sericeus* Silky Starling

293 灰椋鸟 *Sturnus cineraceus* White-cheeked Starling

294 紫翅椋鸟 *Sturnus vulgaris* Common Starling ♂

295 松鸦 *Garrulus glandarius* Eurasian Jay

296 灰喜鹊 *Cyanopica cyanus* Azure-winged Magpie

297 红嘴蓝鹊 *Urocissa erythrorhyncha* Red-billed Blue Magpie

298 喜鹊 *Pica pica* Common Magpie

299 星鸦 *Nucifraga caryocatactes* Spotted Nutcracker

300 红嘴山鸦 *P. pyrrhocorax pyrrhocorax* Red-billed Chough

301 达乌里寒鸦 *Corvus dauuricus* Daurian Jackdaw

302 秃鼻乌鸦 *Corvus frugilegus* Rook

303 小嘴乌鸦 *Corvus corone* Carrion Crow

304 大嘴乌鸦 *Corvus macrorhynchos* Large-billed Crow

305 白颈鸦 *Corvus pectoralis* Collared Crow

306 褐河乌 *Cinclus pallasii* Brown Dipper

雀形目 **Passeriformes**

307 **鹪鹩** *Troglodytes troglodytes* Eurasian Wren

308 **领岩鹨** *Prunella collaris* Alpine Accentor

309 **棕眉山岩鹨** *Prunella montanella* Siberian Accentor

310 褐岩鹨 *Prunella fulvescens* Brown Accentor

311 欧亚鸲 *Erithacus rubecula* European Robin

312 日本歌鸲 *Erithacus akahige* Japanese Robin ♂

312 日本歌鸲 *Erithacus akahige* Japanese Robin ♀

313 红尾歌鸲 *Luscinia sibilans* Rufous-tailed Robin

314 红喉歌鸲 *Luscinia calliope* Siberian Rubythroat ♂

315 蓝喉歌鸲 *Luscinia svecica* Bluethroat ♂

316 蓝歌鸲 *Luscinia cyane* Siberian Blue Robin ♂

317 红胁蓝尾鸲 *Tarsiger cyanurus* Red-flanked Bush Robin ♂

318 贺兰山红尾鸲 *Phoenicurus alaschanicus* Alashan Redstart ♂

319 赭红尾鸲 *Phoenicurus ochruros* Black Redstart ♀

320 北红尾鸲 *Phoenicurus auroreus* Daurian Redstart ♂

321 红腹红尾鸲 *Phoenicurus erythrogastrus* White-winged Redstart ♂

322 红尾水鸲 *Rhyacornis fuliginosa* Plumbeous Water Redstart ♂

324 白腹短翅鸲 *Hodgsonius phaenicuroides* White-bellied Redstart ♂

325 黑喉石䳭 *Saxicola torquata* Common Stonechat ♂

326 灰林䳭 *Saxicola ferreus* Gray Bushchat ♂

327 穗鵖 *Oenanthe oenanthe* Northern Wheatear ♂

328 白顶鵖 *Oenanthe pleschanka* Pied Wheatear ♂

329 白背矶鸫 *Monticola saxatilis* Common Rock Thrush ♂

330 白喉矶鸫 *Monticola gularis* White-throated Rock Thrush ♂

330 白喉矶鸫 *Monticola gularis* White-throated Rock Thrush ♀

331 蓝矶鸫 *Monticola solitarius* Blue Rock Thrush ♂

332 紫啸鸫 *Myophonus caeruleus* Blue Whistling Thrush

333 白眉地鸫 *Zoothera sibirica* Siberian Thrush ♂

334 虎斑地鸫 *Zoothera dauma* Golden Mountain Thrush

335 灰背鸫 *Turdus hortulorum* Gray-backed Thrush ♀

336 乌鸫 *Turdus merula* Common Blackbird

337 褐头鸫 *Turdus feae* Gray-sided Thrush

338 白眉鸫 *Turdus obscurus* White-browed Thrush

339 白腹鸫 *Turdus pallidus* Pale Thrush

340 赤颈鸫 *Turdus ruficollis* Red-throated Thrush

341 黑喉鸫 *Turdus atrogularis* Black-throated Thrush

342 红尾鸫 *Turdus naumanni* Naumann's Thrush

343 斑鸫 *Turdus eunomus* Dusky Thrush

344 宝兴歌鸫 *Turdus mupinensis* Chinese Thrush

345 灰纹鹟 *Muscicapa griseisticta* Gray-streaked Flycatcher

346 乌鹟 *Muscicapa sibirica* Dark-sided Flycatcher

347 北灰鹟 *Muscicapa dauurica* Asian Brown Flycatcher

348 白眉姬鹟 *Ficedula zanthopygia* Yellow-rumped Flycatcher♂

349 黄眉姬鹟 *Ficedula narcissina* Narcissus Flycatcher ♂

350 绿背姬鹟 *Ficedula elisae* Green-backed Flycatcher

351 鸲姬鹟 *Ficedula mugimaki* Mugimaki Flycatcher ♂

352 锈胸蓝姬鹟 *Ficedula hodgsonii* Slaty-backed Flycatcher ♂

353 红喉姬鹟 *Ficedula albicilla* Taiga Flycatcher ♂

354 红胸姬鹟 *Ficedula parva* Red-breasted Flycatcher ♂

355 白腹蓝姬鹟 *Cyanoptila cyanomelana* Blue-and-white Flycatcher ♂

356 铜蓝鹟 *Eumyias thalassinus* Verditer Flycatcher ♂

357 方尾鹟 *Culicicapa ceylonensis* Grey-headed Canary Flycatcher

358 寿带 *Terpsiphone paradisi* Asian Paradise Flycatcher ♂

359 山噪鹛 *Garrulax davidi* Plain Laughingthrush

360 画眉 *Garrulax canorus* Hwamei

361 文须雀 *Panurus biarmicus* Bearded Reedling ♂

362 棕头鸦雀 *Paradoxornis webbianus* Vinous-throated Parrotbill

363 棕扇尾莺 *Cisticola juncidis* Zitting Cisticola

364 山鹛 *Rhopophilus pekinensis* Chinese Hill Warbler

365 鳞头树莺 *Urosphena squameiceps* Asian Stubtail

366 远东树莺 *Cettia canturians* Manchurian Bush Warbler

367 短翅树莺 *Cettia diphone* Japanese Bush Warbler

368 斑胸短翅莺 *Bradypterus thoracicus* Spotted Bush Warbler

369 中华短翅莺 *Bradypterus tacsanowskius* Chinese Bush Warbler

370 矛斑蝗莺 *Locustella lanceolata* Lanceolated Warbler

371 小蝗莺 *Locustella certhiola* Rusty-rumped Warbler

372 苍眉蝗莺 *Locustella fasciolata* Gray's Warbler

373 细纹苇莺 *Acrocephalus sorghophilus* Streaked Reed Warbler

374 黑眉苇莺 *Acrocephalus bistrigiceps* Black-browed Reed Warbler

375 远东苇莺 *Acrocephalus tangorum* Manchurian Reed Warbler

376 钝翅苇莺 *Acrocephalus concinens* Blunt-winged Warbler

377 东方大苇莺 *Acrocephalus orientalis* Oriental Reed Warbler

378 厚嘴苇莺 *Acrocephalus aedon* Thick-billed Warbler

379 褐柳莺 *Phylloscopus fuscatus* Dusky Warbler

380 棕眉柳莺 *Phylloscopus armandii* Yellow-streaked Warbler

381 巨嘴柳莺 *Phylloscopus schwarzi* Radde's Warbler

382 黄腰柳莺 *Phylloscopus proregulus* Pallas's Leaf Warbler

383 云南柳莺 *Phylloscopus yunnanensis* Chinese Leaf Warbler

384 黄眉柳莺 *Phylloscopus inornatus* Yellow-browed Warbler

385 淡眉柳莺 *Phylloscopus humei* Hume's Leaf Warbler

386 极北柳莺 *Phylloscopus borealis* Arctic Warbler

387 双斑绿柳莺 *Phylloscopus plumbeitarsus* Two-barred Warbler

388 淡脚柳莺 *Phylloscopus tenellipes* Pale-legged Leaf Warbler

389 冕柳莺 *Phylloscopus coronatus* Eastern Crowned Warbler

90 冠纹柳莺 *Phylloscopus reguloides* Blyth's Leaf Warbler

91 比氏鹟莺 *Seicercus valentini* Bianchi's Warbler

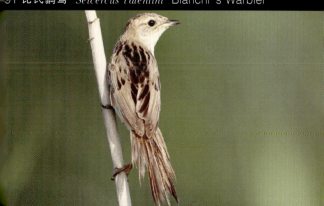

Marsh Grassbird

393 白喉林莺　*Sylvia curruca*　Lesser Whitethroat

394 横斑林莺　*Sylvia nisoria*　Barred Warbler

395 戴菊　*Regulus regulus*　Goldcrest

396 红胁绣眼鸟 *Zosterops erythropleurus* Chestnut-flanked White-eye

397 暗绿绣眼鸟 *Zosterops japonicus* Japanese White-eye

398 中华攀雀 *Remiz consobrinus* Chinese Penduline Tit

399 银喉长尾山雀 *Aegithalos caudatus* Long-tailed Tit

400 北长尾山雀 *Aegithalos caudatus* Northern Long-tailed Tit

401 红头长尾山雀 *Aegithalos concinnus* Black-throated Tit

402 **沼泽山雀** *Parus palustris* Marsh Tit

403 **褐头山雀** *Parus songarus* Songar Tit

404 **煤山雀** *Parus ater* Coal Tit

405 黄腹山雀 *Parus venustulus* Yellow-bellied Tit ♂

406 大山雀 *Parus major* Great Tit ♂

407 普通䴓 *Sitta europaea* Eurasian Nuthatch ♂

408 黑头䴓 *Sitta villosa* Chinese Nuthatch ♂

409 红翅旋壁雀 *Tichodroma muraria* Wallcreeper

410 欧亚旋木雀 *Certhia familiaris* Eurasian Treecreeper

411 山麻雀 *Passer rutilans* Russet Sparrow ♂

412 麻雀 *Passer montanus* Eurasian Tree Sparrow

413 石雀 *Petronia petronia* Rock Sparrow

414 苍头燕雀 *Fringilla coelebs* Chaffinch ♂

415 燕雀 *Fringilla montifringilla* Brambling ♂

416 粉红腹岭雀 *Leucosticte arctoa* Asian Rosy Finch ♂

417 普通朱雀 *Carpodacus erythrinus* Common Rosefinch ♂

418 红眉朱雀 *Carpodacus pulcherrimus* Beautiful Rosefinch ♂

418 红眉朱雀 *Carpodacus pulcherrimus* Beautiful Rosefinch ♀

419 北朱雀 *Carpodacus roseus* Pallas's Rosefinch ♂

雀形目 **Passeriformes**

420 红交嘴雀 *Loxia curvirostra* Red Crossbill ♂

421 白翅交嘴雀 *Loxia leucoptera* White-winged Crossbill ♂

421 白翅交嘴雀 *Loxia leucoptera* White-winged Crossbill ♀

422 白腰朱顶雀 *Carduelis flammea* Common Redpoll ♀

423 极北朱顶雀 *Carduelis hornemanni* Arctic Redpoll

424 黄雀 *Carduelis spinus* Eurasian Siskin ♂

425 金翅雀 *Carduelis sinica* Oriental Greenfinch

426 锡嘴雀 *Coccothraustes coccothraustes* Hawfinch ♀

427 黑尾蜡嘴雀 *Eophona migratoria* Yellow-billed Grosbeak ♂

428 黑头蜡嘴雀 *Eophona personata* Japanese Grosbeak

429 长尾雀 *Uragus sibiricus* Long-tailed Rosefinch ♂

430 黄鹀 *Emberiza citrinella* Yellowhammer

431 白头鹀　*Emberiza leucocephalos*　Pine Bunting ♂

432 灰眉岩鹀　*Emberiza godlewskii*　Godlewski's Bunting ♂

433 三道眉草鹀　*Emberiza cioides*　Meadow Bunting ♂

434 栗斑腹鹀 *Emberiza jankowskii* Jankowski's Bunting ♂

435 红颈苇鹀 *Emberiza yessoensis* Ochre-rumped Bunting ♂

436 白眉鹀 *Emberiza tristrami* Tristram's Bunting ♂

437 栗耳鹀 *Emberiza fucata* Chestnut-eared Bunting

438 小鹀 *Emberiza pusilla* Little Bunting

439 黄眉鹀 *Emberiza chrysophrys* Yellow-browed Bunting

440 田鹀 *Emberiza rustica* Rustic Bunting

441 黄喉鹀 *Emberiza elegans* Yellow-throated Bunting ♂

.42 黄胸鹀 *Emberiza aureola* Yellow-breasted Bunting ♂

443 栗鹀 *Emberiza rutila* Chestnut Bunting ♂

444 褐头鹀 *Emberiza bruniceps* Brown-headed Bunting ♂

445 灰头鹀 *Emberiza spodocephala* Black-faced Bunting ♂

446 苇鹀 *Emberiza pallasi* Pallas's Bunting

47 芦鹀 *Emberiza schoeniclus* Reed Bunting

48 铁爪鹀 *Calcarius lapponicus* Lapland Longspur

第二部分
分种描述

Part II
Species Accounts

一、潜鸟目　Gaviiformes

1. 潜鸟科　Gaviidae

中等至大型游禽。嘴尖直；鼻孔呈缝隙状，潜水时能关闭；颈粗长；翅小而尖；尾短而硬；脚短，位于身体后部，趾间有蹼。陆地行走困难，只能匍匐前进。善飞行及潜水，平时浮游在水面。起飞时，需在水面助跑后才能飞起。飞行时颈、脚伸直，微弯向下，呈驼背状。遇危险时，常潜水而逃或沉入水中仅露头于水面。繁殖期间，筑巢于地上。每窝产卵多为2枚；雌雄轮流孵卵；雏鸟为早成鸟。本科鸟类全世界计有1属，5种。我国境内计有1属，4种。北京地区计有1属，3种。

001

红喉潜鸟 *Gavia stellata* 560～690 mm
Red-throated Diver 1 250～2 500 g

野外识别特征：额平而嘴略上翘。繁殖羽不易认错。非繁殖羽在水中远观似鸬鹚，但头颈部色浅且体型较小。

形态特征：大型游禽。雄鸟夏羽头和颈铅灰色；前颈到上胸有一显著栗色三角块斑；后颈具黑白相间的纵纹，沾绿色金属光泽；上体灰黑褐色具白色斑点；胸侧有黑色纵纹。冬羽上体黑褐色，背缀白色细小斑点；下体几为白色。虹彩红色；嘴细尖，略上翘，黑色或淡灰色；脚黑绿色。雌鸟与雄鸟相似。幼鸟与成鸟冬羽相似，而头部羽色更暗，并具淡白色羽缘。

生态特征：栖于沿海海域、河口、内陆湖泊、水塘等水域，以各种水生动物，如鱼类、甲壳类、水生昆虫等为食。善于游泳和潜水，游泳时身体可完全沉于水中，头颈向前直伸。可在水下快速捕食，时间长达1 min以上。飞行快速，可从水面直接起飞。在陆地只能匍匐行走。繁殖期间，营巢于离岸不足1 m的地上，很简陋。一般每窝产卵2枚；卵暗橄榄绿色，具黑褐色斑点；雌雄轮流孵化；孵化期24～29天；雏鸟为早成鸟。

分布：北半球寒带和温带水域。我国分布于东部和东南沿海。

居留状况：偶见旅鸟（1932年10月22日，1933年4月10日）。

002

黑喉潜鸟 *Gavia arctica* 560~765 mm
Black-throated Diver 2 037~3 793 g

野外识别特征：繁殖羽具灰色头部和黑白色背部，颈侧有黑白相间的纵纹，喉部黑色闪绿色金属光泽。

形态特征：夏羽头部灰色；肩、背部具金属蓝绿黑色，背具长方形白斑；尾短，黑色；翅黑褐色，具光泽；颏、喉黑色具绿色光泽；颈部有一不连续的白色横带，颈和胸具黑白相间的纵纹；两胁黑色，其余下体白色。冬羽上体黑色；头顶和后侧偏灰色；尾羽具白色羽缘；下体白色为主；胸侧有黑色的细纵纹。

生态特征：繁殖期分布于北极地带较大的水域，冬季见于沿海地带。成对或小群活动，善游泳和潜水，颈常呈"S"形。飞行成直线，两翅扇动较快，速度不变，起飞常需一段距离的助跑，在陆地行走困难。主要以各种鱼类为食，也吃其他小型水生动物。潜水距离和时间较长。5月进入繁殖期，巢简陋，一般由枯草堆简单踩踏即可。也有记录营浮巢。每窝产卵2枚左右，孵化期约27天，雏鸟早成。

分布：欧亚大陆北部，地中海、黑海、里海、日本等地。国内偶见于辽东半岛、长白山、福州、台湾等地。

居留状况：罕见旅鸟。

003

太平洋潜鸟 *Gavia pacifica*   600～680 mm
Pacific Diver   1 800～2 500 g

野外识别特征：繁殖羽具灰色头部和黑白色背部。颈侧有黑白相间的纵纹，与黑喉潜鸟甚似，区别仅在于喉部黑色闪紫色金属光泽，而非绿色。

形态特征：夏羽额灰色，头顶及后部灰白色；上体大部为黑色，具金属绿色光泽；背具覆瓦状白色长斑块；颏、喉黑色，具紫色光泽，喉部具不完整白色横带；颈侧具黑白相间的纵纹；胸腹白色，体侧黑色，翼下白色。冬羽上体黑褐色，有不显著的灰白色横斑；颏、喉及颈部白色，喉部有细的黑褐色横带；下体白色；两胁黑褐色。

生态特征：栖息于北极地区较大水面，冬季常见于沿海附近的较大水域。成对或小群活动，善游泳和潜水，身体在水下较多，甚至仅留头颈在水上，并不断左右摆动观察。飞翔较为迅捷，起飞困难。主要以鱼类为食，也吃其他小型水生无脊椎动物。潜水追捕觅食。6 月进入繁殖期，在北极苔原一带的森林中繁殖，巢极简陋，一般每窝产卵 2 枚。

分布：欧亚大陆北部偏东，可达加拿大一带及这些地区南部海域。国内偶见于辽东半岛及东部沿海地区。

居留状况：罕见旅鸟。

二、鹏鹛目 Podicipediformes

2. 鹏鹛科 Podicipedidae

中、小型游禽。体形似鸭子，但稍小而扁平。嘴窄且尖；眼先裸露；翅圆而短小；尾羽极短小，全为绒羽构成；脚的位置极靠后，跗蹠侧扁，四趾各具分离而宽阔的瓣状蹼。两性相似，但冬羽和夏羽有区别。栖息于淡水水域的湖泊、沼泽、芦苇草丛中；集群栖息。善游泳并潜泳觅食；陆上行走笨拙。繁殖期间，以水面植物茎叶做成浮巢；每窝产卵 2～7 枚，多可达 10 枚；卵污白色；雏鸟为早成鸟。本科鸟类全世界计有 5 属，22 种，分布几遍及全球水域。我国计有 2 属，5 种，分布几遍及全国，东部沿海常见。北京地区计有 2 属，5 种。

004

小䴙䴘 *Tachybaptus ruficollis*   220～280 mm
           Little Grebe   150～275 g

野外识别特征：形似小鸭子，但嘴尖，且无明显上翘的尾羽。繁殖期成鸟脸颊及颈部是栗红色的，与嘴角的黄斑对比十分明显。幼鸟与非繁殖期的成鸟相似，羽色较为暗淡。

形态特征：小型游禽。头黑褐色；上体羽暗褐色；颈侧栗红色；下体羽白色。眼黄色；嘴基具黄斑。冬季羽色暗淡；喉白色；颊、颈侧淡黄褐色。具瓣状蹼。

生态特征：鸣声主要是连续的震颤声。常栖息在沼泽、河流、湖泊等挺水植物丛生之处，善于潜水取食。食物主要为小鱼、虾、水生昆虫、蛙类等水生动物，也吃少量植物。受惊时可潜入水中，仅露出嘴和眼，历时数分钟再浮出水面，俗称"王八鸭子"。繁殖时，在水面上营造浮巢。利用芦苇茎、香蒲等植物交错造成。每窝产卵 2～10 枚；雌、雄鸟轮流孵卵；孵化期 23～28 天；雏鸟破壳时，满披绒羽，能在水中游泳、潜水。

分布：欧亚大陆、非洲。在我国东部大部分地区为留鸟或旅鸟。

居留状况：夏候鸟，旅鸟，冬候鸟，留鸟。

005

赤颈鹛䴕 Ⅱ *Podiceps grisegena*   485～568 mm
Red-necked Grebe   1 003～1 006 g

野外识别特征：繁殖期不会认错，非繁殖期与凤头鹛䴕比，体型略小，颈部更粗短且色深。

形态特征：中型游禽。具冠羽，嘴黄色，尖端黑色。夏羽头顶及冠羽黑色；颊、喉灰色；前颈至胸部棕红色；后颈及背部深褐色；腹部白色。冬羽头顶及冠羽灰黑色；头侧和喉白色；前颈至胸部浅灰色；后颈至背部深灰色；腹部白色。

生态特征：繁殖期间栖息于内陆淡水湖泊、沼泽和大的水塘中，非繁殖期则多栖息于沿海海岸及河口地区。善游泳和潜水，不喜飞行。性机警，多远离岸边活动。主要以鱼类、蛙、蝌蚪、昆虫、软体动物为食，也吃部分水生植物，主要通过潜水觅食。繁殖期5～7月，营巢于富有芦苇、蒲草等水生植物的淡水湖泊和水塘中。巢由枯萎的水生植物堆积而成，属浮巢。每窝产卵4～5枚，卵蓝绿色，随孵化逐渐变为锈褐色。

分布：古北界，即欧洲、北美洲、亚洲北部及非洲北缘。在我国黑龙江省为夏候鸟，南部为冬候鸟。

居留状况：旅鸟（3～5月；9～11月）。

006

凤头鹏鹏 *Podiceps cristatus*   512～580 mm
Great Crested Grebe   750～1 000 g

野外识别特征：颈部修长，繁殖期羽色艳丽，头部具凤头，很好辨认。冬季里头顶为黑色，脸侧和颈侧大部分都为白色。

形态特征：中型游禽。夏羽前额至头顶黑色；头顶两侧羽毛延长至枕后，形成两束黑色长形冠羽；从耳区到喉部有环形皱领，其基部为棕栗色，端部为黑色；后颈及背部黑褐色，前颈、胸及下体白色；肩羽及次级飞羽白色。冬羽较暗；冠羽短；皱领消失。嘴尖直而侧扁。具瓣状蹼。

生态特征：栖息于湖泊、水库、江河及沼泽地，特别是在开阔的水面和丰茂水草的苇塘、湖泊中。以鱼类和水生无脊椎动物为食，偶食少量的水生植物。单独、成对或小群活动。善游泳和潜泳，在水上常缩颈，游泳时头前倾。活动时频频长时间和长距离潜水。一般潜深约 7 m，潜距约 50 m。受惊时少飞，多潜逃。繁殖时于芦苇或水草丛中造浮巢。每窝产卵4～5 枚；卵污白色；雌雄轮流孵卵；21～28 天出雏；雏鸟为早成性。

分布：欧洲、亚洲、非洲及大洋洲的温暖地区。我国全境分布。

居留状况：旅鸟(3～5 月；9～11 月)，偶见于夏季。

007

角鹏鹏 Ⅱ/VU *Podiceps auritus*   366～390 mm
　　　　　　　 Horned Grebe   245～500 g

野外识别特征：非繁殖羽与黑颈鹏鹏甚似，但头部较平，深色头罩没有延伸至眼部以下，颈甚白。

形态特征：中型游禽。嘴直而尖，灰黑色，尖端黄白色。夏羽头顶黑色；眼先淡色，两眼后各有一簇橙黄色饰羽，似两"角"；脸侧、后颈和背黑色；前颈、胸和体侧栗红色。冬羽头顶、后颈至背部，脸侧、前颈、胸和腹部白色。

生态特征：繁殖期间栖息在不同大小的内陆湖泊、水塘和开阔沼泽地带，非繁殖期间主要栖息在沿海近海水面、海湾、河口及海岸附近之湖泊、水塘和沼泽地带。飞行能力较其他鹏鹏强，遇到危险时通常通过飞行逃走。主要以小型鱼类、水生昆虫、昆虫幼虫、甲壳类、软体动物等为食，也吃少量植物种子、草籽和水生植物，主要通过潜水觅食。繁殖期 5～8 月，营巢于开阔苔原和森林中的大小湖泊和水塘中，巢通常置于紧靠岸边的水生植物丛中，多属浮巢。每窝产卵 4～5 枚，卵呈卵圆形，光滑无斑，孵化后逐渐变为土色。

分布：繁殖于欧洲、亚洲和北美洲北部，越冬在欧洲南部、亚洲、南美洲。在我国于长江下游至福建等东南沿海地区越冬，迁徙时经过东部地区。

居留状况：旅鸟（4～5 月；9～11 月下旬）。

008

黑颈鸊鷉 *Podiceps nigricollis*   250～349 mm
            Black-necked Grebe   240～400 g

野外识别特征： 非繁殖羽与角鸊鷉易混，但头部更圆，且额部更陡，深色头罩延伸至脸颊，颈部色深。

形态特征： 中型游禽。嘴黑色微向上翘。夏羽头、颈、背黑色；眼后耳部有一簇橙黄色饰羽；两胁红褐色；胸、腹白色。冬羽头顶至背部黑褐色；颊、喉污白色；前颈至胸部污灰色。

生态特征： 繁殖期栖息在内陆淡水湖泊、水塘、河流及沼泽地带，非繁殖期栖息在沿海海面、河口及其附近的湖泊、池塘和沼泽地带。日间几乎全在水中活动，频繁潜水捕食，主要以昆虫及其幼虫、各种小鱼、蛙、蠕虫以及甲壳类和软体动物为食。繁殖期5～8月，营巢于有芦苇或三棱草等水生植物的湖泊与水塘中，通常为浮巢。每窝产卵4～6枚，卵为白色或绿白色，孵化后逐渐变为污白色。

分布： 欧洲南起丹麦东至亚洲黑龙江流域，非洲东部和南部以及北美洲西部地区。在我国新疆天山、东北等地繁殖，云南、四川、东南部沿海等地越冬。

居留状况： 旅鸟(4～5月；9～11月下旬)。

三、鹈形目　Pelecaniformes

3. 鹈鹕科　Pelecanidae

大型游禽。嘴长而扁平、尖端很宽，基部狭窄；下颌有大型可扩张的喉囊；鼻孔小；翅大而宽；尾羽短，呈方形；脚短，四趾具全蹼。栖息于大型淡水湖泊、沼泽，捕食鱼类，喜结群生活。飞行时，振翅较慢，常由空中急降而下捕食水中鱼类。繁殖期间，集群筑巢于水域附近树上或岛屿地面。每窝产卵 2～3 枚；孵化期约 36 天；雌雄轮流孵卵。本科鸟类全世界计有 1 属，8 种，除南美洲外分布于世界各地。我国境内计有 1 属，3 种。北京地区计有 1 属，2 种。

009

斑嘴鹈鹕 Ⅱ/NT *Pelecanus philippensis*

1 340～1 560 mm

Spot-billed Pelican 5 200～5 300 g

野外识别特征：体羽淡灰色，嘴具蓝色斑点，喉囊紫色具暗色云状斑。

形态特征：大型游禽。嘴宽大长直，上嘴先端向下弯曲呈钩状，有蓝色斑点；喉囊褐色。上体淡银灰色；枕部与后颈具有长而蓬松的长羽；初级飞羽黑褐色，次级飞羽褐色，基部白色；下体白色，繁殖季节缀以粉红色。四趾具全蹼。

生态特征：发出粗涩的鸣声。栖息于沿海海岸、江、塘和水库地带，单独或结对游泳觅食。游泳时颈伸得较直，嘴斜朝下。飞行时收缩颈部，扇翅慢而有力。常在水面上翱翔，一旦发现水中有鱼，即直冲而下，入水捕食；亦浮于水中，用嘴兜水前行捕食。食后常晒太阳，睡觉时往往头插入背羽中。常结群于大树上营巢，以树枝、枯草等构成无铺垫的巢。每窝产卵3～4 枚；卵污白色；雌雄轮流孵卵；31～34 天出雏。雏鸟从亲鸟嗉囊中取半消化食物为食。食物主要是鱼类，亦有蛙、蟹等动物。

分布：我国除西南以外大部地区，南到东南亚。

居留状况：罕见（1924 年 6 月 10 日，1934 年 4 月）。可能是错误记录。

010

卷羽鹈鹕 Ⅱ/VU *Pelecanus crispus*

1 600～1 800 mm

Dalmatian Pelican

5 100～5 500 g

野外识别特征： 体型巨大，嘴长而具发达嗉囊。

形态特征： 大型游禽。头上冠羽呈散乱卷曲状；体羽灰白。喉囊橙黄色，非繁殖季节为浅黄色。初级飞羽基部白色，羽尖黑色。脚灰色。

生态特征： 繁殖期间栖息于内陆湖泊、江河与沼泽地带，迁徙和越冬期间栖息于沿海海面、海湾、江河、开阔湖泊、河口及其沿海沼泽地区。喜群居，常成群活动。善飞行、游泳，亦能在陆地上很好地行走。主要以鱼类为食，也吃两栖类、甲壳类和软体动物。繁殖期4～6月，营巢于内陆湖泊边缘芦苇丛中和沼泽地带树上。巢由树枝和枯草构成，结构庞大。每窝产卵3～4枚。

分布： 东南欧至中国。在我国见于北方，冬季南迁，少量个体在香港越冬。

居留状况： 旅鸟（3～5月；9～11月）。

4. 鸬鹚科 Phalacrocoracidae

大型游禽。嘴强大，呈圆锥形，上嘴两侧有沟，嘴尖端具钩，下嘴有小囊；鼻孔完全隐蔽（成鸟）；眼先裸露；翅形适中；尾短圆形；羽干硬直；脚位于体后部，跗蹠短粗，趾扁，后趾稍长，趾间有全蹼，爪弯曲。栖息于海岸沿线，或较大淡水水域中。善飞翔，飞行时头、脚伸直。陆地站立时，体借坚硬尾羽干支持，与地面略呈垂直姿态。步行笨拙，但善潜泳捕食鱼类。繁殖期间，结群营巢于海滨悬崖、淡水水域岸边岩石、树上或芦苇丛中地面上，巢材为树枝和海藻。卵壳呈天蓝色，覆盖白粉状物质。雏鸟为晚成鸟。雏鸟把嘴伸进亲鸟咽部取食。本科鸟类全世界计有1属，39种，遍及世界各地水域。我国境内计有1属，5种，分布全国各地水域。北京地区计有1属，2种，为旅鸟、冬候鸟。

011

普通鸬鹚 *Phalacrocorax carbo* 720～923 mm
Great Cormorant 1 340～2 250 g

野外识别特征：大型黑色水鸟。体羽黑色而闪蓝绿色光泽。繁殖期，头具白色丝状羽，下胁处有一白斑。幼鸟体羽为褐色。

形态特征：大型游禽。通体羽色黑色；头顶具紫色光泽；两肩和翅具青铜色光泽；眼后下方白色。嘴狭长而尖，上嘴尖端向下弯曲呈钩状，下嘴有黄色喉囊。颈细长。繁殖季节，脸部有红色斑；头颈后具白色丝状羽；下胁具白斑。冬羽似夏羽，只不具颈部白色丝状羽和胁部白斑。四趾具全蹼。

生态特征：鸣声粗犷。栖息于河流、湖泊和水库等地带。以鱼为食。善游泳和潜水，常结群活动。游泳时颈向前伸直，头微向上倾斜。潜水时常半跃出水面，再翻身入水。飞行中颈、足伸直，两翅扇动慢；常飞行极低，掠水面而过；群飞列队；拙于陆行。在岩石或树上坐姿休息，不时扇动两翅。营巢于岩石峭壁或水边树上，为群巢，以枯枝和水草构成。每窝产卵3～5 枚；淡蓝色或淡绿色；卵圆形；雌雄轮流孵卵28～30 天；雏鸟晚成性；可将喙部伸入亲鸟咽部取食半消化食物。

分布：世界各地。我国广泛分布。

居留状况：旅鸟(3～4 月；9～11 月)。

012

绿背鸬鹚 *Phalacrocorax capillatus*　　800～840 mm
　　　　　　Japanese Cormorant　　　　　　2 500 g

野外识别特征：外观似普通鸬鹚但两肩、背和翅为暗绿色，眼部裸皮范围较大。

形态特征：中型游禽。外形与普通鸬鹚相似，但背及两翼为蓝绿色，具光泽。下嘴裸皮黄色且无斑点。

生态特征：栖息于东太平洋温带海洋沿岸和领近岛屿及海面上，冬季和迁徙期间也见于河口及邻近的内陆湖泊，性喜集群。主要以鱼类为食。繁殖期 4～6 月，营巢于海岸和海岛边，置巢于人类难以靠近的悬岩岩石上或突出于海中的悬岩上。巢由枯草和海草构成。每窝产卵 4～5 枚，卵白色。

分布：太平洋东岸和海岛。在我国主要繁殖于辽东半岛、河北、山东烟台和青岛，冬季迁徙到福建、云南和台湾等地。

居留状况：偶见旅鸟。

5. 军舰鸟科　Fregatidae

　　大型海鸟，热带和亚热带海洋均有分布，有时进入温带。体羽多为黑色。嘴长而强，向下弯曲成钩状，嘴基和喉部为裸区，繁殖期能充气膨大成球形。翅窄长，末端很尖；尾呈深叉形，长而醒目。跗蹠短而被羽。脚为前趾型，趾间具深凹状的蹼。主要生活于开阔的海洋和近陆海洋，营巢于海岛低树或灌丛上。每窝产卵1～2枚。主要以鱼类为食，但是游泳能力较弱，且不能潜水。本科鸟类全世界计有1属，5种。我国境内已知有1属，3种，主要分布于东南沿海和海洋。北京地区计有1属，1种。

013

白斑军舰鸟 *Fregata ariel* 770～780 mm
Lesser Frigatebird

野外识别特征： 成鸟通体黑色，喉部红色，腋下白色斑块在飞行时清晰可见。亚成体喉部和胸部多黑色纵纹，与其他军舰鸟相区别。

形态特征： 雄鸟通体黑色，上体具蓝绿色金属光泽，背部羽毛披针状。两翅极窄而长尖，尾长呈叉状。下体暗黑色，羽毛也呈披针状，腹侧具白色斑点。跗蹠极短覆盖羽毛。雌鸟上体羽黑褐色，缺少光泽，后颈具一栗色领圈。胸和上腹白色，其余下体黑色，腋下白色。

生态特征： 主要栖息于热带海洋和岛屿上，可整天飞翔，很少游泳。对气象敏感，暴风雨来临前即停歇在红树林等处。主要以鱼类为主，和其他军舰鸟一样有掠夺其他鸟类食物的习性，也捕食其他甲壳类动物。繁殖于热带海洋岛屿上，5 月进入繁殖期，在树上或灌丛中营巢，巢材由植物枝叶构成，每窝产卵 1 枚。孵化期 40 天左右，雏鸟晚成。

分布： 太平洋、印度洋和大西洋等热带海洋岛屿及沿海。我国一般分布在西沙群岛、福建沿海和台湾地区。

居留状况： 罕见游荡鸟。

四、鹳形目 Ciconiiformes

6. 鹭科 Ardeidae

大型或中等体型纤瘦的涉禽。羽毛稀疏而柔软。胸腰部侧面长有一种特殊的粉𩑋，能生长并破碎成粉末状物。嘴直长侧扁，先端尖锐；上嘴两侧各具一狭沟；鼻孔椭圆，位于近嘴基的侧沟中；眼先和眼周皮肤裸露；颈细长；尾短小；脚细长位于体后部，趾细长，四趾在同一平面，趾基间微具蹼膜。结群栖息于水域附近，浅水或有水草处。飞行时，振翅较慢，颈缩于背与肩之间，双脚向后直伸。繁殖期间，许多种类具"婚姻"饰羽。营巢于水域附近的树上或芦苇丛中，巢区污秽。每窝产卵 3～9 枚；卵壳淡蓝色或蓝绿色；雏鸟为晚成鸟；双亲共同营巢、孵卵、育雏。本科鸟类全世界计有 17 属，62 种。我国境内已知有 10 属，24 种，分布遍及各地，东部沿海较多。北京地区计有 9 属，14 种。

014

苍鹭 *Ardea cinerea*   940～995 mm
   Gray Heron   980～1 750 g

野外识别特征：大型灰白色鹭类，飞行时翼前后缘颜色对比明显。

形态特征：大型涉禽。头、颈、脚和嘴均甚长，显得身体细瘦。上体灰色；下体白色；头和颈亦为白色；头的两侧有黑色羽毛延长成冠羽；前颈有数条黑色纵纹。幼体羽毛灰色更多，饰羽很短或全缺。

生态特征：该种多在滩涂、湖泊、麦田、水库等湿地活动，常为优势种。多单独活动，有久立等待捕捉食物的习性，故称"老等"。休息时常成群。飞行时两翅鼓动极为缓慢，颈缩成"Z"形，两脚向后伸直，远远拖于尾后。晚上成群栖于高大树上。食物多为鱼类、蛙和昆虫等动物，多在浅滩觅食。营巢于水域附近的树上、草丛中或近水的山崖上。雌雄共建；巢由枯枝和干草构成；每窝产卵 2～7 枚，3～4 枚为常；卵蓝色，雌雄轮流孵卵；24～26 天出雏。

分布：非洲及欧亚大陆温暖地区、热带地区。我国分布广泛，除青藏高原外，几乎全国各地水域都可见到。

居留状况：夏候鸟（3～9 月），旅鸟，冬候鸟，多 10 月后南迁。

015

草鹭 *Ardea purpurea* 790～970 mm

Purple Heron 775～1 250 g

野外识别特征：大型紫灰色鹭类，较苍鹭深色且消瘦。亚成体全身几乎为红褐色。

形态特征：大型涉禽。嘴长而尖，颈细长。嘴黄褐色；额至枕蓝黑色；枕有黑色羽毛延伸成冠羽，悬垂如辫子；颈栗褐色；嘴角具蓝黑色纹经颊至枕部，并沿后颈向下至上背；前颈下有长银灰色饰羽；上体暗灰色；背的两侧杂有棕红色；胸和腹部中央铅灰黑色。

生态特征：栖息于低山丘陵的湖泊、河流、池塘等水域，特别是有水草丛生的浅水处。警惕性高。活动时分散，单独活动，休息时经常成群。常在水中静立。近距离步行；远距离飞行。飞行轻缓，一跃便起，直飞，下降时先扑翼后滑行。食物为小鱼、水生小动物及昆虫。雌雄共同在挺水植物中建巢，偶尔在树上。巢常以苇秆、树枝和水草堆积而成。每窝产卵 4～5枚；卵淡蓝色；25～29 天出雏；双亲共育。

分布：自欧亚大陆温带地区，南抵印度半岛、东南亚及非洲北部。我国除西部、西北部外皆有分布。

居留状况：旅鸟，夏候鸟(4～9 月)。

016

大白鹭 *Ardea alba* 820～1 020 mm
Great Egret 625～1 100 g

野外识别特征： 体型最大的白色鹭类，嘴角黑线延伸至眼后，以此跟中白鹭区别。

形态特征： 大型涉禽。嘴、颈、脚均甚长；两性相似，全身洁白。繁殖期嘴黑色，嘴角有条黑线达眼后；眼先蓝绿色；肩背部有散状蓑羽至尾后；腿的裸露部分略呈淡粉红色；跗蹠和趾黑色。冬羽亦为白色，但颈下部和肩背无蓑羽；嘴和眼先为黄色。

生态特征： 栖息于湖泊、河谷、养鱼池等水域处。多为几只或几十只；亦可与其他鹭混栖，夜栖于树上。飞行时头缩于背上，颈凹，脚向后伸直。站立或步行时头也缩于背上呈驼背状，行走时缓慢地一步一步前进。食物主要以昆虫、水生动物为主。营巢于高大树上或芦苇丛中。巢简陋，由枯枝和干草构成。雌雄轮流孵卵；每窝产卵 3～6 枚，多数 4 枚；卵天蓝色；25～26 天出雏；雏鸟为晚成性。

分布： 全球的温带均有分布。我国除青藏高原外，各地几乎皆有。

居留状况： 旅鸟，夏候鸟(2～10 月)。

017

中白鹭 *Egretta intermedia* 657～702 mm
Intermediate Egret 350～560 g

野外识别特征：体型中等的白色鹭类，嘴较大白鹭粗短，嘴角黑线延伸至眼下，以此跟大白鹭区别。

形态特征：中型涉禽。全身白色；眼先黄色；脚和趾黑色。个体介于大白鹭和白鹭之间；嘴相对较短。夏羽背和前颈下部有长的披针形饰羽；嘴黑色。冬羽背和前颈无饰羽；嘴黄色，先端黑色。

生态特征：栖息于河流、湖泊、水塘岸边浅水处及河滩上。单独或成小群活动，警惕性高，人难以靠近。飞行时颈缩成"S"形，两脚向后伸直，超出尾外。两翅扇动缓慢，直线飞行。以水生与陆生昆虫、鱼、虾、蛙等为食。营巢于树林。巢由枯枝和干草构成盘状巢。每窝产卵 3～5 枚；蓝绿色；孵化期 21 天左右；雌雄轮流孵卵共育；35 天离巢。

分布：热带和亚热带水域。我国主要在长江以南分布，北方为罕见旅鸟。

居留状况：偶见。

018

白鹭 *Egretta garzetta*　　　　　520～680 mm
　　　Little Egret　　　　　　　　330～540 g

野外识别特征：小型的白色鹭类，全身白色，脚黑色，趾黄色。繁殖羽，成鸟头上有两根饰羽。

形态特征：中型涉禽。嘴、颈和脚均甚长；趾黄绿色；全身白色。繁殖期枕部着生两根长而软的饰羽，背和前颈亦生长蓑羽。眼先粉红色。冬羽无蓑羽。

生态特征：生态特征与中白鹭近似。食物为小鱼、水生昆虫等动物。常飞至数里外觅食。营巢于大树上，巢距地面15～20 m，有时强占喜鹊巢。每窝产卵3～6枚；卵灰蓝色；雌雄轮流孵卵25天左右；雏鸟为晚成鸟。

分布：非洲、欧洲南部与东部、亚洲及大洋洲。我国主要在长江以南有分布，也见于兰州、山东、北京、河北等地。

居留状况：旅鸟(4～5月；10～11月)，夏候鸟。

019

牛背鹭 *Bubulcus ibis*　　　　　460～530 mm
　　　　　Cattle Egret　　　　　　426～440 g

野外识别特征：小型的全白色鹭类，嘴黄色。繁殖期时头、颈、胸橙黄色，其余部分白色。嘴、颈和后肢较其他的鹭略显粗短。

形态特征：中型涉禽。嘴橙黄色；脚黑褐色。夏羽头、颈和背中央长的饰羽橙黄色，其余白色。冬羽通体白色，无饰羽。幼鸟也为纯白色。

生态特征：栖息于平原草地、湖泊、水库、池塘和水田，成对或小群活动，常伴牛活动，啄食翻耕出来的和牛背上的虫子。喜欢停在树梢上，颈缩成"S"形。飞行高度较低，直线飞行。主食昆虫、小鱼等动物。巢一般筑在大树上。巢多用树枝、芦苇等材料构成。每窝产卵3～5枚；卵浅淡蓝绿色，无斑点；雌雄轮流孵卵；孵化期为21～24天；雏鸟为晚成性，30～40天离巢。

分布：全球热带、亚热带及温带地区。我国除西北部以外皆有分布，长江以南为留鸟；以北为夏候鸟。

居留状况：旅鸟，罕见夏候鸟（1921年5月5日）。

020

池鹭 *Ardeola bacchus*　　　　　　400～670 mm
　　　　Chinese Pond Heron　　　　　150～320 g

野外识别特征：繁殖羽：头及颈深栗色，背暗蓝灰色，其余部分白色；非繁殖羽：上体褐色，头颈及胸部有纵纹。

形态特征：中型涉禽。嘴粗直而尖，黄色，嘴基蓝色，尖端黑色。夏羽的头、羽冠、后颈和前胸均为栗红色，羽冠延长达背部；肩羽紫黑色，其蓑羽延伸至尾端；两翅、尾、颏、喉、前颈和腹为白色。飞翔时两翅和尾的白色与体背黑色呈鲜明对比，易于识别。冬羽头颈到胸白色，具暗黄褐色纵纹；背暗褐色。当年幼鸟的羽色似繁殖羽。

生态特征：鸣声为"哇—，哇—"。通常栖息于稻田、沼泽。喜群栖。性较大胆，不很怕人。主要以小鱼、虾蟹及昆虫为食。营巢于水域附近的大树上，成群营巢。巢简单，用枯树枝和干草构成。每窝产卵 3～6 枚；雌雄轮流孵卵；19～23 天出雏；雏鸟将喙伸入亲鸟口中取食；育雏期约 30 天。

分布：亚洲东部。我国除新疆及西藏以外都有分布。

居留状况：夏候鸟(4 月初～10 月中旬)。

021

绿鹭 *Butorides striata*　　　　　400～470 mm
　　　　Striated Heron　　　　　　254～315 g

野外识别特征：蓝灰色的小型鹭类，翼及尾部羽缘皮黄色。

形态特征：中型涉禽。嘴长尖，颈短，体较粗胖，尾短而圆。头顶和长的冠羽黑色而具绿色金属光泽；颈和上体绿色；背及两肩披有窄长的青铜绿色矛状羽，向后直达尾部；颏、喉白色。

生态特征：鸣声尖锐。栖息于有树木和灌丛的河流岸边，特别是溪流纵横、水域密布而有柳树生长的水淹地带。性孤独，晨昏活动，常缩颈蹲伏在水边。飞行时两翅扇动频繁，飞行速度快，且高度低，脚伸直于尾外。以鱼类、蛙、水生昆虫和软体动物为食。巢多建在河岸或河心岛上灌木林或柳树林内，以细树枝堆成，极简陋，呈皿状。每窝产卵 5 枚；雌雄轮流孵卵共育；卵椭圆形；淡青色；21～25 天出雏；雏鸟 34～35 天能飞。

分布：全球温带及亚热带、热带地区。我国分布于东北东南部、华东和华南及台湾等地区。

居留状况：旅鸟(4～5 月；9～10 月)，少量夏候。

022

夜鹭 *Nycticorax nycticorax*   500~620 mm
       Black-crowned Night Heron   450~750 g

野外识别特征：灰色的小型鹭类，顶冠及背部黑色，其余灰白色。幼鸟全身深褐色，上体有白色斑点，胸腹部有纵纹。

形态特征：中型涉禽。体较粗胖；颈较短；嘴尖细，黑色。脚和趾黄色。头顶至背黑绿色而且具金属光泽；上体余部灰色，下体白色；枕部有2~3枚长带状白色饰羽，极为醒目；腰、两胁和尾羽灰色。

生态特征：边飞边鸣，叫声粗犷。栖息于平原和低山丘陵地区的溪流、水塘、江河和水田地上。白天结群隐藏于僻静处，常缩颈长时间站立一处不动，有时单腿站立，身体呈驼背状。每当夜幕降临，便出来飞行和觅食。食物以鱼类、软体动物和水生昆虫为主。营巢于各种高大树上，多结群巢。巢浅盘状，由枯枝、草茎构成。每窝产卵3~5枚；卵蓝绿色；雌雄轮流孵卵；21~22天出雏；雏鸟晚成性；双亲抚育；30多天离巢。

分布：除极地和大洋洲之外的全世界温暖的淡水水域。我国东部及南部有分布。长江中下游、西南地区比较多。

居留状况：夏候鸟（3月下旬~11月下旬），旅鸟，偶见冬候鸟。

023

黄斑苇鳽　*Ixobrychus sinensis*　　　300～370 mm
　　　　　　Yellow Bittern　　　　　132～153 g

野外识别特征：黄褐色苇鳽，顶冠及飞羽铅黑色。飞行时，翼上黑色和黄色对比明显。幼鸟似成鸟，有粗纵纹。

形态特征：小型涉禽。颈较长。雄鸟头顶铅灰色；后颈和背黄褐色；腹和翅覆羽土黄色；飞羽和尾羽黑色。雌鸟与雄鸟相似，仅头顶为栗褐色；背和胸有褐色和暗褐色纵纹。幼鸟上体缀有黑褐色纵纹，下体黄白色，具黑褐色或黄褐色纵纹。

生态特征：鸣声为"啊—"，尖而清，微带颤音。栖息于水域苇丛里，有时栖止在苇茎上，能紧贴水面做短距离飞行。栖止时头颈缩回犹如驼背，俗称"小水骆驼"。遇惊时常头颈伸直，嘴尖朝天，丝毫不动，宛如一株枯枝，借以避敌。食物主要是水生动物类。营巢于浅水区的芦苇丛中，在几株苇茎之间搭编，形成悬巢。巢材由苇叶构成。每窝产卵 3～6 枚；卵为白色或浅绿色。

分布：印度洋东部至太平洋西部。我国东部和东南部。

居留状况：夏候鸟(5～10 月)，旅鸟。

024

紫背苇鳽 *Ixobrychus eurhythmus*   320～375 mm
           Schrenck's Bittern   120～160 g

野外识别特征： 飞行时似黄斑苇鳽，但背褐色，飞羽与翼上覆羽对比不明显。雌鸟及幼鸟有白色斑点。

形态特征： 小型涉禽。雄鸟头顶黑栗褐色；上体几为紫栗色；尾羽黑褐色；飞羽黑色；翅上覆羽淡橄榄灰黄色，飞翔时与尾羽、上背形成鲜明对比；下体土黄色；自颏经前颈到胸部中央有一暗褐色纵纹；虹彩黄褐色；嘴黑褐色，基部黄褐色；脚淡黄绿色。雌鸟从头顶到背部紫栗色；背部、两翅缀细小的白色斑点；下体具褐色纵纹。幼鸟似雌鸟，体色更深。

生态特征： 鸣声近似于"咕噗，咕噗"。通常栖于河流、水塘、沼泽等处的芦苇丛中。一般单独活动，性谨慎，悄无声息地潜行于芦苇中。飞行时扇翅较慢，速度较慢，一般飞行不远又落于芦苇中或草丛中。以小鱼、虾、蛙、昆虫等为食。繁殖期间筑巢于植物茂盛的沼泽地或湿草地上，用干草茎和草叶构成。一般每窝产卵 3～5 枚；卵乳白色或绿白色。

分布： 繁殖于东亚；越冬于东南亚。我国主要分布于东部地区，西抵四川、云南；南至广东、广西、海南等地，台湾为迷鸟。

居留状况： 旅鸟（5～9 月）。

●○○○

025

栗苇鳽 *Ixobrychus cinnamomeus*　　318～372 mm
　　　　Cinnamon Bittern　　　　125～170 g

野外识别特征：橙褐色苇鳽，飞行时，飞羽红褐色。成鸟上体栗色，下体黄褐色。幼鸟全身具纵纹。

形态特征：小型涉禽。嘴黄褐色，尖端黑褐色；眼先黄色；脚黄绿色。雄鸟上体栗色；喉及下体皮黄色；颏、喉和前颈中央有一道黄黑相杂的纵纹。雌鸟头顶暗栗红色；肩背部栗红色，缀有细小白色斑点；下体棕黄色，从颈至胸有数条黑褐色纵纹。

生态特征：栖息于芦苇沼泽、水塘、溪流和水稻田中。夜行性，多在隐蔽的阴暗地方与晨昏和夜间活动。性胆小机警，很少飞行，多在芦苇丛中通过和在芦苇上行走。主要以小鱼、黄鳝、蛙和昆虫为食，也吃少量植物性食物。繁殖期4～7月，营巢于芦苇沼泽、湖边、水塘和水稻田边的芦苇丛和灌丛中。巢通常由大芒叶、草茎、枯树枝或竹枝构成，结构简陋。每窝产卵3～6枚，卵为卵圆形，白色。

分布：东亚、东南亚和南亚。在我国分布于辽宁至华中、华东、西南、海南及台湾。

居留状况：旅鸟（4～10月中旬）。

026

黑苇鳽 *Dupetor flavicollis* 490～590 mm
Black Bittern 200～360 g

野外识别特征：雄鸟全身上体从头到尾均为灰黑色，雌鸟为暗褐色。喉、胸和颈侧为皮黄色至橙黄色，并具黑色纵纹，胸部以下黑色，显著区别于其他鹭类，易于识别。

形态特征：中型涉禽，嘴黑褐色，甚长。雄鸟从头至尾的上体及两翅均呈辉亮的石板黑色；头顶和颈背缀有蓝色；喉部和上胸部皮黄色；颈侧橙黄色，并具黑色纵纹；下体余部黑褐色；腹部中央的羽毛端部具浅黄色边缘。雌鸟上体呈暗褐色；头侧栗色；颏部和喉部白色，具黑色斑点；下体其余部分淡褐色，并具黄白色羽缘。

生态特征：栖息于溪流、河湖、稻田等湿地生境中，偶见于小村附近的竹林或次生林。常单个或成对在挺水植物丰富的水域活动。夜行性，多在黄昏和午夜活动，有时亦在白天活动。平时很少发出叫声，但繁殖期会发出粗犷而高声的鸣叫。性胆小，常伫立在地上，头颈向上伸直而半晌不动。繁殖期5～7月，营巢于芦苇丛或水边的灌丛，最高可距地3～5 m。巢呈盘状。每窝产卵4～6枚；卵蓝绿色或白色。

分布：东亚、东南亚和南亚。我国主要分布于长江以南地区。

居留状况：迷鸟(2011年，2014年)。

027

大麻鳽 *Botaurus stellaris*   640～780 mm
                 Eurasian Bittern   400～1 350 g

野外识别特征： 黄褐色的大型鳽类，顶冠黑色，具黑色纵纹及杂斑。受惊时，原地不动，头和嘴竖直向上。

形态特征： 中型涉禽。身体粗胖；嘴粗而尖；颈、脚相对粗短。嘴黄褐色；脚黄绿色。额、头顶和枕部黑色；上体羽赭黄褐色，具显著波浪状黑色斑纹；下体羽棕黄色；前颈和胸部具棕色纵纹。

生态特征： 飞行时常发出响亮的"咚咚"声，很远就能听见。栖息于水域附近沼泽草丛、芦苇丛中。除繁殖期外，多单独活动。白天隐藏在芦苇丛中，受惊时便站立不动，头、颈向上垂直伸直，嘴尖朝向天空，散开颈部似枯黄苇羽翎，和四周环境融为一体，以迷惑天敌视线。多晨昏活动。飞行振翅慢，高度常略高于苇丛，很快又会落入草丛中。主要以鱼、虾、蛙和水生昆虫为食。常孤立营巢于苇丛中，以草茎和叶为巢材，巢简单。每窝产卵 4～6 枚；橄榄褐色；卵圆形；孵化期为 25～26 天，主要由雌鸟承担；雏鸟为晚成鸟。

分布： 欧亚大陆及非洲。我国东北部及新疆天山繁殖，东南部越冬。

居留状况： 旅鸟(3～5 月；10～11 月)，偶见冬候鸟、夏候鸟(6 月中旬～8 月中旬)。

7. 鹳科 Ciconiidae

体型较大的涉禽。嘴形粗壮，长直而侧扁，先端渐细长；鼻孔缝隙状；翅形长而宽；尾短而圆；脚细长，前三趾的基部有蹼相连，后趾着地，爪短健。雌、雄鸟体羽类似。栖息、活动于水域、沼泽附近，岸边树上或岩石上。营巢于高树或岩崖上。雏鸟为晚成鸟。本科鸟类全世界计有 5 属，19 种，分布于温带和热带地区水域附近。我国境内已知有 4 属，6 种。北京地区计有 1 属，2 种。

028

黑鹳 Ⅰ/LC *Ciconia nigra* 1 000~1 200 mm

Black Stork 2 000~3 000 g

野外识别特征：大型鹳类，上体黑色，下体白色，嘴、眼周及脚红色。

形态特征：大型涉禽。头、颈、脚均甚长。上体黑色，具紫绿色金属光泽；下体白色。嘴基部粗大，先端变细，红色。眼周裸露皮肤和脚为红色。

生态特征：能发出"哒哒"的击喙声。栖于偏僻山区无干扰的森林、河谷、森林沼泽地带附近的岩石峭壁上。白天活动，不善鸣叫，性孤独，机警而胆小，人很难接近。平地起飞需要一段助跑，飞行时头颈向前直伸，双腿并拢，远远伸到尾后。还可以借助风力翱翔、盘旋。在地上行走，跨步很大，步履轻盈。休息时单、双脚站立，缩颈成驼背状。食物以鱼类、昆虫、软体动物及蛙类为主，还有鼠类、蛇等。营巢于山区悬崖岩凹处、浅洞中或粗大的树木上。巢材以灌木为主。每窝产卵 2~4 枚；卵色白；雌雄轮流孵卵；33~34 天出雏；100 日龄后离巢。

分布：欧洲、亚洲和非洲，越冬在非洲及南亚。我国分布很广，除青藏高原外，各地皆有。

居留状况：留鸟，夏候鸟(4~9 月)，冬候鸟。

●○○○
●⊕⊕

029

东方白鹳 I/EN *Ciconia boyciana*   1 000～1 150 mm

Oriental White Stork   2 000～4 000 g

野外识别特征：大型鹳类，全身白色，飞羽及嘴黑色，眼周裸皮红色，脚粉红色。

形态特征：大型涉禽。嘴粗长、直而略侧扁，前端尖细，黑色；眼圈红色。全身羽毛大都白色；翅上大覆羽黑色，小覆羽外翈黑色；飞羽大都黑色，带绿色光泽；内侧初级飞羽和次级飞羽的外翈银灰色；前颈下部有矛状饰羽。脚暗朱红色，四趾在一个平面上，足迹为四趾。

生态特征：常将头颈翻向体后方或上方，上下嘴相扣发出"嗒嗒"的击喙声。栖于人迹罕至的沼泽、湿地、河滩等处。单独或小群活动，伸喙在水中和泥土中啄食。休息时常以一脚站立，有时也落在树上。在高大树上营皿状巢。每窝产卵 2～4 枚；卵白色；雌雄轮流孵卵；32～35 天出雏；雌雄共育，15 日龄可在巢中击喙。

分布：东亚地区。我国在东北地区为繁殖鸟或旅鸟，长江以南为冬候鸟或旅鸟，华北地区为旅鸟。

居留状况：偶见旅鸟（4～6 月；8～10 月）、冬候鸟（1964 年 1 月 22 日）。

8. 鹮科　Threskiornithidae

体型较大的涉禽。头部和颈部通常裸露。嘴钝强壮并向下弯曲，嘴峰两倾各有一长行鼻沟；趾较长，基部有蹼。飞行时颈伸直，与鹭类不同。在温暖地区活动，活动于沼泽、湖泊等地。以鱼类等水生动物为食。本科鸟类全世界计有 14 属，32 种。我国境内已知有 5 属，6 种。北京地区计有 1 属，2 种。

030

白琵鹭 Ⅱ *Platalea leucorodia* 740～875 mm
White Spoonbill 1 940～2 175 g

野外识别特征：体型较黑脸琵鹭大，脸部黑色区域较小，白色羽毛延伸过嘴基，喉部裸皮黄色至橘红。繁殖期时，冠羽及胸部黄色。

形态特征：中型涉禽。嘴黑色，长直且上下扁平，前端扩大成匙状，黄色，形如琵琶。全身体羽白色；夏羽头后枕部具长发丝状冠羽，橙黄色；前颈下部具橙黄色颈环。

生态特征：栖息于开阔平原和山地丘陵地区的河流、湖泊、水库岸边及其浅水处。常成群活动，偶见单只。休息时常在水边呈"一"字形散开，长时间站立不动。性机警畏人，很难接近。涉水觅食，以身体为中心，边行走边将喙探入水中，往复划弧取食。主要以小型无脊椎、脊椎动物为食，偶尔也吃少量植物性食物。繁殖期5～7月，成群营巢，通常营巢在有厚密芦苇、蒲草等挺水植物和附近有灌丛或树木的水域及其附近地区。巢主要由芦苇茎和苇叶构成，简陋庞大。每窝产卵3～4枚；卵白色，具细小的红褐色斑点。

分布：欧洲大陆及非洲。在我国繁殖于北部地区，越冬于东南沿海及其邻近岛屿。

居留状况：旅鸟(3～5月；9～11月)。

031

黑脸琵鹭 Ⅱ/EN *Platalea minor* 600～780 mm

Black-faced Spoonbill

1 500～1 800 g

野外识别特征：体型较白琵鹭小，脸部黑色区域较大。亚成体初级飞羽末端黑色。繁殖期时，冠羽及胸部黄色。

形态特征：中型涉禽。嘴长而直；黑色；上下扁平，先端扩大成匙状。颜面裸出部及脚均为黑色；全身白色。繁殖期头后枕部有长而呈发丝状的金黄色冠羽；前颈下部带有黄色。

生态特征：鸣叫时冠羽耸起发出"咕—"声。栖于海滨、河湖的浅水区，涉水觅食，长嘴探进水中，以身体为中心，弧形往复左右划动寻食。性沉着机警，人难以接近。有时与鹭类混群，很少奔跑。直飞，在水中可以起飞。主要以小鱼、虾、螺为食。营巢于水边悬岩或水中小岛上，小群一起营巢。巢成盘状，以树枝和干草构成。每窝产卵 4～6 枚；白色长卵圆形具斑点；约 21 天出雏。

分布：亚洲东部。繁殖于朝鲜西海岸的小岛上，在韩国、日本、越南和我国东南部越冬。

居留状况：罕见旅鸟。

五、雁形目 Anseriformes

9. 鸭科 Anatidae

中型或大型游禽。头型较大；嘴多扁平，边缘有梳状突起，嘴端具加厚的"嘴甲"，嘴基部有的生疣状结构；颈长而弯曲；翅长而狭尖，适于快速飞行；多数种类翅上具翼镜，呈鲜艳的金属光泽，有的种类呈纯白色；绒羽发达；脚短健，位于腹部稍后处，前三趾间具蹼膜，后趾短，位较高；尾脂腺发达。雌雄鸟异色或相同，一般雄鸟较大，体羽鲜艳。栖息于各种水域，多善游泳。潜水取食。一般营巢于地面，少数种类营巢于树洞、石缝或土洞中。每窝产卵 8～10 枚，有时 12 枚；卵呈纯白、乳白或淡蓝绿色；多数由雌鸟孵卵；雏鸟为早成鸟。多数种类为候鸟。本科鸟类全世界计有 42 属，157 种，分布遍及世界各地水域。我国境内已知有 20 属，51 种。北京地区计有 14 属，37 种。

032

疣鼻天鹅 Ⅱ *Cygnus olor* 1 300～1 550 mm
Mute Swan 7 000～10 000 g

野外识别特征： 朱红色喙及额部的黑色突起，尾型为针尾，都是区别本种和其他两种天鹅的特征。

形态特征： 大型游禽。雌雄相似，嘴赤红或朱红色，嘴基黑色；前额具有黑色疣状突。全身白色。

生态特征： 鸣叫声沙哑，很少鸣叫。主要栖息在水草丰茂的开阔水面，性机警。游泳时，翅常隆起，颈呈优美的弯曲姿势。陆上行走。起飞时常用双翅拍打水面，在水面助跑 50 m 左右才能徐徐离水起飞。飞行时颈向前伸直，两翅扇动慢而有力。常成对或家族活动。以水生植物的根、茎、叶、芽、果实及藻类和小水生动物为食。3 龄后性成熟，配偶关系稳定。在岸边苇丛或草丛中营巢，巢结构庞大，呈圆形。领域很大。每窝产卵 4～7 枚；卵乳白色；雌性孵卵；孵化期 35～36 天；雏鸟早成性。

分布： 欧洲、亚洲温带地区及非洲北部。我国繁殖于新疆、青海、甘肃、内蒙古等地，在长江中下游越冬。

居留状况： 少见旅鸟（3～4 月；10～11 月）。

033

大天鹅 Ⅱ　*Cygnus cygnus*　　1 200～1 600 mm
　　　　　　　Whooper Swan　　6 000～12 000 g

野外识别特征： 全身的羽毛均为雪白色，嘴基部的黄色区域面积超过嘴端部的黑色，向前超过鼻孔，是与小天鹅的区别。

形态特征： 大型游禽。雌雄相似，全身洁白；体大颈长。嘴基两侧的黄色斑大，并从嘴基沿嘴两侧向前延伸至鼻孔之下。跗蹠、趾和蹼为黑色。

生态特征： 鸣声单调粗哑。喜欢栖息于食物丰富，开阔湖泊、水塘和流速缓慢的河流，特别是高原湖泊。性喜集群，冬季以家族或大群栖息在一起。性胆小，警惕性高，常远离岸边。游泳时，颈垂直向上，头向前平伸，全身前部沉入水中较多，背部隆起，游动缓慢，姿势优美。一般不潜水。由于身体较大，起飞不灵活，需两翅急剧拍打水面，两脚在水面奔跑一段距离才能起飞。飞行高度较高，列队呈"一"字或"人"字形。食物为水生植物和少量昆虫等动物。4 龄性成熟，配偶固定。在水域岸边筑巢。雌鸟建巢和孵卵；每窝产卵 4～7 枚；35～40 天出雏；雏鸟早成性，孵出即可下水觅食。

分布： 繁殖于冰岛及欧亚大陆北部，南迁越冬。我国于黑龙江、新疆、内蒙古等地有繁殖，长江、黄河流域及东南沿海地区越冬。

居留状况： 旅鸟，冬候鸟(11 月～翌年 3 月)。

034

小天鹅II　*Cygnus columbianus*　1 100～1 300 mm
　　　　　　Tundra Swan　　　4 000～7 000 g

野外识别特征：与大天鹅形态类似，但是嘴基黄斑不达鼻孔，是与大天鹅的主要区别。除此之外，颈部较之前者为短，头顶部轮廓线较为平坦。

形态特征：大型游禽。雌雄相似，全身洁白。嘴端黑色，嘴基两侧黄色斑沿嘴分布，不前伸于鼻孔之下。头顶至枕部常略沾棕黄色。腿和脚为黑色。

生态特征：鸣声清脆，有似吹哨的声音。栖于湖泊、水库等水域。性喜集群，行动小心谨慎，远离人群。在水面拾取或头颈伸入水中取食。游泳时颈垂直竖立。列队飞行。食物以水生植物为主，也食谷物、水生昆虫等。一雄一雌制，在北极附近的河口苔原上营巢。以水生植物为巢材，巢盘状。每窝产卵 2～5 枚；卵白色；雌鸟孵化；29～30 天出雏；雏鸟早成性。

分布：欧亚大陆东部及北美北部。我国北方为旅鸟，在长江中下游、东南沿海为冬候鸟。

居留状况：旅鸟（3～4 月；10～11 月）。

035

鸿雁 VU *Anser cygnoides*　　　　800～930 mm
　　　　　　Swan Goose　　　　　2 800～4 250 g

野外识别特征：非常容易识别的大型雁类；浅色的前颈与深色的后颈有明显的界线。

形态特征：大型游禽。雌雄相似，嘴黑色，嘴基有一白色细环；上体羽大部暗灰褐色；头顶和后颈棕褐色；背羽暗褐色具淡色羽缘；前颈近白色；下体白色。脚橙黄色。

生态特征：边飞边鸣，洪亮而清晰的"嘎—嘎—"声。栖息于开阔平原或草原上的湖泊、河流和沼泽中。性喜结群，迁徙时，集成数百上千只大群。善游泳；飞行力亦强；行为谨慎小心，常有"哨兵"为群鸟放哨。飞行时常排成"一"字或"人"字队形，飞时颈向前伸直，脚贴在腹下，一个接一个，排列整齐。食物为各种植物嫩叶、藻类及软体动物等。常成对营巢繁殖。多在芦苇丛中或岸边筑巢。每窝产卵 4～8 枚；卵白色或淡黄色；雌鸟单独孵卵；28～30 天出雏；雏鸟为早成性。

分布：亚洲东部。我国北部及以北为繁殖区，东南部为越冬区。

居留状况：旅鸟(3～4 月；10～11 月)。

036

豆雁　*Anser fabalis* 　　　　　695～802 mm
Bean Goose 　　　　　2 200～5 500 g

野外识别特征：我国最为常见的雁类，体长约 80 cm。全身灰褐色或棕色；嘴黑。嘴前 1/3 处显著的黄色横斑使其易于识别。

形态特征：大型游禽。雌雄相似，外形似家鹅，嘴黑褐色，具橘黄色带斑。上体羽灰褐色或棕褐色，羽缘黄白；下体羽污白色；尾上覆羽白色；尾羽黑褐色具白色端斑。脚橙黄色。

生态特征：栖于水域，夜间常在岸边耕地、溪沟草滩觅食，朝往暮返。大群夜宿，有一只警戒。在陆上时间比在水中长，有时仅仅是为了喝水才下水。不仅在陆上善于奔跑和行走，而且奔跑速度很快。起飞和下降亦灵活。飞行时排成"一"字或"人"字队形。以植物为主要食物。营巢于河边草丛中。巢简陋，仅为一凹坑，内放干草。每巢产卵 4～5 枚；雌鸟孵化；26～28 天出雏；雏鸟早成性。

分布：欧亚大陆广布。我国各地为旅鸟、冬候鸟。

居留状况：旅鸟，冬候鸟(10 月上旬～翌年 3 月)。

037

白额雁 Ⅱ *Anser albifrons* 645～720 mm
White-fronted Goose 2 100～4 500 g

野外识别特征: 最明显的特征为嘴基部和前额有显著
的白色斑,故得名。

形态特征: 大型游禽。雌雄相似,上体羽大都灰褐
色;前额和上嘴基部间具一道宽阔的白色斑带;下体
羽灰白色,杂以不规则黑色斑块。嘴肉色或粉红色;
脚橙黄色。

生态特征: 栖息于河边草滩、水田、湖沼。白天多数
时间都是在陆地上活动。飞行时排成"一"字或"人"字
队形,缓慢地扇动双翅,头颈伸直,脚贴腹下,边飞
边叫,数千米外都可听到。以植物为主要食物,有时
也吃一些昆虫等。每窝产卵 3～7 枚;卵黄白色;雌鸟
负责孵化;27～28 天出雏;雏鸟早成性。

分布: 北半球广布。我国各地都有,为旅鸟、冬候鸟。

居留状况: 旅鸟,偶见冬候鸟(10 月～翌年 5 月)。

038

小白额雁 Ⅱ/VU *Anser erythropus* 560~600 mm
Lesser White-fronted Goose
1 440~1 750 g

野外识别特征：与白额雁很相似，但是体长只是前者的 3/4，嘴基部和前额有显著的白色斑延伸至前额，眼圈金黄色。

形态特征：雌雄相似。嘴基部和额部有显著的白斑，一直延伸到眼部，眼圈金黄色。头顶、后颈和背部暗褐色；飞羽黑褐色；颌、喉灰褐色；胸灰褐色；腹部白色而有不规则斑块；尾下覆羽白色。虹膜褐色；嘴肉色；脚橄榄黄色。

生态特征：常成群活动，晚间在水中栖息，白天则到苔原、草地觅食。春夏季以植物芽苞、嫩叶为食，秋冬则以草本植物、谷类、种子、农作物幼苗为食。繁殖在亚北极苔原带；繁殖期 6~7 月。每年 9 月离开繁殖地，南迁越冬。10 月到达我国。春季 3 月迁离我国，前往繁殖地。

分布：繁殖于欧亚大陆北部，越冬在欧洲东南部、埃及、土耳其、印度、朝鲜、日本及我国南部。

居留状况：罕见的旅鸟。

039

灰雁 *Anser anser*   790～880 mm
          Graylag Goose   2 100～3 750 g

野外识别特征： 嘴、脚为粉红色而明显区别于其他雁类，上嘴基具一狭窄的白纹。

形态特征： 大型游禽。雌雄相似，体大而肥胖。嘴、脚粉红色。嘴基周围具狭长白纹，嘴甲近白色。羽色较其他雁类淡，下体灰白色，杂以暗褐色小块斑。

生态特征： 鸣叫声如"嗯—嗯"的鼻音。栖息于不同生境的淡水水域中，出入于有水草的湖泊、河流。除繁殖期外，常结群活动。在地面行走灵活，休息时常用一脚站立。善游泳，也可潜泳。性谨慎，群栖时常有数只不吃、不睡担当警卫。食物以植物为主，也吃些螺、虾等。在岸边水草中营巢。每窝产卵4～8枚；卵为白色带橙黄色斑的长卵圆形；27～28天出雏；雏鸟早成性，9周能飞。

分布： 欧亚大陆温带及亚热带地区，非洲极北部。我国北部及西北地区繁殖，中部和东南部越冬。

居留状况： 旅鸟(3～4月；10～11月)。

●●○○

040

斑头雁 *Anser indicus* 625～850 mm
Bar-headed Goose 1 600～3 000 g

野外识别特征：中型雁类。头颈白色，头后有两道黑色带斑，故得名。

形态特征：雌雄相似。头顶污白色，羽缘棕黄色；头后有二道黑色横斑，头部白色延伸至颈侧，形成一道白色纵纹；后颈、背部褐色，羽端棕色，形成鳞状斑；腰及尾上覆羽白色；尾部灰褐色；初级飞羽黑褐色；颌、喉污白；胸腹部灰白色，两胁灰具横斑。嘴橙黄色，端部黑；脚橙黄色。

生态特征：繁殖于高原湖泊，喜集群。虽然是游禽，但陆栖为主。生性机警。主要以禾本科、莎草科、豆科植物为主食，也吃贝类、软体动物和无脊椎动物。每年 3 月底 4 月初开始繁殖。每窝产卵 4～6 枚；孵化期 28～30 天；雏鸟早成性。

分布：繁殖于我国极北部及青海、西藏的沼泽及高原泥淖，冬季迁移至我国的中部及西藏南部。

居留状况：偶见于北京，迷鸟。

● ○ ○ ○

041

埃及雁 *Alopochen aegyptiacus*   630～730 mm

        Egyptian Goose   1 500～2 250 g

野外识别特征：本种可能为逃逸种。眼周栗色，嘴淡红色，脚粉红色，易识别。

形态特征：大型游禽。头白色；眼周栗色；嘴淡红色；脚粉红色，较长。翅上覆羽白色，和黑色的初级飞羽及次级飞羽形成鲜明对照；上背灰而缀有浅淡的绿色，并具黑色横斑。

生态特征：栖息于辽阔平原、水域中，成对或结群在水中生活，晚上多栖于树上，夜栖环境较固定。主要为植食性。营巢于地上洞穴或树洞中以及悬崖上。每窝产卵 6～12 枚；雌雄轮流孵卵；28～30 天出雏。

分布：西亚和非洲。

居留状况：迷鸟(1866 年 5 月)。

●○○○○

042
赤麻鸭 *Tadorna ferruginea* 510～680 mm
Ruddy Shelduck 969～1 689 g

野外识别特征：体型较大的鸭类，通体棕色，飞行时可见翅尖黑色、翅下白色，对比明显。

形态特征：中型游禽。全身黄褐色；翅上有明显的白色翅斑和铜绿色翼镜。嘴、脚、尾黑色。雄鸟在繁殖季节颈基部有一窄的黑色领环。雌鸟体色稍淡；颈基部无黑色领环。

生态特征：鸣叫声为"嘎，嘎"。栖息于江河、池塘等水域。结群迁飞，常与其他水鸟混群。善泳而少潜水。黄昏到水田、耕地觅食，晨返回。性机警，不易接近。飞行可成直线或"一"字形横排，边飞边鸣。食物以水草、昆虫及软体动物为主。巢建于地面天然洞穴如土洞、石穴中，巢粗糙。每窝产卵 6～13 枚；卵污白色；雌鸟孵化；27～29 天出雏；雏鸟早成性。

分布：欧亚大陆，非洲。我国东北、内蒙古及西部地区为繁殖区，东南部为越冬区。

居留状况：旅鸟，冬候鸟(10 月～翌年 3 月)。

043

翘鼻麻鸭 *Tadorna tadorna* 520~630 mm
Common Shelduck 800~1 700 g

野外识别特征：色彩分明的大型鸭类。头颈黑色，嘴红色并略上翘，雄鸭繁殖期嘴基部有一红色皮质瘤，雌鸟较雄鸟小，羽色略浅淡。

形态特征：中型游禽。雄鸟头和上颈黑褐色，具绿色光泽；下颈、背、腰、尾覆羽和尾羽全白色；尾羽具黑色横斑。嘴上翘，红色；繁殖时嘴基部有一红色瘤状物。自背至胸有一条宽的栗色环带；绿色翼镜。雌鸟头、颈不具金属光泽；前额有一小白色斑点；胸前环带窄而色浅。

生态特征：栖于海湾滩涂、浅水湿地。喜成群生活。飞行疾速，两翅扇动较快。善游泳、潜水及地面行走、奔跑。性机警，常不断伸颈四望。行走时颈呈"Z"形。以水生植物、动物及昆虫为食。营巢于海岸、湖边沙丘、石壁间；巢皿形，内垫禾本科植物。每窝产卵7~12枚；卵椭圆形；牙白色；雌鸟孵化；27~29天出雏；雏鸟早成性，第二年性成熟。

分布：欧洲南部、西北部至亚洲中部、东部及非洲北部。我国东北、西北部、青海湖、新疆天山有繁殖，东南部为越冬区。

居留状况：偶见旅鸟。

044

棉凫/LC *Nettapus coromandelianus* 300~310 mm
Cotton Pygmy Goose 190~312 g

野外识别特征：通体以白色为主的小型河鸭类，嘴短粗，头枕部黑色及颈部具有的黑色环，使其不易与其他鸭类混淆。

形态特征：雄鸟额白色，头顶黑褐色；上体黑褐色具绿色金属光泽；颈部底缘有一显著黑色颈圈；颈和下体白色。雌鸟头灰褐色，额及双颊污白色；有黑色贯眼纹，白色的脸部很明显；上体灰褐色，颈部及胸部污白色有波浪形细斑；下体白色，两胁灰褐色；尾下覆羽白色。

生态特征：常成对或小群活动，尤喜水生植物丰富的开阔水域。多数时间在水中活动，一般不上岸。主要以水生植物和陆生植物的嫩芽、根部和稻谷为食，也吃水生昆虫、软体动物和小鱼。繁殖于5~8月，营巢于距离水域不远的树洞中。每年繁殖1~2窝，每窝产卵8~14枚。

分布：印度、中国南部、东南亚及新几内亚和澳大利亚的部分地区。

居留状况：罕见的旅鸟。

●○○○○

045

鸳鸯 II /LC *Aix galericulata*   380～450 mm
                 Mandarin Duck   430～550 g

野外识别特征：几乎不会被错认的河鸭类，雄鸟的帆羽颇具特色；雌鸟白色的眼圈及其后的眼线也区别于其他种类。

形态特征：中型游禽。雄鸟羽色鲜艳、华丽。嘴红色；脚橙黄色；头顶、额深蓝绿色；枕赤铜色与后颈的暗紫色和暗绿色的长羽形成羽冠；眼后有宽阔的白色眉纹；颊橙黄色；下颈、背、胸暗紫褐色；翅上有一对橙黄色羽毛像帆一样立于后背，非常醒目，野外易辨别；翼镜蓝绿色，先端白色；腹以下白色；胸侧有两条白色细斜线；胁土黄色。雌鸟嘴黑色，嘴基部有白环；头、背灰褐色，无冠羽及直立羽；眼周白色，其后连一细的白色眉纹；颏、喉白色。

生态特征：发出一种尖细的"咯，咯"声。栖于山地森林近河流、湖泊、水塘等处，冬季于开阔的湖泊中集群。善游泳和潜水，平时在水面活动，相互嬉戏。飞速较快，扇翅有力。以水草、虾、昆虫为食。巢多筑于近水岸的树洞中或岩石洞中。每窝产卵 6～10 枚；卵白色；椭圆形；雌鸟孵化；28～29 天出雏；雏鸟早成性，能从树上跳到地上出巢。

分布：亚洲东部。我国东北部繁殖，东南部越冬。

居留状况：留鸟或旅鸟，夏候鸟、冬候鸟。

046

赤颈鸭 *Anas penelope* 　　　　　430～530 mm
　　　　　Eurasian Wigeon 　　　　　500～600 g

野外识别特征：雄鸭头形较圆，头颈为栗红色，头顶棕黄色，是本种的主要鉴别特征；雌鸭以褐色为主、前端黑色的喙与其他种类区分。

形态特征：中型游禽。雄鸟头和颈棕红色；额至头顶有一乳黄色纵带；背和两胁灰白色，杂以暗褐色波状细纹；翅上覆羽白色；翼镜翠绿色；前后衬以绒黑色宽边。雌鸟头顶和后颈黑色，杂以浅棕色细纹；翼镜暗灰褐色；上体暗褐色具淡褐色羽缘。

生态特征：鸣声响亮清脆。栖息于江河、湖泊等各种水域，尤喜在有水生植物的开阔水面活动。迁徙时结群，常排成一行，飞行甚快。善游泳和潜水。常将尾翘起，头弯到胸部。主要以植物为食，也吃少量动物性食物。在近水的草丛中筑巢。每窝产卵 7～11 枚；卵白色；孵化期 22～25 天；雏鸟早成性。

分布：欧洲、亚洲、非洲。我国东北部地区繁殖，中部和东南部地区越冬。

居留状况：旅鸟（3～4 月；9～10 月），冬候鸟。

047

罗纹鸭 NT *Anas falcata* 440～520 mm
Falcated Duck 422～900 g

野外识别特征： 一种羽色优雅的中型野鸭。雄鸟枕、冠和头侧金属铜绿色，翅上三级飞羽长而向下弯曲似镰刀状；雌鸭略小，上体黑褐色，杂有棕色"V"字形斑。

形态特征： 中型游禽。雄鸟繁殖时头顶暗栗色；头侧、颈侧和颈冠铜绿色；额基有一白斑；颏、喉白色；有一黑色横带位于颈基部；上体灰白色，杂以暗褐色波状细纹；翼镜墨绿色；下体白色具褐斑纹；三级飞羽甚长，并向下垂，状如镰刀。雌鸟上体黑褐色，杂以"V"形斑纹；下体棕白色，具黑斑。

生态特征： 鸣声低沉。栖于江河、湖泊等水域；常成对或小群活动，迁徙时呈大群。性胆怯而机警，飞行灵活迅速。白天在开阔水面活动；晨昏飞到岸边、农田等处觅食。主要以水生植物、杂草种子等为食。在湖边附近草丛中或灌木丛中地上营巢；每窝产卵6～10枚；卵淡黄色；雌鸟孵化；24～29天出雏；雏鸟早成性。

分布： 亚洲东部。我国东北为繁殖区，东部和东南部为越冬区。

居留状况： 旅鸟(3月下旬～5月中旬；9月中旬～10月下旬)。

048

赤膀鸭 *Anas strepera*　　　　　　460～550 mm
　　　　　Gadwall　　　　　　　　1 500～1 000 g

野外识别特征：雄鸟嘴及尾下部为黑色，翼镜黑白，翅上的红褐色斑块不易观察到；雌鸟似绿头鸭雌鸟，但嘴部黑色较多，仅嘴侧橘黄色。

形态特征：中型游禽。雄鸟嘴黑色；脚橙黄色；上体暗褐色；背上部具白色波状细斑；腹白色；翅具宽阔的棕栗色横斑和黑白二色翼镜；自嘴基有一条暗褐色贯眼纹。雌鸟嘴橙黄色，嘴峰黑色；翅无棕栗色斑；上体暗褐色具浅棕色边缘。

生态特征：栖于水草丛生的河流、湖泊、水库等水域。成对或小群活动，晨昏在田野觅食。性胆小而机警，飞行极快。食物以水生植物为主。头沉入水中，尾朝上取食。在水域边草丛中营巢，巢中铺以绒羽。每窝产卵 7～11 枚；卵白色卵圆形；雌鸟孵化；27～28 天出雏；雏鸟早成性。

分布：北半球温带、亚热带至热带内陆水域。我国新疆天山及东北地区繁殖，南部越冬。

居留状况：旅鸟。冬候鸟(11 月～翌年 4 月)。

049

花脸鸭 VU *Anas formosa*　　　380～430 mm
　　　　　　　　Baikal Teal　　　410～460 g

野外识别特征：雄性脸部黄色和绿色的羽毛构成独特的脸谱；雌性嘴基有白色圆形斑，脸侧有白色"月牙"形纹，但有的时候观察不到。

形态特征：小型游禽。雄鸟羽毛艳丽；头顶至后颈上部黑褐色，具淡棕羽端；脸部自眼后有一宽阔的翠绿色金属带斑延伸至后颈下部；绿带与头顶黑褐色之间有一白色狭纹，其余脸部呈乳黄色；上体灰褐色，肩羽黑褐色，甚长，有白色羽缘；前颈至胸黄褐色，密布暗褐色细纹；腹白色；尾下覆羽黑色；胸侧和尾基两侧各有一条垂直白带；翼镜铜绿色，向后为黑色，再次为白色。雌鸟头侧和颈侧白色，杂以暗褐色条纹；眼先在嘴基处有一白色圆斑，眼后上方具白色眉纹；上体羽暗褐色；尾下覆羽白色。

生态特征：鸣声为响亮的"冒克、冒克"。生态习性与其他鸭类相似。巢建于水边草丛中；每窝产卵 6～9 枚；卵白色带浅绿色；25 天出雏。

分布：亚洲东部。在西伯利亚东部繁殖；在日本及我国东南部越冬，偶见于印度北部。

居留状况：偶见旅鸟(3～5 月上旬；9～11 月下旬)。

●○○○○

050

绿翅鸭 *Anas crecca*　　　　　　300～385 mm
　　　　　　Green-winged Teal　　　200～400 g

野外识别特征： 是北京河鸭类最小的种类。雄鸟头侧有一形如"逗号"状的绿色带斑；雌鸟可能与白眉鸭雌鸟混淆，但是缺少白色的眉纹，翼镜更加亮绿色。

形态特征： 小型游禽。嘴、脚均为黑色。雄鸟头、颈深栗色；眼周往后有一宽阔的具光泽的绿色带斑，经耳区向下与另一侧相连于后颈基部；同时自嘴基角至眼有一窄的浅棕白色细纹在绿色带斑上下；背灰色，有暗色细纹；翼镜翠绿色；胁灰色，下体余部白色；尾下覆羽近身体端黑色，向后转为乳黄色。雌鸟全身暗褐色，羽缘淡色，具黑色贯眼纹；尾下覆羽白色。

生态特征： 生态习性与其他鸭类相似。繁殖期间每窝产卵 8～11 枚；卵为浅黄色；21～23 天出雏；30 天后可飞行。

分布： 整个北半球广布。在北半球温带地区繁殖；秋季南迁至中美洲、非洲北部和东南亚地区越冬。在我国新疆及东北地区繁殖，我国黄河流域及以南各地越冬。

居留状况： 旅鸟(3～4 月；10～11 月)。

●●○○○

051

绿头鸭 *Anas platyrhynchos* 470～620 mm
Mallard 900～1 300 g

野外识别特征： 我国最常见的野鸭，雄鸟头颈呈辉绿色，颈基部具一条细白色领环，中央两对黑色尾羽末端上卷；雌鸟尾羽不卷，嘴端有黄褐色斑带。

形态特征： 中型游禽。外形大小如家鸭。雄鸟嘴黄绿色；脚橙黄色；头和颈辉绿色；颈部有一白环与栗红胸部相隔；上体黑褐色；腰及尾上覆羽黑色；两对中央尾羽亦为黑色并向上卷曲成钩状；外侧尾羽白色；翅、腹灰白色，具紫蓝色翼镜，前后缘具白边。雌鸟嘴黑褐色，端部暗棕黄色；贯眼纹黑褐色；上体羽黑褐色具棕黄、棕白色羽缘，形成明显"V"形斑。

生态特征： 鸣声为清脆的"嘎—嘎—"。栖息于各种水域，集群活动，较常见。性好动、机警，受惊直飞上空。杂食性，以植物、昆虫、软体动物、粮食等为食。营巢于水域边的草丛中、树洞等处。每窝产卵 7～11 枚；雌鸟孵化；24～27 天出雏；雏鸟早成性。

分布： 欧亚大陆和北美洲大部分地区、非洲北部。中国全境。在我国东北、西北和内蒙古繁殖，黄河流域及以南越冬。

居留状况： 旅鸟(10 月～翌年 4 月上旬)，冬候鸟，夏候鸟或留鸟。

052

斑嘴鸭 *Anas poecilorhyncha*   525～638 mm

       Spot-billed Duck   891～1 350 g

野外识别特征：分布广，最为常见的野鸭之一，雌雄羽色相差不大。嘴黑色，嘴端有一醒目的黄斑，故得名。

形态特征：中型游禽。嘴黑色，先端黄色。颊、上颈淡褐色；眉纹白色；贯眼纹黑色；体羽大部棕褐色；翼镜蓝绿色带紫色金属光泽；三级飞羽形成白斑。脚橙黄色。

生态特征：栖息于湖泊、水库、河流地带，常和其他鸭类混群。善游泳和行走，很少潜水，多集中于滩头岸边。可将嘴插入翅下，漂浮于水面休息。晨昏觅食，以植物性食物为主，如水生植物的叶、茎及水藻等，也食昆虫等。在水域边草丛中营巢。巢由草茎、草叶、羽毛等构成。每窝产卵 8～14 枚；卵白色；23～24 天出雏；雏鸟早成性。

分布：亚洲东部。我国除西北部外，全境均有繁殖或分布。

居留状况：夏候鸟(3 月下旬～11 月上旬)，旅鸟。

● ● ○ ○

⊕ ⊕

053

针尾鸭 *Anas acuta* 　　　　　　525～710 mm
　　　　　Northern Pintail 　　　　　500～1 050 g

野外识别特征： 雄鸟黑色的中央尾羽特别长，先端尖锐如针状；雌鸭体型较小，翼镜不明显，尾羽也不如雄鸟尖长。

形态特征： 中型游禽。雄鸟背部满杂淡褐色与白色相间的波状横斑；头暗褐色；颈侧有白色纵带与下体白色相连；翼镜铜绿色；中央一对尾羽黑色，且特别延长。雌鸟上体大都黑褐色，杂以黄白色斑纹；无翼镜；中央尾羽亦延长，但不及雄鸟。

生态特征： 栖息于各种水域中。常成对或结小群活动，集中于开阔水面上，晚上到岸边觅食。游泳时颈直尾翘。性机警而胆怯。食物以嫩茎、种子为主，也食昆虫等一些小动物。每窝产卵 8～10 枚；雌鸟孵化；22～23 天出雏；雏鸟早成性。

分布： 整个北半球广布。我国新疆天山有繁殖，南部为越冬区，其他地区为旅鸟。

居留状况： 旅鸟（3～4 月；10～11 月）。

054

白眉鸭 *Anas querquedula*　　　340~410 mm
　　　　　Garganey　　　　　　255~400 g

野外识别特征：雄性具特征般的白色眉纹，与深褐色的头部对比明显，肩部具有柳叶状羽毛，飞行时翅上覆羽蓝灰色；雌鸟深色眉纹上下各有一个浅色纹。

形态特征：小型游禽。雄鸟额和头顶黑褐色；余部为淡栗色，杂以白色细纹；眉纹白色，宽而长，一直延伸到后颈；上体暗褐色具淡棕色羽缘；内侧肩羽尖长，边缘白色；翼镜灰褐沾绿色金属光泽；翅上覆羽浅灰蓝色；上腹棕白色；下腹白色。雌鸟上体黑褐色；下体白而带棕色；眉纹白色，但不及雄鸟显著；贯眼纹黑色；眼下还有一棕白色纹自额基部向后延伸至耳区。

生态特征：鸣声为单音，带颤音。栖于河滩、沼泽等大小水域，常成对或小群活动。遇有情况，立刻直升而起；飞行灵快。主要以水生植物、水中小动物为食。在水边或不远的草丛中营巢。产卵后，雌鸟拔下绒羽垫在巢周围，离巢时盖卵。每窝产卵 8~12 枚；卵草黄色，长卵圆形；21~24 天出雏；雏鸟早成性。

分布：欧亚大陆、非洲。在我国新疆西部、东北地区繁殖，中部和南部越冬。

居留状况：旅鸟(3~4 月；9~10 月)，夏候鸟。

055

琵嘴鸭 *Anas clypeata*   430～510 mm
Northern Shoveler   445～610 g

野外识别特征：雌雄嘴形奇特，先端扩大为铲状，为其显著特征。

形态特征：中型游禽。嘴先端扩大成铲状。雄鸟头至上颈暗绿色具金属光泽；背黑色；背侧及胸白色，且连成一体；翼镜为金属绿色，前后具白边；腹和两胁栗色。雌鸟上体暗褐色；背和腹有淡红色横斑和棕白色羽缘；头至后颈杂有棕色纵纹；下体淡棕色具褐色斑纹；两胁具淡棕色和暗褐色相间的"V"形斑。

生态特征：栖于平原开阔地、山区或近海水域。在浅水处用铲形嘴在泥土中掘食。性机警，遇惊远游。飞时斜线上升，短程飞行迅速。食物为螺、甲壳类、水生昆虫、鱼等，也食水藻。营巢于离水域不远的草丛中，通常在天然凹坑中放干草而成。每窝产卵 7～13 枚；雌鸟独自孵化；22～28 天出雏；雏鸟早成性。

分布：北半球广布。在我国新疆西部和东北北部繁殖，东部和东南部越冬。

居留状况：旅鸟(3～4 月；10～11 月)。

056

赤嘴潜鸭 *Netta rufina* 　　450～550 mm
　　　　　　　Red-crested Pochard 　　900～1 250 g

野外识别特征：羽色美丽的大型潜鸭。嘴形狭窄为红色，雄鸟头部栗色，胸黑色；雌鸟羽色单调，全身暗棕色，脸颊及喉白色。

形态特征：雄鸟头部栗红色，具棕黄色羽冠；颈部及背部黑色，下背、腰和尾上覆羽黑褐色；下体黑色，两胁白色，与白色的翼镜形成大型斑块。雌鸟不具羽冠，颜色暗淡；下体杂有浅棕色；翼镜白色。雄鸟嘴红色；雌鸟嘴灰褐色，外缘粉红色。

生态特征：主要栖息于开阔的淡水水域，常成对或小群活动，通过潜水取食。食物以水藻、眼子菜和其他水生植物的嫩芽、茎和种子为主。繁殖期 4～6 月，每窝产卵 6～12 枚，6 月初即可看到雏鸟。

分布：主要繁殖地在欧洲中部和亚洲中部。越冬地在地中海、中东、印度及缅甸。

居留状况：偶见旅鸟。

057

红头潜鸭 VU *Aythya ferina*　　420～490 mm
　　　　　　　　Common Pochard　　500～1 000 g

野外识别特征：最常见的潜鸭类之一。雄鸟头颈栗红色，眼鲜红。雌鸟头颈棕褐色，并有一些浅色的羽区。

形态特征：中型游禽。雄鸟嘴铅黑色；头和颈栗红色；上体灰色，具波状黑色细纹；胸黑色；腹与两胁灰白色；尾黑色；翼镜灰色。雌鸟头、颈棕褐色；上背暗褐色；脸部有一淡色弧线；胸暗黄褐色；腹灰褐色。

生态特征：栖于具有开阔水面的河流、湖泊。非繁殖期间集群，与其他鸭类混群。在水面活动，可漂浮于水面上睡觉。善潜泳，潜水取食和避敌。路上行走笨拙。飞行迅速，群飞排成"人"字队形。以水生植物、草籽、小鱼虾、软体动物等为食。在地面洞中筑巢。每窝产卵 6～12 枚；卵圆形，灰黄色；雌鸟孵化；24～28 天出雏。

分布：欧亚大陆、非洲北部。在我国北部繁殖，东南部越冬。

居留状况：旅鸟，偶见夏候鸟（4～10 月）。

058

青头潜鸭 CR *Aythya baeri*　　　400～476 mm
　　　　　　　Baer's Pochard　　　440～775 g

野外识别特征：雄性头部青绿色；上胸栗褐色，腹部及两胁下部白色；雌性可能与白眼潜鸭雌性混淆，但是前者的体型较大，头形较圆，嘴更长。

形态特征：中型游禽。雄鸟头和颈黑绿色缀金属光泽；上体羽、尾羽黑褐色；翼镜白色；下体颏部有一三角形小白斑；胸部暗栗色；腹部纯白色；两胁淡栗褐色，下胁部具白色斑；虹膜白色；嘴深灰色；嘴甲和嘴基黑色；脚铅灰色。雌鸟头和颈黑褐色，两侧棕褐色；眼先和嘴基之间有一栗红色近圆斑；上体暗褐色；胸淡棕褐色；虹彩褐色或淡黄色。幼鸟与雌鸟相似，但体色更暗。

生态特征：栖于芦苇和蒲草茂盛的水域，一般成对活动，冬季可结数十只以上的大群。性胆怯，善于飞行、游泳、潜水。主要吃各种水草的根、茎、种子等，也吃动物性食物。筑巢于芦苇和水草丛中。每窝产卵6～9枚；淡黄色或淡褐色；雌鸟孵化；27天出雏；雏鸟早成性。

分布：繁殖于西伯利亚东南部贝加尔湖以东地区，越冬于亚洲东部和西南部地区。在我国繁殖于内蒙古、东北及河北东北部，越冬于长江以南。迁徙时全国可见，偶尔见于台湾。

居留状况：偶见旅鸟（3～10月）。

059

白眼潜鸭 NT　*Aythya nyroca*　　　330~430 mm
　　　　　　　　Ferruginous Duck　　490~750 g

野外识别特征: 雄性色调以栗红色为主,尾下羽毛白色,虹膜白色;雌性羽毛棕色较浓,虹膜深色。

形态特征: 雄鸟头和颈深棕红色,颏部有白色斑块;颈基部有显著黑褐色颈环;上体黑褐色;翼镜白色,腰和尾上覆羽黑色;胸部浓栗色,上腹部白色,下腹部淡棕色;肛周黑色;尾下覆羽白色。雌鸟头和颈部棕褐色,颏部有小型白色斑块,喉部杂有白色;上体暗褐色,腰和尾上覆羽黑色;翼镜白色;上胸棕褐色,下胸和腹部灰白色,两胁褐色;尾下覆羽白色。虹膜雄鸟白色,雌鸟褐色;嘴灰黑色。

生态特征: 繁殖期间栖息于富有水生植物的淡水水域,冬季在开阔的湖泊,河流,沼泽等处栖息。常成对或小群活动,在繁殖期后和迁徙时集大群。主要以水生植物的球茎、叶、芽、种子为食,也吃甲壳类、软体动物、水生昆虫、小鱼等。繁殖期4~6月,营巢于浅水芦苇、蒲草中,浮巢。有时也在水边草丛中筑巢。通常每窝产卵7~11枚;雏鸟早成性。

分布: 繁殖于亚洲中部和西部,我国西部和青藏高原,以及东欧。主要越冬地是印度次大陆和非洲北部,偶见于非洲中南部地区。

居留状况: 旅鸟,冬候鸟。

060

凤头潜鸭 *Aythya fuligula*   343～490 mm

Tufted Duck   515～840 g

野外识别特征： 雄鸟具显著的凤头，全身除腹、两胁及翼镜为白色外，其余体羽亮黑色；雌鸟羽冠较雄鸟短，体羽大多灰褐色。雌雄眼圈均为金黄色。

形态特征： 雄鸟头部黑色，具长形羽冠；上体、胸部、尾部均为黑色；腹部、胁部和翼镜为白色。雌鸟颜色较雄鸟暗淡，头、颈、上体为黑褐色；具黑褐色羽冠；额前部有污白色不显著的斑块；胸和胁部灰白色。虹膜金黄色；嘴蓝灰色。

生态特征： 主要栖息于开阔的淡水水域，喜成群活动。觅食方式主要通过潜水。主要以虾、蟹、蛤和水生昆虫、小鱼、蝌蚪等动物性食物为食，也食少量水生植物。繁殖期5～7月，通常每窝产卵8～10枚。

分布： 繁殖在整个古北界，越冬在欧亚大陆南部、非洲北部、日本和菲律宾。

居留状况： 旅鸟。

061

斑背潜鸭 *Aythya marila* 425～485 mm
Greater Scaup 600～1 100 g

野外识别特征：体型比凤头潜鸭大，头部无羽冠，且金属绿色明显，背部羽毛黑白相间，故显得斑驳；雌鸟与雌凤头潜鸭区别在于嘴基白色环更宽。

形态特征：雄鸟头和颈部黑色，无羽冠；上体黑色具绿色光泽，肩部和下背白，杂以黑色细纹；翼镜白色；胸黑色，腹部和胁部白色，杂有黑色细纹。雌鸟头、颈、胸和背黑褐色，无羽冠；嘴基有一白色宽环；翼镜白色；腹部灰白，胁部浅褐色。虹膜黄色；嘴蓝灰色。

生态特征：繁殖于北极苔原、苔原森林带。在富有植物的淡水水域活动。主要捕食甲壳类、软体动物、水生昆虫、小鱼，也吃水生植物。繁殖于 5～7 月。通常每窝产卵 7～10 枚。

分布：全北界。繁殖于亚洲北部；越冬于温带沿海水域以及东南亚。

居留状况：旅鸟。

●○○○○

062

长尾鸭 VU *Clangula hyemalis*　　382～580 mm
Long-tailed Duck　　520～1 000 g

野外识别特征：在繁殖期，雄性的中央尾羽很长，故得名。在非繁殖期，雌雄脸颊及颈侧有深色斑，且嘴形短粗，雄性嘴中段粉红色。

形态特征：雄鸟通体黑褐色，眼周围有一大型白色脸斑；腹部、胁部及尾下覆羽白色；尾羽淡黄色，而且很长。雌鸟头顶和耳部有褐色斑块；胸背黑褐色；体侧和胁部灰褐色。雄鸟冬羽头顶、颌、喉，眼周白色；颈部侧面有显著黑褐色斑块。雌鸟冬羽较夏羽暗淡一些。嘴黑色或铅色；脚灰色。

生态特征：繁殖于北极冻原上的水塘和小型湖泊，常集群活动于海面。繁殖期以淡水甲壳类、软体动物、小鱼、水生昆虫为食，冬季则以海生动物为食。觅食通过潜水方式进行。繁殖于6～8月。通常每窝产卵6～8枚。

分布：广泛分布于北半球。

居留状况：罕见旅鸟。

063

斑脸海番鸭　*Melanitta fusca*　480～610 mm
　　　　　　　Velvet Scoter　　　1 200～1 700 g

野外识别特征：极善潜水，雄鸟全黑，眼周有一半月形白斑，嘴形扁。雌鸟棕褐，眼后和嘴之间各有一白斑。飞行时，均可见白色次级飞羽。

形态特征：雄鸟通体黑色有紫色金属光泽；上嘴基部有一黑色肉瘤；眼睛后部有显著白色半月形白斑；次级飞羽白色，形成白色翼镜。雌鸟头颈棕黑色；上嘴基部和耳后有一浅白色斑，上嘴无肉瘤。幼鸟似雌鸟，但嘴基部隆起和耳后白斑不明显。虹膜褐色；嘴黑色；脚黑色。

生态特征：繁殖期间栖息在内陆大型淡水水域中，冬季主要栖息于沿海海域。通过潜水觅食，以水生昆虫、软体动物、甲壳类、小鱼为食，也吃一些水生植物。繁殖于 5～7 月。每窝产卵 6～10 枚。

分布：繁殖于欧亚大陆北部；越冬在欧洲南部，地中海、里海、伊朗、印度、日本以及我国沿海地区和台湾地区。

居留状况：罕见旅鸟。

●○○○○

064

鹊鸭　*Bucephala clangula*　　　323～682 mm
　　　　Common Goldeneye　　　480～1 000 g

野外识别特征：雌雄鸟眼圈均为金黄色。雄鸟基本上是黑白两色；头大为黑色并具金属绿色；嘴角有一白色斑块。雌鸭体型小，嘴基无白斑。

形态特征：雄鸟头黑色，两颊有一大型白色圆斑；上体黑色，颈部、下体、胁部均为白色。雌鸟头和颈部褐色，基部有白色颈环；上体淡黑褐色，下体白色；两胁灰色至灰褐色。虹膜金黄色，雌鸟较淡。嘴黑色，脚黄色或黄褐色。

生态特征：繁殖于亚洲北部，栖息于平原森林地带中的湖泊与流速缓慢的淡水水域，通过潜水觅食，食物主要为昆虫及其幼虫、蠕虫、甲壳类、软体动物、小鱼、蛙以及蝌蚪等。繁殖于 5～7 月。每窝产卵 8～12 枚。

分布：广泛分布于全北界。繁殖于亚洲北部；越冬于我国中部及东南部。

居留状况：旅鸟，冬候鸟。

065

斑头秋沙鸭　*Mergellus albellus*　340～456 mm
　　　　　　　Smew　　　　　　　340～720 g

野外识别特征：雄鸟羽毛雪白色，面部具有黑斑，犹如熊猫一样的"黑眼圈"。雌鸟头顶、两颊和颈部栗褐色，喉部、腹部白色。

形态特征：雄鸟头颈白色，眼周围黑色，形成黑色眼圈；枕部两侧黑色，中间白色，延长成羽冠；背黑色，两侧白；胸部两侧有黑色斜线；下体白色；翼镜白色。非繁殖期羽色似雌鸟，但眼先黑色部分较窄，且不明显。雌鸟额、头顶后颈栗色；眼先、脸黑色；脸颊颈侧、喉白色；上体灰褐色；胸灰白色，两胁灰褐色有细纹。虹膜雄鸟红色，雌鸟褐色；雄鸟嘴和脚铅灰色，雌鸟嘴和脚灰绿色。

生态特征：繁殖期栖息于森林或森林附近的水域，非繁殖期则栖息于开阔的水域。通常雌雄分别集群活动，通过潜水觅食。食物以小鱼为主，也有软体动物、甲壳类、石蚕等水生无脊椎动物，偶尔也吃少量植物。繁殖于 5～7 月，营巢于树桐中。每窝产卵 6～10 枚。

分布：欧洲及亚洲北部，越冬于欧洲南部、印度北部、日本及我国大部分地区。

居留状况：旅鸟，冬候鸟。

066.

红胸秋沙鸭　*Mergus serrator*　　516～598 mm
　　　　　　　Red-breasted Merganser　600～1 000 g

野外识别特征：雄鸟与普通秋沙鸭雄鸟区别明显：通常冠羽较长；虹膜红色；嘴微微上翘；前胸红棕色。雌性与普通秋沙鸭雌鸟区别在于：嘴微微上翘；眼先浅色。

形态特征：雄鸟头部黑色，具绿色金属光泽，羽冠黑色；上颈白色，下颈和胸锈红色；上体黑色，两侧白色，有两道斜向横斑；翼镜白色；下体白色，两胁有细纹。雌鸟额、头顶和后颈棕褐色；枕部和羽冠棕褐色；上体至尾灰褐色；颌白色；前胸污白色；下体白色；两胁灰褐色。虹膜红色或红褐色；嘴红色；脚红色。

生态特征：繁殖期栖息于森林中的河流、湖泊，非繁殖期栖息于沿海、河口和浅水海湾。主要通过潜水觅食。食物大多是小型鱼类，也有水生昆虫、甲壳类、软体动物，偶尔也吃水生植物。繁殖于5～7月，营巢在地面，也有在树洞中。通常每窝产卵8～12枚；雏鸟早成性。

分布：广泛分布于北半球，越冬于繁殖地南部的沿海海水海域。

居留状况：旅鸟。

067

普通秋沙鸭 *Mergus merganser*　　624~662 mm
　　　　　　　Common Merganser　　1 500~1 650 g

野外识别特征：北京最常见的秋沙鸭种类，体型较大。雄鸟头部及颈部黑褐色；枕部有粗而短的冠羽，但不易观察到；胸、腹为白色。雌鸟头颈棕褐色；上体主要为灰色，下体多为白色。

形态特征：中型游禽。雄鸟头和上颈黑褐色，有绿色金属光泽；枕部具黑褐色羽冠，短而厚，使得头显得较为粗大；下颈白色；上背黑褐色；肩羽外侧白色，内侧黑色；下背及尾灰褐色；翅上具明显白色翼镜；初级飞羽和覆羽黑褐色；下体从颈部到尾为白色。雌鸟头、后颈棕褐色；颈侧、前颈浅棕色；肩羽灰褐色；翅上覆羽灰色；颏、喉白色略带棕色；两胁灰色具污白色斑点。幼鸟与雌鸟相似。虹彩橙红色；嘴暗红色；脚橙红色。

生态特征：栖息于较大的淡水水域，迁徙时通常集数十只的大群。主要以各种鱼类为食。游泳时颈伸得很直，频频潜水，可长达半分钟左右。飞行时翅扇动较快，声音较大。起飞笨拙，需疾拍翅膀和较长距离的助跑。营巢于水边地面灌丛、地洞等处。每窝产卵7~16枚；卵乳白色，光滑无斑；雌鸟孵化；孵化期34~39天；雏鸟早成性。

分布：北半球温带、亚热带。在我国西北、东北地区繁殖；南部越冬。

居留状况：旅鸟（3~4月；10~11月），少数在山区不冻河流越冬。

068

中华秋沙鸭 I/EN *Mergus squamatus* 491～635 mm
Scaly-sided Merganser

800～1 170 g

野外识别特征：雄鸟头顶闪绿色金属光泽而具长的冠羽。雌鸟头部棕褐色。胸部几乎为白色，两胁和胸侧具显著的鱼鳞状斑纹。

形态特征：雄鸟头部黑色，具金属绿色，有明显羽冠；上背黑色，外侧具白斑；下背和腰白色，具鳞状斑；尾上白色，具显著黑灰色虫蠹状斑；尾灰色；翅上黑灰色，具显著白斑和两条黑纹；颈下、颈侧、胸及其他下体几为白色，两胁具黑灰色鳞状斑。雌鸟羽冠短；头部棕褐色，至上背灰褐色缀蓝色；背至尾上覆羽灰褐色，具白色横斑；尾羽较前部羽色更淡；翅黑褐色，具白色翼镜及黑纹；下体大部为白色，两胁和胸侧具黑灰色鳞状斑。

生态特征：主要栖息于针阔混交林石头较多的河谷和溪流中，常单只、成对或小群活动，善于游泳和潜水，潜水时间长达 20～35 s。白天长时间游泳，休息于河中石头上，很少上岸。性机警，避人。飞行迅捷有力，一般离水面 5 m 左右。主要通过潜水捕食鱼类和其他水生无脊椎动物为食，尤喜石蛾幼虫。4 月进入繁殖期，营巢于紧靠河流两岸到达阔叶林的天然树洞中，高达 7 m 左右；巢材一般由木屑和亲鸟自身羽毛等构成。一般每窝产卵 10 枚；雌鸟孵化；孵化期 35 天。

分布：国外分布于俄罗斯远东，偶见于朝鲜、日本、越南等地。国内分布于东北长白山、兴安岭地区，以及云贵、湖广、山东及长江流域。

居留状况：偶见旅鸟。

六、隼形目　Falconiformes

10. 鹗科　Pandionidae

　　本科为单型科，仅有 1 属 1 种。广布于全球各大陆。具体特征见种的描述。

069

鹗 II/LC *Pandion haliaetus*

♂ 500~520 mm　1 000 g

Osprey　♀ 535~650 mm　1 350~1 750 g

野外识别特征：中型猛禽。上体褐色，头颈白色，黑色的宽贯眼纹延伸至枕部，胸有深色带；下体白色。

形态特征：中型猛禽。头部白色，前额、头顶中央缀暗褐色纵纹；贯眼纹黑色显著，并延伸至颈侧；枕羽稍稍延长成一短的羽冠；上体暗褐色；尾黑褐色，具暗褐色横斑和白色端斑；外侧初级飞羽黑褐色，其余飞羽呈褐色；翅上覆羽暗褐色，羽缘黄褐色；下体白色；颏、喉有暗褐色细羽干纹；胸具黄褐色纵纹。虹彩淡黄色或橙黄色；嘴黑色；脚黄色；爪黑色。幼鸟与成鸟相似，但头顶、枕缀有暗褐色显著的纵纹；上体和翅上覆羽褐色，羽缘淡棕褐色；下体白色，斑纹不太显著。

生态特征：一般活动于各种水域的上空，缓慢扇动双翅绕圈飞行。主要以鱼类为食，也食其他小型陆栖动物。发现猎物后，一折双翅，疾降水面，以锐爪、趾底刺突牢牢抓住猎物。通常营巢于水边树上；巢可多年利用，一般结构较庞大。每窝产卵 2~3 枚；卵椭圆形，灰白色；孵化期 32~40 天。

分布：全球的温带和亚热带水域。我国各地有分布。

居留状况：旅鸟（3~5 月；10~11 月），偶见夏候鸟（5~10 月）。

11. 鹰科 Accipitridae

大、中、小型猛禽。嘴强大，尖端钩曲，上嘴两侧切缘处具弧状垂突，嘴基部被蜡膜；鼻孔开口于蜡膜处，或被须羽。翅稍短而宽阔，且强有力；善于空中翱翔，能较长时间盘旋于高空。脚和趾均强壮粗大，趾端具锐利而钩曲的爪。体羽为灰褐色或黑褐色。为昼间活动的猛禽，栖息、活动环境多样。多数捕食啮齿类动物或食腐肉、尸体，也捕食鸟类。对保持生态平衡起重要作用。一般营巢于岩崖缝隙、乔木顶端或草丛中地面隐蔽处，旧巢常再利用。大型种类每窝产卵 1～2 枚；中型种类产卵 3～5 枚。雏鸟为晚成鸟。本科鸟类全世界计有 63 属，239 种，广泛分布于世界各地。我国境内已知有 21 属，50 种；多数为候鸟，少数为留鸟。北京地区计有 14 属，30 种。

070

凤头蜂鹰 Ⅱ/LC *Pernis ptilorhyncus*

500～600 mm

Oriental Honey Buzzard

1 000～1 800 g

野外识别特征：中型猛禽，似普通鵟，但头小颈长。毛色变化多端，但多具深色颈带、颚纹及腮纹。

形态特征：中型猛禽。体色变化较大。头侧具短而硬的鳞片状羽，头后枕部通常具短的羽冠；额灰色；喉白色，具窄的黑色羽轴纹，喉和颊的黑色条纹在喉下部汇合成一包围喉的黑线；其余下体白色，具红褐色横斑；尾灰色或白色，具黑色端斑，基部有两条黑横带；所有飞羽基部均白色；两脚覆羽。

生态特征：栖息于森林、村落、草原。单独活动，飞行灵活，多鼓翅飞翔。常快速从一棵树飞到另一棵树上，偶尔滑翔。停息于乔木树枝上。食物以黄蜂和其他蜂类及蜂蜜、蜂蜡、幼虫为食，偶尔食一些其他昆虫和小动物。通常飞行捕食。营巢于树的枯枝上或其他鸟的旧巢中。每窝产卵 2～3 枚；卵砖红色，具斑点。

分布：亚洲东部和东南部。我国东北、新疆及西南地区有繁殖，其他地区多为旅鸟，台湾及海南省为罕见冬候鸟。

居留状况：旅鸟(5～6 月；8 月中旬～10 月下旬)。

071

黑鸢 II　*Milvus migrans*　　　600～685 mm
　　　　　Black Kite　　　　1 025～1 160 g

野外识别特征：全身深褐色的中型猛禽。尾略微分叉，初级飞羽基部具淡色斑。

形态特征：中型猛禽。前额基部和眼先污白色；耳羽黑褐色；翅尖长；初级飞羽内翈基部白色，当双翅展开时，翅下形成两块白斑；尾形细长，尾端呈叉状；上体羽暗褐色，下体羽棕色，体羽均具暗黑褐色纵纹。

生态特征：鸣声尖锐而悠远。栖息于平原、丘陵、城郊。常在高空做圈状盘旋滑翔，见猎物即迅速下降抓掠后，急升飞离，常至树上啄食。有时直下掠过水面饮水；有时站在高树、电线杆上守候。冬季结小群。食物以小鸟、野鼠、蛙及动物尸体和昆虫为主，常见和乌鸦争食垃圾堆中的动物内脏、腐肉。营巢于山谷大树、高塔上；巢巨大粗糙。每窝产卵 1～3 枚；卵污白色具血红色斑点；雌雄轮流孵卵；38 天出雏。

分布：中亚和东亚。我国全境分布、繁殖。

居留状况：旅鸟（3～5 月；9～11 月），偶见夏候鸟（6 月中旬～9 月下旬）。

072

玉带海雕 Ⅰ/VU *Haliaeetus leucoryphus*

756～880 mm

Pallas's Fish Eagle

2 620～3 760 g

野外识别特征：大型猛禽。成鸟头部白色，尾羽具宽阔的白色次端斑；体羽和两翅棕褐色；嘴黑色；脚灰白色。

形态特征：头部大部浅黄白色；上肩黄褐色；背至尾上灰褐色；尾羽黑褐色，尾中部有一宽阔白色横带；翅灰褐色，外侧几枚飞羽为黑色；颏、喉沙皮黄色，向后逐渐转为红褐色；两胁和尾下灰褐色。虹膜灰黄色至黄色；蜡膜和口裂淡色。

生态特征：栖息于平原至高原水域如湖泊等的开阔地区，也见于附近有水域的渔村和农田。主要以鱼类和水禽为食，包括雁鸭类和其他鸟类，也食腐肉。常长时间立于岸边某处观察，然后迅速出击。繁殖情况我国未有记录，据国外研究，营巢于水边高大乔木上；巢结构巨大，巢材由枯枝和芦苇构成。一般每窝产卵2枚；孵化期35天左右；雏鸟晚成，雌雄共育。

分布：国外分布于中亚、蒙古、印度等东南亚地区，以及波斯湾等地。国内见于西北、河北、江苏等地。

居留状况：偶见旅鸟。

073

白尾海雕 I *Haliaeetus albicilla*
White-tailed Sea Eagle

♂800～850 mm 2 800～3 780 g
♀850～965 mm 3 750～4 600 g

野外识别特征：大型的褐色海雕。成鸟头及胸浅褐；嘴大且黄；楔形尾短呈白色。幼鸟全身黑褐色，斑驳带有白色斑块；嘴深色。

形态特征：大型猛禽。成鸟多为暗褐色，后颈和胸部羽毛为披针形，较长；头、颈羽色较淡，沙褐色或淡黄褐色；尾白色，呈楔形；嘴厚而粗壮，黄色。幼鸟嘴黑色；体具不同程度的斑点。

生态特征：鸣声为"啊—，啊—，啊—"。栖息于湖泊、河流、岛屿和河口地区。单独或成对活动。常在水面上空飞行，一般迟缓直飞。有时滑翔搜索鱼类及其他动物，发现后飞速冲下，急掠水面，用爪抓取。性凶猛，常掠夺小型猛禽口里的食物。营巢于海岸的岩壁或林中高树上。巢为皿形。每窝产卵1～4枚；卵为白色；雌鸟孵化；34～36天出雏。

分布：欧亚大陆及格陵兰岛。我国东北部及长江下游为繁殖区；东南部沿海越冬。

居留状况：少见冬候鸟（11月～翌年4月），罕见旅鸟。

074

胡兀鹫 *Gypaetus barbatus*　　1 000～1 400 mm
　　　　　Bearded Vulture　　3 500～5 600 g

野外识别特征：体色对比明显的大型猛禽、胸腹部黄棕色，两翼和尾羽黑褐色。脸颊具长而硬的黑色刚毛，呈"胡须"状；尾长而呈楔形。

形态特征：头顶具灰色或白色绒状羽，两侧羽毛多为白色；脸和颏的羽毛长而硬形成所谓的刚毛，与头部延伸下来的黑纹形成"胡须"；背、肩暗褐色，具皮黄色细纹，其余上体黑灰色，具白色细纹；尾暗褐色，较长，楔状；胸部亮橙黄色，其余下体乳白色，缀显著棕色。跗蹠几全被羽；虹膜血红色；嘴尖端黑色。

生态特征：栖息于高海拔裸露岩石区，常单独活动，不与其他猛禽混群。一般在高空缓慢翱翔，头向下四处寻找食物。以大型动物的尸体为食，尤喜新鲜尸体，也吃活动的猎物。争夺食物时，往往静立一旁，只吃剩下的骨屑和其他遗留物。遇有较大的骨头，可衔至 50 m 以上的高空，向地面坚硬岩石掷下，吃其碎屑。2 月即可进入繁殖期，营巢于岩石缝隙和洞中。巢成盘状，巢材由枯枝落叶等构成。一般每窝产卵 2 枚。

分布：国外分布于欧洲南部、中东、中亚、东亚、非洲大陆。国内分布于西北、西南、华北、辽宁等。

居留状况：罕见游荡鸟。

●○○○○

075

高山兀鹫 Ⅱ *Gyps himalayensis* 1 200～1 499 mm
Himalayan Griffon 8 000～12 000 g

野外识别特征：棕白两色的大型鹫，胸腹部黄白色，飞羽末端黑色而基部白色，形成翼下的大块白斑。尾短，黑色。

形态特征：头顶羽毛污黄色，似"头发"，向下逐渐变为白色的绒羽；颈基部羽毛浅黄褐色披针状，围绕于脖子上；背浅黄褐色，分布有一些杂乱的褐斑；尾羽暗褐色；翅暗褐色，内侧飞羽尖端羽色较淡；上胸密布淡褐色褐斑，其余下体浅皮黄色；肛周和尾下白色。嘴角绿色，蜡膜褐绿色。

生态特征：栖息于高海拔地区，出没于各种生境。夏季在海拔 2 000 m 以上活动，冬季可下到山脚。食腐，视觉、嗅觉发达，可通过嗅觉发现动物尸体，争食时常互相打斗。2 月进入繁殖期，营巢于高大悬崖峭壁的凹陷处。每窝产卵 1 枚，有时成 4、5 个巢的群巢。

分布：国外分布于中亚、印度及喜马拉雅地区。国内分布于西北、西南高海拔地区。

居留状况：偶见游荡鸟。

●○○○○

076

秃鹫 Ⅱ /NT *Aegypius monachus*

♂1150 mm　5 750 g

Cinereous Vulture

♀1 080～1 155 mm

6 000～6 850 g

野外识别特征：体型巨大的深褐色鹫。具松软的翎羽，颈部灰蓝色。飞行时，翼很长且宽阔，短尾扇开成楔形。

形态特征：大型猛禽。通体褐黑色；额至后枕被有暗褐色绒羽；裸露皮肤为铅灰蓝白色；后颈完全裸出无羽；领基部有较长的黑色或淡褐色羽簇形成的皱翎。嘴强大，尖端具勾曲。鼻孔圆形。翅长而宽大，次级飞羽甚长而发达。跗蹠粗大，上端被羽。

生态特征：多见于低山丘陵、荒原、森林中的荒岩草地、村庄、牧场。常单独活动，在高空悠闲地翱翔和滑行，两翅平展，初级飞羽散开成指状。休息时多立于突出的岩石上或树顶枯枝上。发现食物时，在附近落下，走向食物。主要以大型动物尸体为食，偶尔也攻击各种动物。建巨巢于树上或悬崖边，巢可利用多年。每窝产卵 1 枚；雌雄轮流孵卵；52～55 天出雏；雏鸟晚成性。

分布：欧亚大陆和非洲西北部。我国大部分地区都有分布。

居留状况：留鸟，冬候鸟(11 月～翌年 3 月)。

077

短趾雕 Ⅱ *Circaetus gallicus* 610～720 mm
Short-toed Snake Eagle 1 700～1 850 g

野外识别特征：体型略大的浅色雕类。上体褐色，喉及胸褐色；下体白色，具深色纵纹。飞行时覆羽及飞羽上具长而宽的纵纹。

形态特征：头大且圆，眼睛大。头顶、后颈和上背灰褐色具披针形羽毛和黑褐色轴纹；额、眼先、眉纹、脸颊白色；上体暗褐色；尾羽灰褐色，先端白色，具3道黑褐色横斑，中间的一道最宽；颔、喉和上胸土褐色，具黑褐色轴纹；下体白色，有淡褐色横斑。幼鸟似成鸟，头和颈呈白色，上体较淡。虹膜黄色或橙黄色；嘴淡蓝灰色，蜡膜浅黄或淡蓝灰色；脚灰色。

生态特征：主要栖息于低山、山脚平原、丘陵等较开阔的地区，也在草原、荒漠、海岸等地出没。常单独活动，在空中盘旋寻找食物。主要以各类蛇为食，也吃蜥蜴、蛙等动物。繁殖期在每年4～6月，营巢于树顶，偶尔在悬崖上。巢可以多年使用。每窝产卵1枚，也有2枚；雏鸟晚成性。

分布：分布于欧洲南部和中部、中亚、西伯利亚南部、中国、蒙古、印度和非洲。

居留状况：少见的旅鸟。

078

蛇雕 II *Spilornis cheela* 590～640 mm
Crested Serpent Eagle 1 150～1 700 g

野外识别特征： 体型较大的深色雕类。尾较短而翅圆，翅下具显著的浅色弧形条带。叫声单调而尖利。

形态特征： 额白色，头顶黑色；枕部具显著黑色羽冠，常呈扇形展开，具横斑；上体暗褐色，羽缘白色，尾黑色，具 1 条宽阔白色横带，尖端白色；翅黑色，有白斑；喉和胸暗褐色，具淡色虫蠹状斑；其余下体棕褐色，密布白色圆斑；翼下浅褐色，同样具白色圆斑。跗蹠裸露，被网状鳞，黄色。幼鸟头顶和羽冠白色，尖端黑色；贯眼纹黑色；下体白色；尾灰色，具 2 道黑色宽阔横斑和黑色端斑。

生态特征： 栖息于山地森林及林缘开阔地带，单独或成对活动，常在高空翱翔。一般在枯树顶端停栖。主要以各种蛇类为食，也吃其他小型爬行类和两栖类等。4 月进入繁殖期，营巢于森林高树顶端。巢由枯枝构成，盘状。一般每窝产卵 1 枚；雌鸟孵化；孵化期 35 天，60 天左右出巢。

分布： 国外分布于缅甸及印度东北等东南亚地区。国内分布于西南、东南及台湾、海南、香港等地。

居留状况： 偶见游荡鸟。

● ○ ○ ○

079

白头鹞 Ⅱ　*Circus aeruginosus*
Western Marsh Harrier

♂490～543 mm　530～660 g
♀521～600 mm　620～740 g

野外识别特征：中等体型的深褐色鹞类。雄性成鸟上体褐灰色，背部、翼上覆羽及下体褐色。雌性成鸟似白腹鹞，但具白色头顶和明显深色贯眼纹，腰无浅色，尾无横斑。

形态特征：雄鸟头顶至后颈黄白色或棕白色；背、肩、栗褐色或铜锈色；尾上覆羽近白色，尾羽灰褐色；初级覆羽和大覆羽银灰色，初级飞羽灰褐色，次级飞羽灰褐色；颔、喉和上胸淡黄色或皮黄色，其余下体棕栗色或锈色。雌鸟暗褐色，头至枕部淡黄色，头顶白色具细纵纹；飞羽和尾羽暗褐色，飞羽内侧浅，基本白色，外侧尾羽内侧红褐色。幼鸟与雌鸟羽色相近，但更近棕褐色，头顶斑纹不明显。

生态特征：栖息于低山平原的河流、湖泊、沼泽等开阔地区。单独或成对活动。主要以小型鸟类、雏鸟、鸟卵、小型啮齿类、蛙类、蜥蜴、蛇等动物性食物为食。有时也吃腐肉。繁殖期在4～6月，通常在芦苇中营巢，偶尔也在岸边灌丛中营巢。每窝产卵4～5枚；孵卵由雌鸟担任；孵化期32～33天。

分布：繁殖于欧洲、中亚、西西伯利亚和我国新疆西部等地，越冬于非洲、印度和斯里兰卡。

居留情况：罕见的旅鸟。

080

白腹鹞 II *Circus spilonotus*
Eastern Marsh Harrier

♂ 502～540 mm　490～610 g

♀ 550～594 mm　642～780 g

野外识别特征： 雄性成鸟上体黑色和灰色，头部黑色程度不一；下体白色。雌性成鸟深褐色，翼前缘及头顶乳白色。尾上覆羽的白色一般较宽。雄鸟和雌鸟胸部条纹较显著。

形态特征： 雄鸟头至后颈、上背灰白色，具宽阔的黑褐色纵纹；肩、下背、腰黑褐色，羽缘灰白色；尾上覆羽白色，具淡棕色斑，尾羽银灰色有不明显淡褐色横斑；下体白色，喉、胸部具黑褐色纵纹。雌鸟上体褐色，羽缘棕红色；尾上覆羽白色，杂以棕色斑，尾羽银灰色，微沾棕色，有黑褐色横斑；飞羽黑褐色；颔、喉、胸、腹皮黄色或污白色，具棕色羽干纹；尾下覆羽白色。虹膜黄色；蜡膜暗黄色；嘴黑褐色；脚淡黄绿色。

生态特征： 栖息于沼泽、芦苇塘、湖泊等较为开阔的地方。单个或成对低空飞行、觅食。主要以小型鸟类、啮齿类、蛙、蜥蜴、小型蛇类和大型昆虫为食。有时也吃动物腐尸。繁殖期在 4～6 月，营巢于地面芦苇中，偶尔也在灌丛中营巢。每窝产卵 4～5 枚；雏鸟出壳后 35～40 天离巢。

分布： 亚洲东部，南到大洋洲的澳大利亚、新西兰。在我国东北繁殖，东南部越冬。

居留状况： 旅鸟，冬候鸟。

081

白尾鹞 Ⅱ *Circus cyaneus*
Hen Harrier

$\male$ 450~490 mm   310~600 g

$\female$ 447~530 mm   320~530 g

野外识别特征：雄性成鸟上体和头部灰色，下体白色。雌鸟上体褐色，下体有明显的纵纹。白色尾上覆羽很宽。

形态特征：雄鸟头颈至上体、腰、尾蓝灰色，尾上覆羽白色；颌、喉、胸暗灰色，下体其余部分白色。雌鸟上体暗褐色，头至颈和翅覆羽具棕色羽缘；尾上覆羽白色，尾羽灰褐色，具黑褐色褐斑；下体皮黄色，有显著黑褐色纵纹。幼鸟与雌鸟羽色相似，但下体羽色比较淡，纵纹更加显著。虹膜黄色；蜡膜黄绿色；嘴黑色；脚黄色。

生态特征：栖息于平原和低山的丘陵地带，尤其是湖泊、沼泽、河谷、荒野等开阔地区。主要以小型鸟类、鼠类、蛙、蜥蜴和大型昆虫为食。白天活动以晨昏最为活跃。繁殖期在4~7月，营巢于芦苇、草丛、灌丛中的地面上。每窝产卵4~5枚，雏鸟经过35~42天离巢。

分布：繁殖于古北界，越冬南迁，至北非、伊朗、印度、日本等。

居留状况：旅鸟，冬候鸟。

082

草原鹞 II *Circus macrourus*
Pallid Harrier

♂ 435～480 mm 311～374 g

♀ 485～520 mm 402～550 g

野外识别特征： 雄性成鸟除初级飞羽的黑色楔形斑外，其余部分几为灰白色。雌鸟似白尾鹞，但翼窄。

形态特征： 雄鸟眼先、额、眉纹、脸均白色；上体灰色，尾上覆羽灰色，尾羽灰色；第一枚初级飞羽银灰色，第2～6枚尖端黑色；颌、喉、上胸为灰白色，下体白色。雌鸟上体暗褐色，头顶、后颈羽缘棕色，额、眉纹皮黄色或棕色，尾上覆羽白色，具斑点；尾羽灰褐色，有淡黑褐色横斑；下体棕白色，具棕褐色纵纹。幼鸟羽色似雌鸟，尾上覆羽纯白色；下体颜色比较淡。虹膜黄色；蜡膜黄绿色；嘴黑色；脚深黄色。

生态特征： 活动于草原、半荒漠、干旱平原、丘陵等开阔地带。主要以鼠类、野兔、蜥蜴、蝗虫、鸟类为食。繁殖期在4～6月，营巢于开阔平原地上或土堆上，有时也在草丛或低矮的灌木丛中营巢。每窝产卵3～5枚；孵化期30天，雏鸟经过35～45天离巢活动。

分布： 繁殖由古北界中部至中国西部，越冬往南至非洲、印度、中国南部及缅甸。

居留状况： 罕见的旅鸟。

083

鹊鹞 Ⅱ *Circus melanoleucos*

Pied Harrier ♂ 420~480 mm   250~346 g

♀ 430~475 mm   310~380 g

野外识别特征： 雄性成鸟似白腹鹞雄鸟，但背上有黑色三叉戟图案。雌性成鸟初级飞羽银灰色，下体偏白，尾有细横斑。幼鸟深褐色，白色尾上覆羽狭窄。

形态特征： 雄鸟头部、颈、背和胸部均为黑色；尾上覆羽白色，尾羽灰色；6 枚初级飞羽和中覆羽都是黑色；下胸、腹部、胁、尾下覆羽均为白色；翅下覆羽、腋羽纯白色。雌鸟上体暗褐色，头具棕白色羽缘，背和肩具棕色羽缘；尾羽灰褐色，有黑褐色横斑；下体污白色，具黑褐色纵纹。幼鸟与雌鸟接近，上体颜色更深，尾上覆羽淡棕色或白色；下体棕褐色，腹部、尾下覆羽棕栗色，羽干纹栗色。虹膜黄色；蜡膜黄绿色；嘴黑色；脚黄色或橙黄色。

生态特征： 栖息于开阔的低山丘陵和山脚平原、草地、河谷、沼泽等地带。主要以小鸟、鼠类、林蛙、蜥蜴、蛇、昆虫等小型动物为食。繁殖期在 5~7 月，营巢多在灌丛草甸的塔头草墩上或地上。窝可以多年使用。每窝产卵 4~5 枚；孵化期为 30 天；雏鸟晚成性，出壳后一个多月才离巢活动。

分布： 繁殖于东西伯利亚、蒙古、中国、朝鲜，越冬于印度、缅甸、泰国、中南半岛和马来半岛。

居留状况： 旅鸟。

084

凤头鹰 Ⅱ　　　*Accipiter trivirgatus*　　410～490 mm
　　　　　　　　　　Crested Goshawk　　　360～530 g

野外识别特征：中等体型的鹰。具蓬松的白色尾下覆羽，在飞行时非常显著。成鸟胸部具棕褐色纵纹，腹部具横斑。亚成鸟几乎都具纵纹。

形态特征：头部黑色，具黑色羽冠；头两侧羽色较淡；上体暗褐色，尾淡褐色，具白色端斑，具 4 条暗褐色横带和 1 条较淡的宽阔横带，覆羽尖端白色；飞羽具暗褐色横带，内翈基部白色；颏、喉白色，有一条黑褐色中央纵纹；胸白色，具明显的棕褐色纵纹，胸以下具暗褐色与白色相间的横斑；尾下白色。幼鸟头具明显皮黄色羽缘；上体暗褐色，羽缘皮黄色；喉具黑色中央纵纹；胸、腹具黑色纵纹或斑点。

生态特征：栖息于海拔 2 000 m 以下的山地森林和林缘地带，偶到附近平原和村庄。性机警，常躲在树丛中，有时栖于开阔处孤立树枝上。常单独活动，可盘旋，两翅抖动明显。主要以蛙类、蜥蜴、鼠类、昆虫等为食。常在林中采用突击方式捕获猎物。4 月进入繁殖期，营巢于高大树上。巢由枯枝落叶构成，一般距水域环境不远，可连续用旧巢。一般每窝产卵 2～3 枚，领域性强。

分布：国外分布于印度、泰国等南亚、东南亚地区。国内主要分布于西南及台湾等地。

居留状况：偶见游荡鸟。

●○○○○

085

赤腹鹰 Ⅱ *Accipiter soloensis* 270～360 mm

Chinese Goshawk 108～132 g

野外识别特征：小型鹰类。成鸟上体灰色，下体绯红色至白色。飞行时，初级飞羽羽端黑色，其余全白色，翼较其他鹰类尖。

形态特征：小型猛禽。雄鸟头至背蓝灰色；颏、喉乳白色；蜡膜橘红或橘黄色；胸和两胁淡红褐色；下胸具不明显横斑；腹中央和尾下覆羽白色；翼和尾灰褐色；外侧尾羽有4～5条暗色横斑。雌鸟与雄鸟相似，但体色稍深；胸棕色较浓，具灰色横斑。

生态特征：鸣声为"嘀—呖呖呖"。栖于山地森林、林缘和村落。单个活动或结小群，休息时停于树顶或电线杆上。在空旷地带空中呈圆圈状翱翔，在高处瞭望，发现猎物后急下捕食。以小鸟、蛙、昆虫等为食。营巢于树顶上，或利用鸦科鸟巢。每窝产卵3～5枚；卵淡青白色，具褐色斑点；雌鸟孵化；30天出雏。

分布：国外繁殖于朝鲜半岛，冬季南迁至东南亚越冬。我国西部四川、陕西以南为繁殖鸟，东南沿海为留鸟或冬候鸟。

居留状况：旅鸟，夏候鸟(5～9月)。

086

日本松雀鹰 Ⅱ *Accipiter gularis*
Japanese Sparrowhawk

♂250~258 mm　84~95 g

♀292~312 mm　120~151 g

野外识别特征：小型鹰类。雄性成鸟上体灰色，眼红色；下体绯红色，具细横纹。雌鸟上体灰褐色；下体白色，具灰褐色横纹。幼鸟似雌鸟，但上体红褐色，胸具纵纹。

形态特征：小型猛禽。雄鸟上体石板黑灰色；喉白色，中央有一条宽阔而粗的黑色中央纹；尾上覆羽石板灰色，尾羽灰褐色，具4道暗色横斑；下体近白色，具褐色或棕红色斑。雌鸟个体大；上体暗褐色；下体白色，具暗褐色或赤褐色横斑。

生态特征：鸣声为"嘀嘀嘀嘀嘀……"。栖于针叶林或常绿阔叶林及林缘疏林地带。冬季到山脚、平原活动。常单独活动，在空中经久旋飞；能巧妙穿飞于林中；有时直线飞行，短距离滑行。常站在丛林边高大树顶枯枝上，等待和偷袭过往小鸟以及昆虫、小鼠等。营巢于高大树木上部，巢由树枝构成，很隐蔽。每窝产卵4~6枚；卵浅蓝色；雌鸟孵卵。

分布：东亚。在我国东北地区、河北北部山地繁殖，南迁至长江中下游以南地区越冬，中部、西南部亦有分布。

居留状况：夏候鸟，旅鸟(4月中旬~10月中旬)。

087

松雀鹰 II *Accipiter virgatus*

Besra Sparrowhawk

♂250～258 mm　84～95 g

♀292～312 mm　120～151 g

野外识别特征：小型猛禽。喉部具黑色中央纵纹，胸部和两胁具宽而显眼的栗红色横斑。成鸟尾羽具 3 条暗色横斑。

形态特征：头顶石板黑色，缀棕褐色；上体也呈石板黑色，两侧几成暗灰褐色；尾部暗褐色，具 3 道黑褐色横斑；眼先白色，颏喉白色，具黑褐色宽中央纵纹；胸、两胁白色，具宽而显著的栗灰色横斑，腹部、覆腿羽亦具横斑。虹膜、蜡膜、脚黄色。

生态特征：栖息于山地森林，冬季到山脚平原地带活动，单独或成对出现，常立于高处突出处，袭击过往的小鸟等猎物，飞行快速，善于滑翔，经常发出尖厉的叫声。主要捕食各种小鸟，也吃蜥蜴、鼠类及其他昆虫等。4 月进入繁殖期，营巢于林中高大树上，很隐蔽。巢主要由枯枝落叶等构成。一般每窝产卵 3～4 枚。

分布：国外分布于印度、泰国、印度尼西亚等东南亚国家。国内分布于华南、西南、海南及台湾等地。

居留状况：偶见旅鸟。

088

雀鹰 II *Accipiter nisus*

Eurasian Sparrowhawk

♂ 320～380 mm 130～170 g

♀ 370～430 mm 200～300 g

野外识别特征：雄性成鸟具红棕色颊斑，上体灰色，下体白色，胸腹部橘红具细横纹。雌性成鸟及幼鸟上体褐色，下体有细横纹。

形态特征：小型猛禽。嘴黑；蜡膜绿黄色；脚和趾黄色，爪黑色。雄鸟上体暗灰色；头顶、枕和后颈较暗，前额微缀棕色；眼先灰色，眉纹白色；头侧和脸棕色，具暗色羽干纹；尾上覆羽羽端有时缀白色；尾羽灰褐色，有4～5道黑褐色横斑，具灰白色端斑和较宽的黑褐色次端斑；下体白色具栗色横斑。雌鸟灰褐色，头后杂有少许白色；下体白色具褐色横斑。

生态特征：栖于山地森林及林缘地带。单独活动，可旋飞，并善低飞。有时可悬停在空中。主要以雀形目鸟类、昆虫和鼠类为食。用爪在树上按住猎物，撕裂吞食。营巢于距地面4 m的树上。每窝产卵3～4枚；卵鸭蛋青色；32～35天出雏；雏鸟晚成性。

分布：欧亚大陆及非洲西北部。我国大部地区有分布。

居留状况：旅鸟，冬候鸟(11月～翌年4月)，少数夏候鸟(4月中旬～11月下旬)。

089

苍鹰 Ⅱ *Accipiter gentilis*
Northern Goshawk

♂ 470～547mm　500～700 g

♀ 550～565 mm　650～1 100 g

野外识别特征： 大型鹰类。成鸟上体青灰，具明显的白色宽眉纹和深色贯眼纹；下体白色，具深褐色横斑。幼鸟上体褐色；下体黄褐色，具黑褐色粗纵斑。

形态特征： 前额、头顶至后颈暗石板灰色，羽基白色；枕部至后颈羽基白色部分露出，形成白色细斑；眉纹白色，并杂以黑色羽干纹；耳羽黑色；喉、颏和前颈具黑褐色细纵纹；尾长，呈方形，有 4 条黑色横带；尾下覆羽白色；翼下白色而密布黑褐色横带。

生态特征： 鸣声响而沉。栖于山麓平原和丘陵的疏林地带。视觉敏锐。善飞翔，能利用翅和长尾调节速度和方向，穿行于林间。在天空可直线滑行向下攻击，高速接近动物，头上尾下，呈直立状态，伸双足捕获猎物。如捕野兔时，一爪抓臀，一爪抓头。还可捕捉鸡形目鸟类、鼠类等。巢建于大树上，或侵占其他猛禽巢。每窝产卵 2～4 枚；卵青色具褐色斑点；37 天左右出雏；雏鸟晚成性。

分布： 古北界。我国各地均有分布。

居留状况： 旅鸟（3 月上旬～4 月中旬，9 月下旬～12月下旬），偶见夏候鸟（1999 年 6～9 月，小龙门林场）。

090

灰脸鵟鹰 Ⅱ *Butastur indicus*

Gray-faced Buzzard

♂ 390～460 mm 375～447 g

♀ 430～446 mm 420～500 g

野外识别特征：成鸟上体褐色，喉白色并具黑色喉中线；胸褐色，下体余部具棕色横斑。幼鸟下体偏白，均为粗纵纹。

形态特征：雄鸟额灰白色，头顶至枕部暗褐色，脸和耳羽灰色，髭纹黑褐色，后颈羽基白色；背、腰灰褐色，具黑褐色纵纹；尾上覆羽白色具宽阔的暗褐色横斑；尾羽灰褐色，具3道黑褐色横斑；初级飞羽黑褐色；颏、喉部白色，具宽粗的中央纵纹；上胸淡褐色或暗褐色，具白色斑纹，下胸、腹部白色，具暗褐色横斑；尾下覆羽白色，有稀疏的横斑。雌鸟与雄鸟类似，但体型较雄鸟大。

生态特征：繁殖期主要栖息于针阔混交林和针叶林等山地，秋季出现在林缘、丘陵、草地、农田等开阔地带。主要以小型蛇类、蛙类、蜥蜴、鼠类、小鸟等为食。也吃大型昆虫和动物尸体。主要在晨昏觅食。繁殖期在5～7月，营巢于阔叶林、混交林、河岸地带或沼泽边缘的树上。每窝产卵3～4枚。

分布：繁殖于中国、俄罗斯、朝鲜、日本。越冬在我国长江以南，一直到印度、缅甸、中南半岛、马来半岛、菲律宾、印度尼西亚、新几内亚。

居留状况：旅鸟，夏候鸟。

091

普通鵟 II *Buteo buteo* ♂ 525 mm 950 g
Common Buzzard ♀ 475～560 mm
850～1 073 g

野外识别特征：体型中等的棕褐色猛禽。上体深棕褐色，下体偏白上具棕色纵纹。飞行时两翼宽而圆，初级飞羽基部具特征性白色块斑。

形态特征：中型猛禽。体色有淡色型、棕色型和暗色型之分，主体色调变化较大，但基本斑纹相类似。上体主要为暗褐色；下体色浅，为暗褐色或淡褐色，具深棕色横斑和纵纹；尾淡褐色，具多道暗色横斑；两翅伸开，可见初级飞羽基部有明显的白斑；翼下近白色。

生态特征：栖于山地森林或林缘。善飞翔，白天大部分时间常在空中盘旋。性机警，视觉敏锐。两翅伸开略高于背部与上体呈浅"V"形；短而圆的尾呈扇形展开。可急冲而下捕食鼠类、蛇、野兔等动物。巢筑在高大树冠上，以枯枝堆积而成。每窝产卵 2～3 枚。

分布：欧亚大陆及非洲北部、东部。我国普通亚种在东北繁殖，多在长江以南越冬。新疆西部有新疆亚种。

居留状况：旅鸟，冬候鸟(10 月～翌年 4 月)。

092

大鵟 Ⅱ *Buteo hemilasius*

Upland Buzzard

♂ 582~622 mm　1 320~1 800 g

♀ 569~676 mm　1 950~2 100 g

野外识别特征：似普通鵟，但体型更大，具有多种色型。飞行时，头较小，初级飞羽基部有显眼的白色斑块。

形态特征：羽色变化多，有淡色型、中间型、暗色型。淡色型较为常见，头、颈白色，有褐色纵纹。上体淡褐色，具淡棕色干纹；尾羽灰褐色，具7~8道暗褐色横纹；初级飞羽黑褐色，基部白色，形成白色斑块；下体白色，颔、喉和胸部有淡褐色纵纹。中间型体羽以暗棕色为主。暗色型，全身除初级飞羽基部外，全部为黑褐色；头颈和胸具褐色羽缘，尾羽具黑色横斑。虹膜灰白色或淡褐色；蜡膜黄绿色；嘴黑褐色；脚黄色。

生态特征：栖息于山地和山脚平原与草原地区，冬季也常出现在丘陵、农田、沼泽、村庄，甚至是城市附近。主要以啮齿动物、蛙、蜥蜴、蛇、野兔、旱獭、雉鸡、石鸡等为食。繁殖在5~7月，营巢于峭壁或树上。每窝产卵2~4枚；雏鸟晚成性，出壳后45天离巢活动。

分布：中国大部，蒙古、朝鲜、日本和印度北部。

居留状况：旅鸟，冬候鸟。

093

毛脚鵟 Ⅱ　*Buteo lagopus*
Rough-legged Hawk

♂ 510～539 mm　650～925 g

♀ 542～604 mm　800～1 100 g

野外识别特征：似普通鵟，但白色尾部具宽横带。跗蹠被白色羽毛。飞行时，毛脚鵟的深色两翼与浅色尾成较强对比。

形态特征：额、头顶、后枕均为乳白色，具黑褐色干纹；上体灰褐色或暗褐色，羽缘白色；初级飞羽黑褐色；尾上覆羽白色，尾羽白色，具宽阔的黑褐色次端斑；颌、喉及胸近白色，具细小褐色纵纹；腹部和两胁暗褐色或乳白色，密布褐色斑纹；尾下覆羽白色。幼鸟与成鸟近似，但颜色比较淡，下体黄色或皮黄色，胸具褐色纵纹，其余下体具稀疏的褐色斑纹。

生态特征：繁殖于欧亚大陆极北地区苔原和苔原森林。冬季活动于开阔的平原、低山丘陵和农田草地或林缘地带。主要以啮齿动物、小型鸟类、野兔、雉鸡、石鸡等比较大型的动物为食。繁殖期在 5～8 月，营巢于河流两岸的峭壁上或潮湿苔原地面，有时也在树上。每窝产卵 3～4 枚；孵化期 35 天；雏鸟晚成性。

分布：主要繁殖于欧亚大陆北部和北美，越冬在中国、日本、土耳其、原苏联南部和美国北部。

居留状况：旅鸟，冬候鸟。

094

乌雕 Ⅱ/VU *Aquila clanga*

Greater Spotted Eagle

♂ 610～690 mm 1 310～2 100 g

♀ 660～731 mm 1 350～1 900 g

野外识别特征：体型中等而尾短的黑褐色雕类。尾上覆羽均有白色"U"形斑。幼鸟翼上及背部具有显眼的白色斑点。

形态特征：雄鸟头乌黑褐色；上体、腰和尾上覆羽黑褐色；背部有紫色光泽；尾上覆羽端部白色；尾羽褐黑色，具不显著的黑色横斑；飞羽黑褐色，基部白色；颌、喉、胸部黑褐色，其余下体淡黄褐色；尾下覆羽暗褐色。雌鸟与雄鸟羽色近似，体型稍大，上体紫色光泽不显。幼鸟体色比较淡，上体暗褐色，肩、背和腰羽缘具棕黄色或灰白色斑点；翅上覆羽暗褐色具宽的白色或棕黄色轴斑。虹膜褐色；蜡膜黄色；嘴黑色；脚黄色。

生态特征：栖息于低山丘陵和平原地区的森林中，也在水域附近和平原草地地带活动。主要以野兔、鼠类、野鸭、蛙、蛇、蜥蜴、鱼和鸟类为食，也吃动物尸体。繁殖期在 5～7 月，营巢于森林中高大的乔木上。通常每窝产卵 2 枚；雏鸟出壳后 60～65 天离巢活动。

分布：繁殖于我国东北、新疆。国外主要在欧洲东部、西伯利亚、蒙古和印度北部。越冬在我国南方、欧洲南部、非洲东部、中东、印度、泰国和南亚地区，偶尔到日本。

居留状况：旅鸟。

095

草原雕 Ⅱ/EN *Aquila nipalensis*
Steppe Eagle

♂707～758 mm　2 015～2 605 g
♀705～818 mm　2 150～2 900 g

野外识别特征：成鸟似乌雕，但尾较长。幼鸟咖啡色，翼上具两道皮黄色横纹，翼下具白色横纹，与黑色飞羽成明显对比。

形态特征：大型猛禽。体色变化大。成体通体土褐色；嘴角黄色边缘延伸到眼的后缘；尾上覆羽棕白色；尾黑褐色，具不明显的淡色横斑和端斑；飞羽黑褐色，杂有不清晰的淡色横斑。幼鸟棕褐色；大覆羽及次级飞羽暗褐色，具宽阔的棕白色羽端，飞翔时形成两道淡色横带；尾上覆羽棕白色；尾灰褐色，具暗色横带和淡色端斑。

生态特征：栖息于开阔平原、草地、荒漠及低山丘陵地带的荒原草地。白天活动，长时间栖于电线杆、孤立树上或翱翔于空中，两翅平展，微微上举。有时还在地上守住猎物洞口，等待动物出现。食物为鼠、野兔、蛇和小鸟等。营巢于悬崖、岩顶、乔木或灌丛中。巢材以枯枝为主。每窝产卵 1～3 枚；白色；45 天出雏；雏鸟晚成性。

分布：欧洲东南部、亚洲、非洲。在我国北部、西北部繁殖，东南部越冬。

居留状况：旅鸟(4～5 月；9～10 月)。

096

白肩雕 Ⅰ/VU *Aquila heliaca*
Imperial Eagle

♂730～830 mm　1 125 g

♀787～835 mm　2 900～4 000 g

野外识别特征：似金雕，上背两侧羽尖白色，尾基部具黑及灰色横斑。幼鸟体色皮黄，体羽及覆羽具深色纵纹。幼鸟飞行时，内侧初级飞羽淡色。

形态特征：大型猛禽。体羽黑褐色，头和颈较淡；长形肩羽纯白色，形成显著的白色肩斑，飞行时极为醒目；尾羽灰褐色，具不规则黑褐色横斑和斑纹，并具宽阔的黑色端斑；跗蹠被羽。

生态特征：栖息于中山以上的森林地带，冬季到低山丘陵、森林草原活动。常单独活动。在空中翱翔或久立于空旷地区的孤树上或岩石上和地面上守候。食物为鼠类、兔、雉鸡及动物尸体。营巢于高大树上，偶尔于悬崖上。巢为盘状，由枯枝构成，内垫枯草、兽毛等。每窝产卵2～3枚，卵为白色；43～45天孵化。

分布：欧亚大陆、非洲北部。在我国新疆天山地区繁殖；在亚洲东北部繁殖的鸟抵我国东南部及以南地区越冬。

居留状况：旅鸟(4～5月；9～11月)。

097

金雕 Ⅰ/VU　*Aquila chrysaetos*
Golden Eagle

♂785～912 mm　2 750～3 250 g
♀825～1015 mm　3 260～5 500 g

野外识别特征：体型巨大的深褐色雕类，头顶及枕部金色。幼鸟尾及翼下具明显的白色图案。

形态特征：体羽暗褐色；头后、枕和后颈羽毛尖锐，呈披针状，颜色呈金黄色（成体），故名金雕。嘴端部黑色，基部蓝褐色或蓝灰色；蜡膜与趾黄色；尾较长而圆，灰褐色，具黑色横斑和端斑；跗蹠被羽，爪黑色。幼鸟头颈的金黄色羽毛不显著，体羽更深暗；尾羽基部的 3/4 为纯白色。

生态特征：栖息于高山草甸、荒漠、河谷和森林地带，冬天迁到山地、丘陵和平原地带。单独活动。飞行迅速，常沿直线或圈状翱翔于高空，往往两翅上举呈"V"形。捕食时俯冲直下抓住猎物后飞回栖止处。顺风可运载 3～5 kg 猎物。在高山岩石或空旷地区大树上休息。食物多样，从大型的鸟类到小型兽类，如雉鸡、狍、山羊等。营巢于断崖、大树上。巢以树枝堆积而成。每窝产卵 1～2 枚；双亲共孵；44～45 天出雏。

分布：欧亚大陆、非洲西北部、北美洲的温带及亚热带地区。我国几各地都有分布，中部为留鸟。

居留状况：留鸟，旅鸟。

098

白腹隼雕 Ⅱ *Hieraaetus fasciata*
Bonelli's Eagle

♂720 mm　1 500～2 100 g
♀678～730 mm　1 936～2 525 g

野外识别特征： 大型雕类。成鸟上体黑褐色，淡色下体与深色翼下形成鲜明对比。幼鸟红褐色，似金雕，翼下覆羽淡红褐色，翼中央有一细黑带。

形态特征： 雄鸟上体黑褐色，羽基部白色；尾上覆羽具白色横斑，尾灰色，具 7 道暗褐色横斑和宽阔的褐黑色端斑；飞羽灰褐色，具淡黑褐色横斑；下体白色，具暗褐色干纹；尾下覆羽具淡褐色横斑；跗蹠被羽褐色，基部白色。雌鸟羽色与雄鸟相近，体型较雄鸟大。幼鸟上体淡褐色或红棕色；尾羽暗褐色，具黑褐色横斑；下体淡棕色或污白色。虹膜淡褐色；蜡膜黄色；嘴蓝黑色；脚黄色。

生态特征： 繁殖期栖息于低山丘陵、山地森林中的峭壁上及河谷的悬崖上。非繁殖期也常在海岸、河谷、平原、沼泽等地带活动。主要以鼠类、水鸟、雉类、斑鸠、鹑类、野兔、爬行类和大型昆虫为食。繁殖期在 3～5 月，营巢于河谷边的悬崖上或树上。每窝产卵 1～3 枚，通常 2 枚；雏鸟经过 60～80 天亲鸟喂养离巢活动。

分布： 国内主要在长江流域以及福建、广东、香港、台湾，偶尔出现在河北等北方地区。国外主要分布在欧洲南部、中亚、土耳其、巴勒斯坦、印度、缅甸和印度尼西亚。

留居状况： 罕见的旅鸟。

099

靴隼雕 Ⅱ　*Hieraaetus pennatus*　450～535 mm
Booted Eagle　1 100～1 320 g

野外识别特征：小型褐色雕类。上体具黑色和皮黄色杂斑，胸腹部具黑色纵纹。飞行时，白色肩羽明显，深色的初级飞羽与翼下覆羽成强烈对比。

形态特征：淡色型，头顶至后颈褐色或淡棕色，具暗色纵纹；背部及腰土褐色，肩及翅上覆羽淡褐色具宽阔的白色或皮黄色羽缘；初级飞羽黑色；尾上覆羽黄褐色，尾羽棕褐色或暗褐色，背面具灰褐色横斑，腹面无斑。下体几乎纯白色或皮黄色，具褐色纵纹；胸部以下斑纹不显著；尾下覆羽白色，有不明显棕色横斑。暗色型通体黑褐色，下体斑纹不显著；尾羽暗红褐色。幼鸟下体棕色，纵纹比较宽阔。虹膜褐色；蜡膜黄色；嘴蓝灰色；脚暗黄色。

生态特征：栖息于山地森林和平原森林，特别是针叶林和混交林，冬季在林缘开阔地带、农田、村庄附近活动。主要以啮齿动物、野兔、小型鸟类、爬行动物为食。繁殖期在 4～6 月，营巢于高大的乔木上。每窝产卵 2 枚。

分布：国内分布于新疆，偶见于东北、北京和云南。国外分布于欧洲南部、非洲，印度、斯里兰卡等。

留居状况：偶见的旅鸟。

12. 隼科 Falconidae

中等或稍小的猛禽。嘴形较短而健壮，尖端勾曲，上嘴两侧前端各具单个齿状突；鼻孔圆形，中间具丘状突起；翅形尖长；尾羽稍长，一般呈圆形或凸尾状；跗蹠较短而粗壮，趾稍长而强有力，爪形勾曲，极锐利。大都栖息于开阔旷野、耕地或稀疏树林边缘地带。善疾飞及翱翔。视力敏锐，能在飞行中捕猎食物或在地面上捕猎食物。通常营巢于树中、树干上或岩壁洞穴中，有些种类常占用其他鸟类的旧巢。每窝产卵 2～6 枚；雏鸟为晚成鸟。本科鸟类全世界计有 10 属，63 种，分布遍及世界各地。我国境内已知有 2 属，13 种。北京地区计有 1 属，7 种。

100

黄爪隼 II/VU *Falco naumanni*
Lesser Kestrel

♂ 284~340 mm　124~225 g

♀ 304~330 mm　136~150 g

野外识别特征：小型红褐色隼类，似红隼。但雄鸟上体无斑点，翼上覆羽蓝灰，下体纵纹较少。飞行时尾呈楔形。爪浅色，而红隼爪黑。

形态特征：雄鸟额、眼先棕黄色，头顶至颈淡蓝灰色；背、肩砖红色或棕黄色；腰及尾上覆羽淡蓝灰色；尾淡蓝灰色，具黑色次端斑和白色端斑；飞羽黑褐色；颔、喉白色或皮黄色；下体至胁部棕黄色，具黑褐色圆形斑点；尾下覆羽皮黄色。雌鸟额污白色，眉纹白色，头顶至颈部、肩、背及翅上覆羽棕黄色；头颈部有黑褐色羽干纹；腰及尾上覆羽淡蓝灰色，具不明显横斑；尾羽红褐色，具黑褐色横斑；颔、喉白色，其余下体皮黄色或淡棕色，具黑色纵纹；尾下覆羽淡黄白色。幼鸟与雌鸟相近，但上体斑纹更加显著，具淡色羽缘。虹膜暗褐色；蜡膜黄色；嘴铅蓝色；脚黄色。

生态特征：栖息于开阔的荒山旷野、草地、林缘、河谷、农田以及村庄附近。多成对或成小群活动。以蝗虫、蚱蜢、甲虫、蟋蟀、金龟子等昆虫为食，也吃啮齿类、小型鸟类、蜥蜴、蛙等。繁殖期在5~7月，营巢于河谷的峭壁上，有时也在树洞中。每窝产卵4~5枚。

分布：国外繁殖在欧洲南部、越冬于非洲、中亚和东南亚；国内繁殖于新疆西部和北部，内蒙古赤峰，河北中部和西部，越冬在云南西部。

居留状况：偶见的旅鸟。

101

红隼 Ⅱ *Falco tinnunculus*
Common Kestrel

♂ 330~340 mm　191~240 g
♀ 361~378 mm　315~335 g

野外识别特征： 小型红褐色隼类。雄性成鸟上体赤褐略具黑色横斑，头及尾蓝灰色，下体皮黄而具黑色纵纹。飞行时尾呈圆形。

形态特征： 小型猛禽。翅狭长而尖；尾亦较长。雄鸟头蓝灰色，前额、眼先和眉纹棕白色，眼下有一条垂直向下的黑色口角髭纹；背和翅覆羽砖红色，具三角形黑斑；腰、尾上覆羽和尾羽蓝灰色，尾具宽阔的黑色次端斑和白色端斑；颏、喉棕白色，其余下体为棕黄色。脚、趾黄色；爪黑色。雌鸟上体从头至尾棕红色，具黑褐色纵纹和横斑；下体乳黄色，除喉外均被黑褐色纵纹和斑点；具黑色眼下纵纹。

生态特征： 栖息于山地森林、低山丘陵、旷野、村庄等生境。飞翔时两翅快速地扇动，偶尔滑翔。多栖止于空旷区孤立的大树上或电线上。白天活动，飞行搜寻猎物。可扇翅悬停于空中观察，发现猎物后即折翅俯冲直扑地面目标。主要以直翅目昆虫、雀形目小鸟、鼠、蛙、蛇等小动物为食。营巢于悬崖、山坡石缝或利用其他鸟的旧巢。每窝产卵 2~3 枚；28~30 天出雏；雏鸟晚成性。

分布： 欧亚大陆和非洲北部。我国北方为夏候鸟或留鸟，南方为冬候鸟或留鸟。

居留状况： 留鸟，夏候鸟，冬候鸟，旅鸟。

102

红脚隼 II *Falco amurensis*
Amur Falcon

♂ 255～295 mm　124～150 g
♀ 268～292 mm　138～190 g

野外识别特征：小型隼类。雄性成鸟深灰和栗色搭配，翼下黑白对比明显。雌鸟及幼鸟似燕隼，但翅短尾长。

形态特征：雄鸟通体暗石板灰色；尾下覆羽锈红色；腋羽和翼下覆羽白色。雌鸟额棕白色或白色；上体暗灰色，具黑色横斑；腰及尾上覆羽石板灰色；尾灰色，具黑褐色横斑；喉白色，其余下体黄白色，胸部有宽阔黑褐色纵纹，腹部两侧和胁部有黑褐色横斑，尾下覆羽、覆腿羽淡棕黄色；腋羽和翼下覆羽白色具黑褐色横斑。幼鸟羽色似雌鸟，上体颜色偏棕褐色，下体纵纹更粗。

生态特征：栖息于低山的林缘、山脚平原、沼泽、草原、山谷、农田等开阔地带。主要以蝗虫、蚱蜢、蝼蛄、蟋蟀、金龟子等昆虫为食，也吃蜥蜴、蛙、鼠类和小型鸟类。繁殖期在 5～7 月，营巢于高大乔木上，有时也侵占喜鹊等其他鸟的巢。每窝产卵 4～5 枚；经过 27～30 天亲鸟喂养，幼鸟离巢。

分布：国内繁殖于北方大部，越冬于江苏、云贵地区及福建、广东和香港。国外繁殖于西伯利亚到太平洋沿岸、朝鲜、蒙古，越冬在印度、缅甸、泰国、老挝和非洲。

留居状况：旅鸟，夏候鸟。

103

灰背隼 Ⅱ   *Falco columbarius*
               Merlin   ♂240～305 mm   122～185 g
                               ♀300～330 mm   155～205 g

野外识别特征：体型结实的小型隼类。雄性成鸟上体蓝灰色，颈背棕色，尾具黑色次端斑；下体黄褐并多具黑色纵纹。雌鸟及幼鸟似红隼，但尾短，深褐色更浓。

形态特征：喙铅蓝灰色，尖端黑色，基部黄绿色；眼周及蜡膜黄色；脚和趾橙黄色；爪黑色。雄鸟前额和眼先白色；上体淡蓝灰色，具黑色羽轴纹；尾具宽阔的黑色次端斑和窄的白色端斑；后颈有一棕褐色领圈；颏、喉白色；其余下体淡棕色，具粗的棕褐色羽干纹。雌鸟上体褐色，具淡色羽缘；腰、尾上覆羽和尾羽灰色，尾羽具 5 道黑色横斑及白色羽尖；下体白色；胸以下具栗棕色纵纹。

生态特征：栖于低山丘陵、山脚平原等处。常单独活动。多低空飞翔，可短时滑翔，发现猎物后即俯冲而下。休息在树上或地面。主要以小型鸟类、昆虫、啮齿类和蛙为食。巢建于树上或悬崖岩石上，多占鸦科鸟类的巢。每窝产卵 3～4 枚；卵砖红色具暗红斑点；28～32 天出雏；雏鸟晚成性。

分布：欧亚大陆、非洲北部、北美洲及南美洲北部。在我国东北及新疆繁殖，南部越冬。

居留状况：冬候鸟(11 月～翌年 3 月)，旅鸟(4～5 月，9 月上旬～11 月上旬)。

104

燕隼 Ⅱ *Falco subbuteo* ♂290～312 mm 190～230 g
Eurasian Hobby
♀295～327 mm 220～250 g

野外识别特征： 飞行迅速的小型隼类。成鸟似小型游隼，但下腹及尾下覆羽栗色，幼鸟无此特征。

形态特征： 小型猛禽。喙蓝灰色，尖端黑色；眼圈和蜡膜黄色；脚、趾黄色；爪黑色。上体暗蓝灰色，有白色细眉纹；颊、耳羽和髭纹黑色；颈侧、喉、胸、腹白色；胸部有黑色纵纹。翅长，折合时翅尖可达尾端。

生态特征： 鸣声为“可呖，可呖，可呖”。活动于树木稀疏的开阔平原、旷野及村庄附近。常单独或成对飞行。飞行迅速。栖止时停在高大树木或电线杆上。主要在空中捕食，食物主要是小型鸟、昆虫等。营巢于稀疏林中的高大乔木上，也侵占鸦科鸟巢。每窝产卵2～4枚；卵白色具红褐色斑点；28天出雏；雏鸟晚成性。

分布： 欧亚大陆大部及非洲。我国全境分布。

居留状况： 旅鸟（4～5月；9月中旬～10月中旬），偶见夏候鸟（5～9月）。

●●○○

105

猎隼 Ⅱ/EN *Falco cherrug*
Saker Falcon

♂ 455~480 mm　680~890 g

♀ 535~555 mm　1 000~1 200 g

野外识别特征：壮硕的大型隼类。成鸟上体棕褐色，具黑色横斑；下体偏白，有稀疏纵纹。幼鸟上体深褐色，下体满布黑色纵纹。

形态特征：前额和眼先白色；头顶暗褐色具肉桂色纵纹；眉纹乳白色；眼下有一暗色髭纹；嘴铅蓝灰色，尖端黑色，基部黄绿色，蜡膜暗黄色；上体暗褐色，杂以黄色横斑；飞羽黑褐色；胸部白色；腹乳黄色，具褐色细斑干纹。跗蹠上一半被羽，脚和趾黄绿色，爪黑色。幼鸟的蜡膜、脚和趾均为浅蓝灰色。

生态特征：栖息于低山丘陵和山脚平原区及荒漠。常在无树木或仅有少数树林的旷野和多岩石的山丘活动。作直线快速飞行或滑行。可在地上和空中捕食小型鸟类，善捕野兔、鼠类。营巢于树上或悬崖岩石上，巢用枯枝加兽毛与羽毛构成。每窝产卵 3~5 枚；卵红褐色；双亲轮流孵卵；28 天出雏；雏鸟晚成性。

分布：欧亚大陆及非洲东北部。在我国西北部、北部繁殖，冬季南迁。

居留状况：旅鸟，冬候鸟(9 月中旬~翌年 3 月下旬)。

106

游隼 Ⅱ *Falco peregrinus*
Peregrine Falcon

♂ 412～458 mm 550～700 g

♀ 450～501 mm 700～900 g

野外识别特征：灵巧的大型隼类。成鸟上体深灰，具黑色横纹；下体白，胸具黑色纵纹，腹部具黑色横斑。幼鸟上体棕褐色，下体具褐色纵纹。

形态特征：雄鸟头顶、后颈暗石板蓝灰色；颊、耳区有很显著的向下的黑色髭纹；背肩部蓝灰色，具黑褐色羽干纹和横斑；尾暗蓝灰色，具黑褐色横斑；尾尖色较淡；飞羽黑褐色，第 2 枚初级飞羽最长，第 1 枚初级飞羽的内翈具缺刻；下体白色，上胸有纤细的羽干纹；腹以下具矛状细纵纹；翼下覆羽、腋羽白色，具黑褐色横斑。虹彩暗褐色；嘴铅灰蓝色，尖端黑褐色；脚橙黄色；爪黑色。雌鸟似雄鸟，一般体型较大。幼鸟上体暗褐色，羽端缘皮黄色；下体淡黄褐色，具显著的黑褐色纵纹；尾蓝灰色，具棕色横斑。

生态特征：栖于山地、荒漠、草原、河流、沼泽、湖泊、开阔农田等处。常在高空单只活动。一般在快速扇翅飞行时伴随一阵滑翔，也在空中盘旋翱翔。主要以一些水鸟如野鸭、鸥等为食。发现猎物后，迅速升高，折起双翅，直扑猎物，常用足击打猎物并咬穿猎物后枕，再用利爪抓住受重伤的猎物飞回栖止处，撕裂吞食。营巢于人迹罕至的高山峭壁顶端或林间空地，也可利用乌鸦等的巢。每窝一般产卵 2～4 枚；红褐色；雌雄轮流孵化约 28～29 天。

分布：几遍布世界各地。我国各地均有分布。

居留状况：旅鸟，偶见冬候鸟(11 月～翌年 4 月)。

七、鸡形目 Galliformes

13. 松鸡科 Tetraonidae

中型的鸡形目鸟类，分布于古北界和新北界，为寒温带和寒带的典型鸟类。典型特征为鼻孔被羽，跗蹠全部或部分被羽，且没有距。趾上具硬羽或栉状缘，以适应冬季的寒冷气候。栖息地多为北方泰加林、云杉林、桦树林和柳树丛，多为植食性。冬季常成小群活动，营巢于地面。每窝产卵 8～12 枚。近来的研究表明，松鸡与雉科中的真雉类亲缘关系更近，不应为一个独立的科。本科鸟类全世界计有 6 属，17 种。我国境内已知有 5 属，8 种，主要分布于东北和西北地区。北京有 1 属，1 种。

107

花尾榛鸡 Ⅱ *Bonasa bonasia* 303~401 mm

Hazel Grouse 302~509 g

野外识别特征：中等体型、敦实的野鸡。体羽满布褐色横斑，肩部白色斑明显。

形态特征：雄鸟额基白色，有棕褐色短羽冠；具不显著白色眉纹，鼻孔被黑色绒羽，杂有黄白色；颏、喉部黑色，周围有一圈白带；颈侧褐色羽毛延长，至前胸形成白色环带；肩部具明显白色纵带；胸部暗黑色，有白色边缘；背以灰褐色为主，具不明显黑褐色横斑；飞羽棕褐色，初级飞羽外翈棕白色；中央尾羽棕褐色，具横斑及深色斑点，外侧尾羽具黑色宽阔次端斑和灰白色端斑；下体有深褐色呈弧状点斑；两胁棕红色，羽端白色；跗蹠被羽，不到趾基，裸出部分为红褐色，趾两侧具栉状突。雌鸟颏、喉部为黄白色，上体深色更显著。

生态特征：主要栖息于山地森林中，从海拔 400~1 800 m 均有分布。无固定栖息场所，游荡为主。习性与家鸡相似，天亮活跃，天黑前即停止活动。白天大部分时间觅食，主要以植物性食物为主，尤喜吃桦树、杨树花絮和芽苞。喜集群，彼此以尖细叫声联系，鸣叫时还伴有伸颈、举尾等动作。遇危险时快跑或短距离飞行。冬季一般在雪窝等隐蔽处过夜，其他时间夜栖于树上。4 月进入繁殖期，雄鸟有占区炫耀行为。通常在林下灌丛隐蔽处地面筑巢，巢简陋，雌鸟刨一小坑，铺以枯草叶茎、羽毛等。每窝产卵 10 枚左右；孵卵期 23 天左右；雏鸟早成性。

分布：欧亚区北部、阿尔泰山北部至朝鲜、日本。国内分布于东北和内蒙古大兴安岭地区。

居留状况：罕见迷鸟。

14. 雉科 Phasianidae

陆禽。本科鸟类头顶羽冠或肉冠。嘴短粗而强壮，上嘴弓形；鼻孔椭圆，裸露；翅短圆；尾羽呈平扁状或侧扁状；腿脚健壮，适于奔驰，跗蹠常具距，趾裸露，后趾高于其他趾，钝爪。雌、雄大多异色，雄鸟羽色极华丽。活动在地面，晚上多数在树上夜栖。雄性在繁殖期好斗；常一雄多雌成群。多数在地面凹处营巢，巢简陋。一般产卵 8～15 枚；雏鸟早成性。本科鸟类全世界计有 38 属，159 种，分布全球各地。我国境内计有 21 属，55 种。北京地区计有 6 属，6 种。

108

石鸡 *Alectoris chukar*　　　　270～370 mm
　　　Chukar Partridge　　　410～625 g

野外识别特征：中等体型的鸡。脸侧连同喉部具有一道较宽的黑色领圈，两胁具 10 余条黑色夹栗色的斑纹。

形态特征：前额黑色，扩展到嘴角；头顶和后颈灰色，缀有葡萄粉红色；自额有一黑线经眼到耳，沿颈侧向下，横跨下喉和上胸之间，形成一个包围喉的黑圈；上体羽蓝灰色或暗灰色，缀葡萄粉红色，延伸到胸侧；两胁具细密黑色横斑。嘴红色；脚淡红色。

生态特征：鸣声为"咯咯啦"。栖息于山地、丘陵多石山坡，季节性垂直迁移。性喜结群，行动小心，善匿藏。受惊后多朝山上奔跑，迫不得已时飞翔。主要以植物根、茎、叶、种子为食，在离水域不远处觅食。营巢于山坡多石地方。巢多置于地上，以灌木或岩石遮挡掩蔽。每窝产卵 7～14 枚；卵白色具锈褐色斑；雏鸟早成性。

分布：亚洲中部及欧洲东南部温带较干旱地区。在我国新疆、青海、甘肃、宁夏、内蒙古、华北一直到东北西南部均为留鸟。

居留状况：山区留鸟。

109

斑翅山鹑 *Perdix dauurica* 248～312 mm
Daurian Partridge 262～340 g

野外识别特征：雄鸟脸颊、喉及腹部橙黄色，腹中部具黑色斑块。

形态特征：雄鸟头顶至颈部浅黑褐色，具棕白色点斑；头部以棕褐色为主，额基部有一小的黑斑，眼下有一白纹，白纹下有一黑色窄纹；上背棕色较浅，微沾黑色点斑，下背至尾棕褐色，具栗色虫蠹状斑和整齐的栗色横斑；中央3对尾羽棕褐色，端部为浅棕白色，具黑褐色细纹；其余尾羽栗色，具宽阔深栗色次端斑；翅几与背同色，但色较深，亦具横斑；初级飞羽褐色，内翈和外翈均具浅棕色横斑，次级飞羽具点斑；喉侧羽毛呈须状，浅棕褐色；前胸灰色，后部棕黄色，腹棕白色，中央具马蹄形黑斑；两胁具栗色宽横斑。雌鸟腹部黑色马蹄形黑斑较小或几不见。脚肉色或发灰。

生态特征：栖息于低山森林至平原耕地。喜结群，一般以家族活动，有领域行为，晚上常于地面栖息。善奔跑，遇到危险先静立不动观察，然后才做短距离飞行。主要以植物性食物为主，也吃昆虫等动物性食物。一雄一雌制，3月末进入繁殖期，雌雄共同占区，营巢于林下或灌丛下，隐蔽性极好。巢很简陋，常在地表刨一浅坑，铺以枯草叶茎和羽毛等。每窝产卵15枚左右；24天左右出巢。

分布：中亚至西伯利亚、蒙古、远东等地。国内分布于北方大部地区。

居留状况：留鸟。

110

日本鹌鹑 *Coturnix japonica*   160～220 mm
Japanese Quail   76～106 g

野外识别特征： 小型鸡类。头部具近白色冠纹和长眉纹。上体深色的羽毛具皮黄色长条纹。

形态特征： 通体沙褐色，具明显的皮黄白色和黑色条纹；头顶至后颈黑褐色，具宽阔的黄褐色羽缘；颏、喉和前颈上体赤褐色，颏和喉中央具一黑褐色锚状纹，其底部向两侧延伸至耳部；胸赤褐色或浅黄色，具闪亮的黄白色羽干纹；两胁栗褐色且具黄白色羽干纹。雌鸟颏、喉和前颈上部灰白色；上胸浅黄赤色具显著黑斑；两胁黄白色羽干纹不显。

生态特征： 鸣声为"嚛嘻、嚛嘻"。栖息于农地、开阔草原、平原和半荒漠地区。地面活动，行动隐蔽，常匿藏草中，一般难以见到。遇到危险时急速直线短离飞出，扇翅快速，贴地飞行，滑翔一段距离后急落地面逃匿。以植物嫩芽、叶、果实为食。常刨土掘食。一雌多雄制。在草地凹处营巢。巢杯形，内放枯草。每窝产卵 9～15 枚；孵化 15 天；雏鸟早成性。

分布： 欧洲、亚洲中北部及非洲。国内几全境分布，在东北及新疆北部繁殖，南方越冬。

居留状况： 旅鸟(3 月上旬～5 月中旬；9 月上旬～11 月中旬)，冬候鸟(11 月～翌年 3 月)，夏候鸟。

111

勺鸡 Ⅱ *Pucrasia macrolopha*   400～630 mm
　　　　Koklass Pheasant　　　　760～1 184 g

野外识别特征：体大而尾短的雉类，雄鸟具长的羽冠。

形态特征：雄鸟头呈金属暗绿色，具棕色和黑色长形冠羽，形如勺把；颈部两侧各有一白斑；体羽呈灰色与黑色柳叶状纵纹；尾为楔形，中央尾羽特别延长；下体中央至腹深栗色。雌鸟体羽几为棕褐色；头顶具羽冠，较雄鸟短；耳羽后下方具淡棕白色斑；下体大部为淡栗黄色，具棕白色羽干纹。

生态特征：鸣声为响亮而急促的"咔咔咔，咔咔拉斯"。栖息于海拔1 000～4 000 m的山地针叶林、针阔混交林及灌木丛中。单独或成对活动。性机警怕人。以快速奔跑避敌；迫不得已时才突然起飞逃离。白天大部分时间在觅食，边食边叫；晚上栖于树上。营巢于树根下或灌草丛中。巢以枯枝、草叶筑成。每窝产卵4～9枚；卵深黄色带紫褐色斑点；21～22天出雏；雏鸟早成，出壳后即可独立活动。

分布：中亚和东亚暖温带山地。我国东南部大部分地区均有分布。

居留状况：山区留鸟。

112

褐马鸡 Ⅰ/VU *Crossoptilon mantchuricum*
Brown Eared Pheasant

830~1 070 mm

1 450~2 475 g

野外识别特征：大型鸡。周身褐色，眼周皮肤红色裸露，白色髭须延长呈耳羽簇，尾羽白色，呈丝状。

形态特征：体羽大多浓褐色；头和颈辉黑色，头侧裸露，赤红色；颏、颊和耳羽簇白色，耳羽长而硬，状如角，延伸到头后；腰和尾羽基部白色，尾羽翘起，羽枝大部分分散下垂，状如马尾。嘴粉红色；脚珊瑚红色。雄鸟跗蹠具距且明显。

生态特征：鸣声为"哇—哇—咯哇"。栖息于 2 500 m以下低山丘陵，夏秋在针叶与针阔混交林带；冬季结群下到海拔较低的阔叶林区。主要在地面活动。晚上栖于松树或桦树上；天亮下树。常到溪流处饮水，受惊后往山上跑，直到山脊高处，从高处向山谷滑行。喜沙浴，好打斗。食物为植物种子、嫩芽、叶及蚁卵、蚯蚓等。营巢于地面灌草丛中。巢简陋，主要在地面凹处，垫草叶、羽毛等。领域性强。每窝产卵4~17 枚；卵为鸭蛋青色或白色，光滑无斑；雌鸟孵化；26~27 天出雏；雏鸟早成性。

分布：我国山西北部、陕西、河北西北部中山区留鸟。中国特有种。

居留状况：留鸟，在西部山区(门头沟)偶见。

113

环颈雉 *Phasianus colchicus*

Ring-necked Pheasant

♂ 800~1 000 mm　1 264~1 065 g

♀ 590~612 mm　880~990 g

野外识别特征： 雄鸟艳丽的羽色很容易辨认；雌鸟稍小，体色暗淡，周身土褐色而密布有深色的斑纹。

形态特征： 大型雉鸡类。雄鸟羽色华丽，具金属光泽；颈大部分呈金属绿色，具白色颈圈；脸部裸出，红色；耳羽簇方形；下背和腹大部蓝灰色，羽毛披散呈毛发状；尾羽长，中央尾羽较外侧长，具横斑。跗蹠具距。雌鸟羽色暗淡，大都为褐色或棕黄色，杂以黑斑；尾较雄鸟短。

生态特征： 鸣声为"咯咯，咯咯"。栖于山地、丘陵、平原。秋冬集群。脚强健，善于奔跑，见人后于灌丛中奔跑极快。迫不得已时才起飞，双翅扇动发出很大的声音，飞行不能持久，多从高处向低处滑行。以植食性为主，常扒食地上的种子、根及昆虫。有占区行为，常发出响亮的领域叫声"咯——咯——"并用翅扇打出有节奏的声响。雄鸟相互争斗时常跃起，收拢跗蹠以距弹击对方。营巢于枯树旁、石崖下等高处地面，刨一浅坑，垫以枯草、树叶、羽毛等。每窝产卵6~22 枚；卵淡绿褐色；雌鸟孵化；23 天出雏，由雌鸟带领；雏鸟早成性。

分布： 原产欧亚大陆暖温带地区。我国除西藏外几乎全境分布。

居留状况： 留鸟。

八、鹤形目　Gruiformes

15. 三趾鹑科　Turnicidae

　　体型与鹌鹑相似的小型鸟类。翅和尾均较短小，初级飞羽 10 枚，尾羽 12 枚。胫部被羽，跗蹠具盾状鳞。脚后趾退化，仅具三趾。多在地面活动，栖息于草地灌丛，奔跑能力较强。食物以植物种子和小型动物为主。繁殖期为 5～7 月，为一雌多雄的多配制。地面巢，非常隐蔽。每窝产卵 3～5。雌鸟可连续产几窝，由多个雄鸟负责孵卵和育雏。雏鸟早成性。本科鸟类全世界计有 2 属，16 种。我国境内已知有 1 属，3 种，主要分布于东部和西南部地区。北京地区计有 1 属，1 种。

114

黄脚三趾鹑 *Turnix tanki* 125～180 mm

Yellow-legged Buttonquail 35～120 g

野外识别特征：体型似日本鹌鹑。雌鸟体型比雄鸟稍大。上体混以黑褐色与栗黄色，翅上缀有黑色斑点和横斑，胸部皮黄色。雌鸟后颈部有一栗红色领环，雄鸟则无。

形态特征：雄鸟头顶至后枕黑褐色；羽缘棕黄色；头顶有一淡棕色中央冠纹；眼周和耳羽浅棕黄色；颈侧后具棕红色块斑；背部至尾灰褐色；尾很短小；飞羽暗褐色，覆有明显黑色圆斑；颏、喉棕白色；胸深橙色；两胁浅黄色具明显黑色圆斑。雌鸟颜色较雄鸟鲜艳，个体亦大；颈侧有明显棕栗色块斑。嘴黄色，嘴端黑色；脚黄色，爪黑色。

生态特征：栖息于低山丘陵至平原、草地、农田等。单独或成对出现，性胆怯，善隐蔽，一般在灌丛下、草丛下潜行，很难发现。不善鸣叫，善奔跑，受惊时常躲入草丛，最后才做短距离飞行，飞行迅速，振翅有声。主要以植物嫩芽、浆果、种子，以及小型无脊椎动物等为食。5 月进入繁殖期，营巢于地面草丛或麦田里，巢很简陋。每窝产卵 3～4 枚；雄鸟孵卵；雏鸟早成性。

分布：亚洲东部及东南亚一带。我国分布于华北、华南、华东、西南、东北等大部地区。

居留状况：旅鸟，偶见夏候鸟。

16. 鹤科　Gruidae

大型涉禽。头稍小，常有裸露的皮肤；嘴粗大，长直；鼻孔呈裂隙状，被膜；颈细长；翅宽阔强有力；脚细长，胫部通常裸露无羽，后趾小且位高于前3趾。栖息于沼泽地、开阔草地。杂食性。飞翔时，头、颈及双腿、脚均伸直，双翅呈"十"字状。飞时鸣叫，叫声高亢洪亮。繁殖期，营巢于芦苇丛中地面。巢庞大。每窝通常产卵2枚，偶见1枚或3枚；雏鸟早成性。本科鸟类全世界计有4属，15种，遍及世界各地。我国境内计有2属，9种。北京地区计有2属，6种，大都为旅鸟。

115

蓑羽鹤 Ⅱ　*Anthropoides virgo*　680～920 mm
　　　　　　Demoiselle Crane　1 985～2 750 g

野外识别特征：体型最小的鹤类。头部具白色饰羽，面颊及前颈黑色，胸前黑色饰羽下垂呈蓑衣状，飞羽和尾羽端部黑色。

形态特征：头顶珍珠灰色，耳羽白色，延长成束；身体大部呈蓝灰色；颏、喉、颈侧黑色，喉和前颈羽毛极度延长呈蓑状，垂于前胸；翅上和初级飞羽黑灰色，内侧飞羽延长，收拢时覆于尾上，羽端黑色。嘴黄绿色；脚和趾黑色。

生态特征：栖息于开阔平原草地、农田和各种近水环境中。最高可达海拔 5 000 m 的高原。成单只或家族性小群活动。胆小而机警，善奔跑，不与其他鹤类合群。以各种水生脊椎和无脊椎动物为食，也吃植物种子和嫩芽等。一雄一雌制，4 月进入繁殖期，有巢区，直接将卵产于羊草草甸中裸露干燥的盐碱地上，也在水边草丛等营巢。每窝产卵 2 枚左右；雌雄轮流孵卵；30 天左右出巢；雏鸟早成性。

分布：欧亚大陆的东南部、中亚等地。国内分布于东北、鄂尔多斯高原及西北，西藏南部。

居留状况：旅鸟。

116

白鹤 I/CR *Grus leucogeranus* 1 300～1 400 mm
　　　　　　 Siberian Crane　　　 4 900～7 400 g

野外识别特征：体羽白色的大型鹤。仅脸颊红色，初级飞羽黑色，飞行时可见。

形态特征：头顶、脸裸露，鲜红色；体羽白色，初级飞羽黑色，次级飞羽白色，内侧飞羽延长呈镰刀状，覆盖在尾上，站立时黑色飞羽不见，通体白色，飞行时黑色飞羽露出。幼鸟头被羽；上体红褐色；下体、两胁缀红褐色；初级飞羽黑色。嘴、脚暗红色。

生态特征：栖息于开阔平原的沼泽，大型湖泊沿岸等处，单独、成对或家族活动，迁徙及冬季常结成大群，在一处觅食一般持续 20 min 左右，可将头、嘴埋入水中觅食。性机警，遇惊即刻起飞，飞行时呈"一"字或"人"字形。以苔草等水生植物的块根和块茎为食，也吃其他植物嫩叶茎等，偶尔也吃软体动物等动物性食物。6月进入繁殖期，一夫一妻制。营巢于湖泊中较高的土丘或小岛上，巢较大，由芦苇等构成。一般每窝产卵2枚。

分布：繁殖于西伯利亚，越冬于长江中下游地区，如江西鄱阳湖、湖南洞庭湖、安徽金升湖等。

居留状况：偶见旅鸟。

117

白枕鹤 Ⅱ/VU *Grus vipio*   1 200～1 500 mm
White-naped Crane   4 750～6 500 g

野外识别特征: 头顶、枕部、后颈、喉部均为白色,与前颈至胸腹的灰黑色对比明显,眼周裸皮红色,上体灰色,初级飞羽黑色。

形态特征: 大型涉禽。前额、头顶前部、眼先和头侧眼周皮肤裸出,颜色为鲜红色,其上着生稀疏的黑色绒毛状羽;耳羽烟灰色;头、枕和颈白色;颈侧和前颈下部及下体暗石板灰色;上体石板灰色;初级飞羽和次级飞羽黑色。脚粉红色;嘴长呈黄绿色。

生态特征: 栖息于开阔平原有芦苇的沼泽和水草沼泽地带,有时亦出现在农田、河流地区。成对或家族活动。行动机警,不让人接近。起飞时要助跑。两翅扇动有力,飞行轻快,颈和脚分别向前后伸直。繁殖期间雌雄喜张翅相互追逐、伸颈腾跃,相互对舞。食谷物、植物根、茎、叶、软体动物及蛙等。营巢于芦苇沼泽或水草沼泽中。巢由枯水草构成。领域性极强。每窝产卵 2 枚;卵椭圆形,灰色或淡紫色具褐色斑点;双亲轮流孵化;29～30 天出雏;雏鸟早成性。

分布: 亚洲东部。在我国东北地区繁殖,长江中下游地区越冬。

居留状况: 偶见旅鸟(1963 年 3 月 24 日)。

118

灰鹤 II　　*Grus grus*　　　　　1 000～1 370 mm
　　　　　　　Common Crane　　　　3 000～5 500 g

野外识别特征：头顶裸皮红色，延伸至眼后，后颈灰白，前颈灰黑，飞羽端部黑色。

形态特征：大型涉禽。颈、脚均甚长。全身大部灰色；头顶皮肤裸出呈鲜红色；眼后方、耳羽和颈侧灰白色，并在后颈处汇合，形成倒"人"字形；眼先、枕、颊、喉、前颈和后颈灰黑色；初级、次级飞羽黑褐色；三级飞羽灰色，端部黑色；尾端部灰黑色。嘴青色。

生态特征：鸣声为清亮的"咕喽—咕"。栖于平原、草原、湖泊、沼泽、水库等。在浅水区活动。常结小群，并有一只担任警戒，不时伸头四望，一有动静，立刻长鸣，全体振翅飞翔。迁徙时可达几十只，排成"一"字形或"人"字形。飞时头、颈前伸，脚向后伸。休息时常一只脚站立，另一只脚收于腹部。食物主要是植物嫩芽、根茎、种子、软体动物、小鱼、虾、蛙类等。每窝产卵 2 枚；褐色或橄榄绿色，具红褐色斑；双亲轮流孵化 28～30 天。

分布：欧亚大陆北部繁殖，北非、南亚及东南亚越冬，中亚和南亚也有分布。我国大部分地区有分布。东北西北部和新疆天山有繁殖，越冬于长江中下游和华南地区，西至云贵，南至两广，北可达河北、山西、山东、甘肃等地。

居留状况：旅鸟(3～4 月；11 月上旬～12 月中旬)，冬候鸟(11 月～翌年 3 月)。

119

白头鹤 I/VU *Grus monacha* 920~970 mm

Hooded Crane 3 284~4 870 g

野外识别特征: 体型较小,头颈部的白色与深灰黑色的体羽对比明显。

形态特征: 大型涉禽。颈、脚较长。通体石板灰色;头、颈白色;前额、眼先密被黑色刚毛;头顶裸露,皮肤红色;两翅灰黑色,次级及三级飞羽延长,弯曲呈弓状,覆盖在尾上。脚灰黑色。

生态特征: 生态习性与灰鹤相似。窝卵数为 2 枚;红色,有暗斑点。主要是雌鸟孵卵;雏鸟早成性,3 年后性成熟。

分布: 亚洲东部。在我国东北繁殖,长江中下游越冬。

居留状况: 罕见旅鸟。

● ○ ○ ○ ○

120

丹顶鹤 Ⅰ/EN *Grus japonensis* 1 200~1 500 mm
Red-crowned Crane

7 000~10 500 g

野外识别特征: 体型较大。头顶的朱红色与白色枕部及黑色颈部对比明显,体羽几乎全白,次级飞羽末端和尾羽黑色。

形态特征: 全身几为白色,头顶裸露,朱红色;额、眼先微缓黑色,眼后方羽至后枕白色;颊、喉、颈部黑色;次级飞羽黑色,内侧次级飞羽延长弯曲,呈弓状,覆盖在尾上,飞行时极为明显。

生态特征: 栖息于开阔地带,如平原、沼泽、滩涂、草地、耕地等处,成对和家族活动,迁徙及冬季可结大群,群内仍以家族活动。觅食地与夜栖地较为固定,休息时将嘴插入背羽间。常有警戒鸟,飞翔时头脚伸出体外,扇翅缓慢,呈"一"字形或"人"字形。主要以鱼、虾等各种水生动物为食,也吃水生植物的叶茎、块茎、块根等。4月进入繁殖期,一夫一妻制,有一系列求偶行为。营巢于开阔芦苇沼泽中。巢主要由芦苇、三棱草、乌拉草等构成,浅盘状、简陋。一般每窝产卵2枚,偶有1枚;雌雄轮孵;孵化期32天左右;2龄性成熟。

分布: 国外分布于俄罗斯远东黑龙江及乌苏里江流域、日本北海道、朝鲜等地区。国内分布于东北、内蒙古、华北、长江中下游等地区。

居留状况: 少见旅鸟。

17. 秧鸡科 Rallidae

中、小型涉禽。颈稍长，头小。嘴短而强。翅短稍圆，呈凹形。脚长且健壮，有些种具瓣蹼膜。栖息、活动在水域附近的灌丛地面，受惊时，潜伏或奔驰穿越灌丛。不善飞翔，但水中游泳、取食自如。本科鸟类全世界计有 33 属，133 种，遍布世界各地。我国境内已知有 11 属，19 种。北京地区计有 7 属，10 种，多为夏候鸟。

121

灰胸秧鸡 *Gallirallus striatus*　　　220～286 mm
　　　　Slaty-breasted Banded Rail　　100～155 g

野外识别特征：胸部灰色，腹部和两胁具黑白色横斑，背部棕色而具白色细横纹。

形态特征：额、头顶、后颈栗红色，其余上体暗褐色；羽缘甘蓝褐色，具白色横斑及斑点；翅上和内侧飞羽具白色波浪形窄斑；颏喉部白色；眼先、头侧、颈侧、胸灰色，其余下体橄榄褐色，具白色横斑。上嘴暗褐色，下嘴橙色。

生态特征：栖息于各种水域环境及其附近灌草丛中，单独或以家族群活动，清晨和黄昏活跃，白天隐蔽。行动谨慎，步履从容，尾随之摆动。善游泳、潜水、奔跑，飞行能力较差，不做远距离飞行。主要以小型水生动物为食，也吃植物嫩叶、果实等植物性食物。营巢于水边草丛和芦苇中。巢由芦苇叶茎等构成。一般每窝产卵 6～8 枚。

分布：国外分布于东南亚地区。国内分布于四川、云南、广东、香港及长江中下游。

居留状况：偶见迷鸟(2000 年 5 月 25 日，赵欣如)。

●○○○○

122

普通秧鸡 *Rallus indicus*   228～295 mm
     Water Rail   85～195 g

野外识别特征： 嘴长而多具红色；胁部具黑白色横斑；脚红色。

形态特征： 额、头顶、枕黑色；羽缘褐绿色，有逐渐增大的趋势；上体褐绿色；翅上具白色细窄横斑；有一黑褐色到耳羽的贯眼纹；颏、喉乳白色；头侧、下体上部石板灰色；两胁和尾下黑褐色，具白色横斑。嘴红色，嘴峰繁殖期红色，非繁殖期褐色。脚黄褐色。

生态特征： 栖息于低山丘陵、山脚平原各种有水环境的岸边及灌丛中，也出没于水稻田中。不易发现，单独或成小群，夜间和晨昏活动。行动迅捷，可在灌丛草下奔跑，善游泳和潜水，遇惊时可以短距离低飞，飞行快速，两脚悬于体下。以小鱼和其他无脊椎动物为食，也吃植物果实和种子等。一雄一雌制，5 月进入繁殖期，营巢于水边草丛或芦苇中，或者人难以到达的沼泽地中。地面巢，以枯草叶茎等构成，盘状，很隐蔽。每窝产卵 7 枚左右，最多 16 枚；孵化期 19 天左右。

分布： 欧亚大陆大部，非洲，东南亚等。我国大部地区可见。

居留状况： 旅鸟，偶见冬候鸟。

123

西方秧鸡 *Rallus aquaticus* 　　　230～260 mm
　　　　　　Western Rail 　　　　　　81～178 g

野外识别特征：与普通秧鸡相似，但体型较小。主要区别在于尾下覆羽白色，喉部和胸部灰蓝色，两胁的黑白色条纹更为明显。近来依据形态学、地理分布格局与分子证据从普通秧鸡中独立出来的物种。

形态特征：额、头顶、枕棕色，有黑色斑点；上体褐色并具黑色斑点；脸部、喉部和胸部为单一的灰蓝色；两胁具显著的黑白色条纹；尾下覆羽几乎为纯白色，仅外侧有细微的黑色条纹。脚粉红色；嘴红色。亚成体的喉部与胸部中央为白色；嘴几为黄褐色；头侧、胸部和两胁具细密的黑白色条纹。

生态特征：鸣声简单但类型多样。栖息于丘陵和山脚平原各种有水环境的岸边及灌丛中，也出没于水稻田中。在欧洲的大部分种群不迁徙，其他地区的种群具有长距离迁徙的习性。多在夜间和晨昏活动，不易发现。繁殖于浓密的芦苇灌丛中，4～5月进入繁殖期，营巢于水边草丛或芦苇中，以及部分沼泽地中。地面巢，盘状，以枯草叶茎等构成。每窝产卵6～8枚，多可达10余枚；孵化期19天左右。

分布：国外见于欧洲、北非、西亚和中亚。在我国分布于甘肃、青海、新疆和四川北部。

居留状况：迷鸟，偶见冬候鸟。

124

白胸苦恶鸟 *Amaurornis phoenicurus* 270～330 mm
White-breasted Waterhen 175～258 g

野外识别特征：脸颊、胸腹部白色，与灰黑色背部对比明显，尾下棕色。

形态特征：中型涉禽。头顶、枕、后颈、背、肩石板灰色；脸、喉、胸及下体白色；体羽上下分明。嘴黄绿色，上嘴基部有红斑；脚黄绿色。

生态特征：鸣声为"苦一恶"，因此得名，常鸣叫不息。栖于江河沿岸、水边草丛，甚至村庄附近有水草遮掩的水体中。常单独或成对活动，晨昏和夜间活动，白天躲在草丛中。善行走，不得已时才飞起，距离不远又落下。食物为螺、蜘蛛等，也食些植物的花芽、种子等。营巢于水边的草丛和灌丛中。巢很隐蔽，由枯枝构成，结构较简单。每窝产卵 4～8 枚；白色椭圆形；双亲承担孵化。

分布：亚洲东南部。我国南部为留鸟；河南及陕西南部为夏候鸟。

居留状况：夏候鸟(4～10 月)。

125

小田鸡 *Porzana pusilla* 175～193 mm
Baillon's Crake 34～50 g

野外识别特征： 体小。脸、胸青灰色，两胁具横斑；
脚绿色。

形态特征： 小型涉禽。上体几成橄榄褐色；头顶、背
部具黑色中央纵条纹；背肩部、腰部等有白色斑点；
尾羽黑褐色；翅上覆羽橄榄褐色，具白色条纹；飞羽
黑褐色，羽缘、第一枚初级飞羽白色；眉纹蓝灰色，
贯眼纹棕褐色；颏、喉白色；两胁和尾下覆羽具黑白
相间的横斑。虹彩红褐色；嘴黑绿色，尖端黑色；脚
黄绿色。

生态特征： 鸣声低柔似吹哨声。栖于芦苇茂盛的池
塘、灌丛或水稻田中。性胆怯。善于在草中穿行，或
在水草上快速奔跑；很少游泳或潜水。常边走边觅
食。以水生昆虫、软体动物等为食。繁殖期间营巢于
近水的草丛底下或水中小土丘及芦苇堆上。巢碗状。
每窝产卵 6～9 枚；浅土黄色；雌雄轮流孵卵；孵化期
20～21 天。

分布： 欧洲、亚洲、非洲热带及温带地区。繁殖于我
国新疆、东北、华北等地，迁徙途经部分省区，越冬
于云南、广东等地。

居留状况： 夏候鸟(4 月中旬～10 月)。

126

红胸田鸡 *Porzana fusca*   190～230 mm
Ruddy-breasted Crake   65～85 g

野外识别特征：头侧及胸红褐色，背部褐色，喉白色，下腹及胁部黑色而具白色细横纹；脚红色。

形态特征：小型涉禽。额、头顶和头侧栗红色；头后部及上体为暗橄榄褐色；颏、喉白色；胸和上腹红栗色；下腹和两胁灰褐色，具白色横斑。脚红色。

生态特征：栖息于湖滨、河岸、草丛、水塘、滩涂地带。喜结群。性胆小。善奔跑和藏匿。飞行能力强，一般紧贴水面或地面快速飞行。飞行时两脚悬垂于下，不远又落入草丛中。游泳时，头前后伸缩。以水生昆虫、软体动物和水生植物的叶、茎、种子为食。3～7月成对营巢于水边草丛或灌丛的地面上，十分隐蔽。每窝产卵5～9枚；粉红色或乳白色，具红褐色斑点；雌雄轮流孵卵。

分布：东亚及东南亚地区。我国东北南部及东部、南部地区有分布。多为夏候鸟或留鸟。

居留状况：夏候鸟(5～10月)。

127

斑胁田鸡 NT *Porzana paykullii*   220～265 mm
Band-bellied Crake   110～153 g

野外识别特征：体型比红胸田鸡略大。体羽更暗淡，翅上常具细纹，翅下、下胸、腹部及尾下具明显的黑白条纹；脚红色。

形态特征：额栗红色；头顶至尾褐绿色；头侧至胸部栗红色；翅上具白色波浪状横斑，第一枚初级飞羽外翈白色；颏、喉乳白色；腹部白色；体侧、两胁、尾下黑褐色，具白色横斑。嘴黄色；脚红色。

生态特征：栖息于低山丘陵和山脚平原各种水域岸边，迁徙期间也出没于沿海和农田。单独或小群活动，主要在夜晚和晨昏活动，善奔走，可在茂密草中奔跑，遇惊时可做短距离飞行，飞行时两脚垂下。善鸣叫。主要以鞘翅目、鳞翅目昆虫为食，也吃其他无脊椎动物和植物果实等。5 月进入繁殖期，巢一般建于茂密灌丛和沼泽中的干燥高处，浅盘状，难以发现。每窝产卵 7 枚左右。

分布：东北亚、东南亚及一些群岛。国内分布于东北、华北、东南及沿海一带。

居留状况：旅鸟或罕见夏候鸟。

128

董鸡 *Gallicrex cinerea* 315~523 mm
Watercock 210~550 g

野外识别特征： 体大。与黑水鸡相比，体侧无白条纹，尾下亦不白。

形态特征： 雄鸟夏羽额部有一血红色肉质额甲，前宽后窄，突出于头上；头部大部灰黑色，背、肩石板灰色；上体其余部分黑褐色；翅黑褐色，缀棕白色斑点；第一枚初级飞羽外翈白色；下体灰黑色，具白色横斑；尾下具褐色波状横斑。雌鸟额甲不显著，黄褐色；上体黑褐色，具宽阔橘黄色羽缘；翅黄褐色；颏、喉灰白色，其余土黄色；胸及体侧具黑色波状纹。雄鸟冬羽与雌鸟相似。

生态特征： 栖息于平原各种湿地环境。单独或成对活动，性机警，夜晚和晨昏活跃。善行走，常涉水觅食，会游泳，行走时尾常翘起，一步一点头。遇惊时可做短距离低飞。常在黄昏时鸣叫，单调而响亮，似"洞、洞、洞"。主要以水生无脊椎动物为食，也吃禾本科植物种子。6 月进入繁殖期，一般营巢于稻田和芦苇丛上。巢材主要由稻草叶茎或芦苇叶构成，每窝产卵 5 枚左右。

分布： 东亚、东南亚。国内分布于东北、华北、华东、华南、华中、海南及台湾。

居留状况： 旅鸟，夏候鸟。

129

黑水鸡 *Gallinula chloropus*　　　300～350 mm
　　　　Common Moorhen　　　220～340 g

野外识别特征：比董鸡小，嘴短，胁部白色条纹明显，尾常上翘露出尾下白斑。

形态特征：中型涉禽。通体黑色；两胁具宽阔的白色纵纹；尾下覆羽的两侧白色，极为明显，其中央为黑色。嘴黄色，嘴基与额甲红色；脚黄绿色，脚上部有一鲜红色环带。

生态特征：鸣声短促响亮。栖息于有挺水植物如芦苇的沼泽、湖泊、苇塘等地。常成对活动。善游泳和潜泳，潜水时间长，能仅露鼻孔于水面。能在水草上行走。游泳时身体浮出水面很高，尾常常垂直竖起，频频摆动。除非紧急一般不飞，飞行速度慢，高度很低，常贴水面飞行。主要吃水生植物嫩叶、幼芽及水生昆虫、软体动物。在芦苇丛中营浮巢，巢材为苇茎或蒲草。每窝产卵 6～10 枚；长卵圆形；颜色有浅灰色、赭褐色，具红褐色斑点；双亲轮流孵化；19～22 天出雏；雏鸟通体具黑色绒羽，额甲红色。

分布：除大洋洲外的全球温带至热带。我国除西北干旱地区外，几全境分布。

居留状况：夏候鸟(1 月下旬～10 月下旬)。

130

白骨顶 *Fulica atra* 360～430 mm
Common Coot 430～835 g

野外识别特征：全身深黑色，额甲白色。

形态特征：中型涉禽。通体黑色；嘴和额板白色。脚绿色，趾间具波形瓣状蹼。

生态特征：鸣声为短促单调的"咯咯咯"。栖息于低山丘陵、平原草地的各种水域中。迁徙时集群。平时浮游于开阔水面，并不时地晃动身体和不住点头，尾下垂到水面。遇惊潜入水中或躲进芦苇丛中。多贴水面或苇丛飞行，并需要一定距离的助跑，不远即落下。以小鱼、水生昆虫、水生植物为食。营巢于水边苇丛中。雌雄共同营巢，用嘴就地弯折一些芦苇或蒲草，用身体压成一浮巢，可随水位升降。每窝产卵 7～12 枚；梨形；青灰色略带绿色光泽，同时具褐色斑点；双亲轮流孵卵 24 天；雏鸟早成性。

分布：东半球广布。我国全境分布。

居留状况：夏候鸟(4 月中旬～10 月下旬)，旅鸟(4～5 月，10～11 月)。

18. 鸨科 Otididae

体型较大。嘴较短；翅宽大稍圆；尾宽而短小；脚强健，善奔走，仅具 3 趾向前。栖息在荒漠草原或沙地。杂食性，但以植物种子、嫩叶为主。繁殖期间产卵于地面凹处，略铺以草茎。雏鸟为晚成鸟。本科鸟类全世界计有 9 属，25 种，分布于欧洲、亚洲、非洲和澳大利亚等地区。我国境内计有 3 属，3 种。北京地区仅 1 属，1 种。

131

大鸨 I /VU *Otis tarda*   750～1 050 mm
                  Great Bustard   3 800～8 750 g

野外识别特征：体型最大的鸨类。头颈的铅灰色一直延伸到前胸，后颈基部棕色，上体棕黄色杂以黑色波纹斑，下体灰白。雄鸟喙基处长有纤羽，向后延伸至颈两侧，似须。

形态特征：大型陆栖鸟。体粗壮；颈长而粗；脚粗而强，具 3 趾。头、颈灰色；上体淡棕色，具细的黑色横斑；下体灰白色。雄鸟颏两侧有突出的白色羽簇，状如胡须；后颈基部至胸有棕栗色横带，形成半领圈状。雌鸟与雄鸟相似，但体型较小；颊部无白色纤羽簇；下颈无棕栗色带斑。

生态特征：鸣声为"咕嚼、咕嚼"。栖于草原、河滩、耕地附近。常结群，善跑。性胆小，人难以接近。飞行时要有助跑，两翅扇动慢而有力，直颈伸足。以植物各部及蛙、昆虫等为食。营巢于开阔草原，巢呈浅凹形，内仅有少许草茎。每窝产卵 2～4 枚；卵青色，具褐色斑；雌鸟孵化；25～28 天出雏；雏鸟早成性。

分布：自欧洲中南部抵亚洲东部温带地区。我国多在新疆、东北、内蒙古和华北北部地区分布。

居留状况：偶见旅鸟、冬候鸟(11 月～翌年 5 月)。

九、鸻形目 Charadriiformes

19. 水雉科 Jacanidae

中型湿地鸟类。跗蹠长，脚趾和爪甚长，保证其能在漂浮于水面上的植物叶片上行走；翅较短，飞行能力不强，但游泳和潜水能力都很强。以水生昆虫、小鱼和水生植物的叶片与种子为食。以一雌多雄制为主，营浮巢于莲叶或其他水生植物上。每窝产卵多为4枚。雄鸟负责孵卵和育雏。雏鸟早成性。本科鸟类全世界计有6属，8种。我国境内已知有2属，2种，主要分布于东部和西南部地区。北京有1属，1种。

132

水雉　*Hydrophasianus chirurgus*
Pheasant-tailed Jacana

310～580 mm
180～340 g

野外识别特征：繁殖羽身体以棕色为主，颈后金黄色，翅大部分白色，仅翅尖黑色。

形态特征：夏羽头白色，后颈金黄色，枕黑色延长至胸呈一黑线；背部棕褐色具紫色光泽；腰、尾黑色，中央 4 枚尾羽特形延长，向下弯曲；头侧、颏、喉至上胸白色；翅上白色，第一、二、三枚初级飞羽黑色，从第二枚初级飞羽开始向内，内翈白色逐渐扩大，到内侧次级飞羽几全为白色；下体棕褐色，腋下和翼下白色；嘴蓝灰色，端部沾绿色；跗蹠淡绿色。冬羽头上黑褐色，具白色眉纹，颈侧有一黄色纵纹，贯眼纹黑褐色延伸至胸部；胸部具黑褐色宽阔横带，尾羽不延长。

生态特征：栖息于挺水植物和漂浮植物丰富的水域环境，单独或小群活动，冬季可结成较大群。性活泼，行走迅捷轻盈，可在水生植物叶表行走和停歇。亦善游泳和潜水，遇惊时也可低飞。鸣叫似猫。主要以水生无脊椎动物如虾、甲壳类、昆虫等为食，也吃水生植物嫩叶、果实等。一雌多雄制，4 月进入繁殖期，雄鸟常有争斗行为；营浮巢于浮水叶上，小而薄，盘状。每窝产卵 4 枚，可产 10 窝以上；由雄鸟孵化；孵化期 26 天。

分布：印度、印度尼西亚等东南亚地区。国内主要分布于长江流域及东南沿海。

居留状况：偶见旅鸟。

20. 彩鹬科 Rostratulidae

　　中型水鸟。雌鸟羽色艳丽，而雄鸟羽色较暗淡。嘴较细长，在近先端处向下弯曲。鼻孔直裂，翅短圆且尾短。主要栖息于芦苇沼泽、池塘、水稻田及河边。飞行能力较弱，多以昆虫、小虾、小型螺类和贝类等无脊椎动物为食。营浮巢于水面或固定巢于湿地上。窝卵数通常为 4，雄鸟负责孵卵和育雏。本科鸟类全世界计有 1 属，2 种。我国境内已知有 1 属，1 种，主要分布于华北、华中和华南地区。北京地区计有 1 属，1 种。

133

彩鹬 *Rostratula benghalensis*　　　224～278 mm
Greater Painted Snipe　　　103～180 g

野外识别特征： 雌鸟色彩鲜艳，不会认错。

形态特征： 雄鸟头顶至枕黑色，具黄色中央冠纹；后颈黄、黑、灰羽色相杂；背至尾灰色具暗黄色眼状斑，背部两侧有显著黄色纵带；眼圈黄白色，向后延长呈一小柄；肩和翅之间有一明显白色纵带；翅上灰色、黄色，具细窄黑色横纹和暗黄色横斑；初级飞羽和次级飞羽外翈基部黑色，其余灰色；颊至胸灰褐色，胸腹之间有一黑色横带，下胸至尾下白色。雌鸟颜色鲜艳，头顶暗褐色，具皮黄色中央冠纹；上背褐绿色，有一明显暗黄色纵带，下背至尾蓝灰色，具金属铜绿色光泽，缀以黑褐色虫蠹状斑；尾上具暗黄色眼状斑；眼圈白色，向后延长呈柄状；头侧至颈部栗红色；肩和翅之间有一明显白色纵带；飞羽黑褐色，具白色端斑；颏、喉、胸栗红色，胸具黑色横带；两胁、腹棕白色。嘴黄褐色；脚褐绿色。

生态特征： 栖息于低山至平原的水域环境，单独或小群活动，活动隐秘，夜晚和晨昏活跃。善行走，尾上下摇动，可游泳和潜水，遇惊时先静止不动，再做短距离飞行，飞行缓慢，两脚垂下。以小型脊椎和无脊椎动物为食，也吃植物性食物。一雌多雄制，5 月进入繁殖期，在芦苇、水草或稻田中营巢。每窝产卵 4 枚左右，可产数窝卵；孵化期 19 天左右。

分布： 非洲、东亚、东南亚、澳大利亚等地。国内分布于辽宁、华北东部、长江流域以及东南沿海。

居留状况： 偶见旅鸟、夏候鸟。

21. 鹮嘴鹬科　Ibidorhynchidae

中型涉禽。为单型科，仅 1 属，1 种。分布于东亚、中亚和东欧地区。具体特征见种的描述。

134

鹮嘴鹬 *Ibidorhyncha struthersii* 370～442 mm
Ibisbill 253～337 g

野外识别特征：暗红色的嘴长而下弯；额部黑色，头颈部灰色，背褐色，胸具黑色带，下体余部白色。

形态特征：夏羽头部全为黑色，四周缀以细窄的白色边缘；上体灰褐色；尾羽色较淡，具黑灰色波浪状横斑和宽阔黑色次端斑，外侧尾羽外翈白色，具黑色横斑；头侧至胸蓝灰色，由前向后，各具一条窄的黑白相间宽阔胸带；下体其余部分白色；翅上有明显白斑。冬羽脸部具不清晰的白色羽尖。

生态特征：栖息于山地丘陵、高原区多砾石的溪流、河流沿岸，海拔可达 4 500 m。单独或成 3～5 只小群在砾石间活动，有时也涉水，头颈探入水中觅食。遇惊时低飞，飞行迅速。主要以水生昆虫、小型水生脊椎动物为食。4 月雄鸟开始有求偶行为，配对后营巢，筑巢于岸边砾石间或小岛上，巢简陋，只在砾石间扒成一浅坑，缀以一些小圆石。每窝约产卵 3 枚；雌雄轮流孵卵。

分布：中亚、喜马拉雅地区至印度。国内分布于西北、华北、西南等地区。

居留状况：罕见留鸟或冬候鸟。

22. 反嘴鹬科 Recurvirostridae

中型涉禽。嘴细长，直长或弯曲；脚细长，胫部裸露，跗蹠具网状鳞；头较小而颈较长；翅长而尖，尾较短；不具后趾或后趾较小，前趾间基部具蹼。两性羽色相似，多以黑白色为主。主要栖息于海岸及河湖沿岸。以昆虫、软体动物和甲壳类等无脊椎动物为食。营巢于水边草丛。每窝产卵 2～9 枚。本科鸟类全世界计有 3 属，10 种，为全球性分布。我国境内已知有 2 属，2 种，为广布种，在北京各地区均有分布。

135

黑翅长脚鹬 *Himantopus himantopus* 293～401 mm
Black-winged Stilt　　146～200 g

野外识别特征：不会错认的涉禽，体型修长，具红色的长腿和脚。

形态特征：雄鸟夏羽额白色，头顶至颈黑色，或白色加以黑色；背黑色带金属光泽；腰、尾上白色；尾羽灰白色，外侧尾羽几为白色；肩、翅黑色带金属光泽；翼下、飞羽内翈黑褐色；身体其余部分为白色。雌鸟夏羽头、颈白色；上背、肩、内侧飞羽褐色。冬羽雌雄鸟相似，头颈白色，有时微沾灰色。嘴细长而尖，黑色；脚细长，绛红色。

生态特征：栖息于开阔草地的湿地环境，常见于河流浅滩、水稻田、鱼塘、海滨等环境，单独或成对、小群活动，非繁殖期间可结大群。在浅水处觅食，也可将头探入较深的水中寻觅食物。步履轻盈、优美，边走边啄，起飞、飞行都比较迅捷。主要以软体动物、环节动物、昆虫及幼虫、小型水生脊椎动物为食。5月进入繁殖期，营巢于露出水面的地面上，一般结群巢，巢材主要由芦苇等枯草叶茎等构成。一般每窝产卵 4 枚；孵化期 17 天左右。

分布：欧洲东南部、中亚、非洲及东南亚地区。我国大部地区均有分布。

居留状况：旅鸟，夏候鸟。

136

反嘴鹬 *Recurvirostra avosetta*　　　408～444 mm
Pied Avocet　　　275～395 g

野外识别特征： 黑白分明的鹬类，具上翘的嘴。

形态特征： 额、头顶至上颈绒黑色，前宽后窄；上体其余部分白色；尾羽末端灰色，中央尾羽常沾灰色；肩、翅黑色，外侧初级飞羽、次级飞羽黑色，内侧白色；嘴黑色，细长，显著上翘；脚飞行时远超尾外。

生态特征： 栖息于平原、荒漠中较大面积的湿地环境，也出现在海边，冬季常见于河口、海口。单独或成对出现，越冬和迁徙期间常结成大群，在浅水处觅食，步伐沉稳，边走边用嘴探啄或扫动，可游泳，以小型甲壳类等水生无脊椎动物为食。5 月进入繁殖期，营群集于开阔平原湖泊岸边等突出地面上，一般只在地面做一凹坑，垫以简单巢材。每窝产卵 4 枚左右；孵化期 23 天左右，孵化期间有驱赶入侵者的行为。

分布： 欧亚大陆大部和非洲。国内大部地区均有分布。

居留状况： 旅鸟。

23. 燕鸻科　Glareolidae

　　中、小型涉禽。嘴短而宽阔，嘴峰稍曲，嘴裂宽阔；鼻孔略被膜，位于嘴基凹处；翅尖，折合时翅端长达尾端或越过；尾呈叉状或平尾；后趾发达，较前趾位高，外趾与中趾间有小蹼。栖息于沼泽地。体色多为沙土色，有隐蔽性。能突然起飞而方向不定。能在飞行中捕食昆虫，也在地上奔走觅食。繁殖期间营巢于地面凹处。每窝产卵 2~3 枚；雏鸟早成性。本科鸟类全世界计有 5 属，17 种，分布于温暖地区。我国境内有 1 属，4 种。北京地区仅 1 属，1 种，为罕见夏候鸟。

137

普通燕鸻 *Glareola maldivarum*   200～280 mm
Oriental Pratincole   53～101 g

野外识别特征： 喉部皮黄色具有黑色边缘；翼长，具
叉形尾。飞行起来像燕子或者燕鸥类。

形态特征： 小型涉禽。嘴短，基部宽，尖部向下弯；
翼尖长；尾黑色，呈叉状。夏羽上体棕褐色；腰白
色；喉乳黄色，外缘黑色；颊、颈、胸黄褐色；腹白
色；翼下覆羽棕红色；嘴黑色，基部红色。冬羽与夏
羽相似，但嘴基无红色，喉淡褐色，无黑色羽边。

生态特征： 栖于开阔平原地区的湖泊、河流水塘和沼
泽、盐碱地带。非繁殖期间成群。飞行迅速，可长时
间在水域上空飞翔，落地后常做短距离奔跑。在岸边
沙滩及砾石地上缓步或奔跑啄食。食物为昆虫、甲壳
类及小无脊椎动物，尤其嗜吃蝗虫。营巢于岸边沙土
上，在地面扒一浅坑，垫以枯草而成。每窝产卵 2～4
枚；卵黄灰色、土灰色或乳白色。

分布： 亚洲东部及澳大利亚北部。我国东部南北均有
分布。

居留状况： 夏候鸟(5月上旬～10月上旬)，旅鸟。

24. 鸻科 Charadriidae

中、小型涉禽。多数嘴短而直，嘴端具隆起，尖端坚硬；鼻孔在嘴两侧沟里；翅形尖短；尾羽短小；跗蹠细长，后趾缺或细小。多栖息、活动于水域浅水滩边。结群。迁徙时沿大河流、海岸线飞行。以小型无脊椎动物为食。繁殖期间营巢于地面凹陷处。巢简陋，以杂草或卵石铺成。每窝产卵 4 枚，偶见 3～5 枚；雏鸟早成性。本科鸟类全世界计有 10 属，67 种，分布于世界各地水域附近。我国境内已知有 3 属，17 种。北京地区计有 3 属，10 种。

138

凤头麦鸡 NT *Vanellus vanellus* 290~340 mm
Northern Lapwing 180~275 g

野外识别特征：上体在阳光下泛金属光泽。翅膀宽圆，飞行时振翅较慢，翼下黑白分明。

形态特征：中型涉禽。雄鸟夏羽额、头顶和枕黑褐色；头顶具黑色反曲的长形冠羽，像突出于头顶的角，很醒目；眼下黑色；耳羽和颈侧白色并混有黑斑；肩羽末端沾紫色；上体暗绿色；下体白色，胸具宽阔的黑色环带。嘴黑色；脚肉红色。雌鸟与雄鸟体色相似；羽冠稍短；喉部有白斑。

生态特征：栖息于低山丘陵、山脚平原的湖泊、水塘、溪流等处。常成群活动，冬季更结成大群。善飞行，游荡觅食。性温顺。警戒和兴奋时冠羽立起。食物为昆虫、软体动物和一些植物种子等。一雌一雄制。成小群在沼泽、草地扒土坑为巢，垫少许巢材。一般每窝产卵 3~5 枚；雌鸟孵化为主；25~28 天出雏；雏鸟早成性。

分布：欧亚大陆、非洲北部。在我国北部繁殖；南部越冬。

居留状况：旅鸟(3~5 月；9~11 月)。

139

灰头麦鸡 *Vanellus cinereus* 320～360 mm

Gray-headed Lapwing 236～423 g

野外识别特征：头及胸灰色，背褐色，胸和尾部具有黑色横斑，翼尖黑色，翼后余部、腰、尾及腹部白色；嘴鲜黄色、端部黑色，脚亦黄色。

形态特征：夏羽头、颈灰色；颈至腰浅褐色，具金属光泽；尾白色，最外侧一对尾羽白色，第二对尾羽具黑色羽端，其余尾羽具黑色宽阔次端斑，由外向内逐渐扩大，且尾端具白色羽缘；翅黑色具白斑，内侧初级飞羽内翈有白色羽缘；胸灰褐色，下有一黑色横带，其余下体白色。冬羽头颈褐色；喉白色，无白色胸带。嘴黄色，尖端黑色；眼前肉垂黄色。

生态特征：栖息于平原地带的各种湿地环境，也出现在农田一带。成对或小群活动，长时间站在水里或草地上，飞行时速度较慢，可和凤头麦鸡混群。主要以昆虫为食，也吃水生无脊椎动物和植物性食物。5 月进入繁殖期，一雄一雌制，营巢于水边环境的草地或湿地中突出地面上。巢简陋，做一浅坑，简单铺以苔草等叶茎。每窝产卵 4 枚；雌雄轮流孵化；孵化期 28 天左右。

分布：东亚、印度。

居留状况：旅鸟。

140

金鸻 *Pluvialis fulva*　　　　　　230～250 mm
　　　Pacific Golden Plover　　　　　98～140 g

野外识别特征： 繁殖期，从脸部经胸腹部到尾下的羽毛黑色，亦有白色的羽区从前额延伸到胁部，背上、翅上的羽毛具有白、金、黑三色。冬羽金棕色。

形态特征： 小型涉禽。夏羽上体黑色，具有金色斑点；下体绒黑色；自额经眉纹，沿颈而下到胸有一条"Z"形白带，在上下体之间极醒目。冬羽上体灰褐色，羽缘淡金黄色；下体灰白色，有不明显的黄褐色斑点；眉纹黄白色。

生态特征： 鸣声为"他一哩，他一哩"。栖于河溪、湖泊、水塘岸边、农田等处。单独或小群活动。常不断抬头眺望，性胆小，见人即跑。飞行快速，下降时螺旋式落地。晨昏高飞鸣叫。筑巢于沼泽附近沙土低凹处，铺以苔藓、地衣等。每窝产卵 4～5 枚，梨形或圆锥形；雌雄轮流孵卵；27～28 天出雏；雏鸟早成性。

分布： 繁殖于亚洲东北部、北美洲北部；南迁至东南亚、美洲南部及大洋洲等地越冬。迁徙时遍布我国境内。

居留状况： 旅鸟(5～6 月；9～10 月)。

141

灰鸻 *Pluvialis squatarola*　　　　272~300 mm
　　　Gray Plover　　　　　　　　175~230 g

野外识别特征：与金鸻比，体型较大。飞行时可见腋下黑色斑块，繁殖羽上体为银灰色。

形态特征：夏羽额白色，向后、向侧、向下至胸形成一白带；头顶、至肩黑色，缀以白色，使整个上体呈黑白斑驳状；腰和尾上白色；尾羽具白色黑色横斑；翅黑色具大片白色翅斑，翅下靠近身体黑色、外侧白色。冬羽上体以褐色为主，有白色斑点；尾白色，具黑褐色横斑；眉纹白色；脸、下体上部、体侧黄白色，具灰褐色纵纹；腹和尾下白色，尾下具褐色斑点。

生态特征：栖息于北极冻原和海岸一带，迁徙期间在海滨、河口、湖岸等各种湿地环境，尤喜潮间带。结小群，迁徙时结大群活动。飞行快捷有力。主要以小型无脊椎水生动物为食。6月进入繁殖期，营巢于北极苔原地带，在地面做一凹坑，铺以苔藓和草茎。每窝产卵 4 枚左右。

分布：北极、欧亚大陆、非洲、澳大利亚、南美。迁徙季节见于国内大部地区。

居留状况：旅鸟。

142

长嘴剑鸻 *Charadrius placidus* 184～242 mm
Long-billed Ringed Plover 57～81 g

野外识别特征：体型比金眶鸻大，嘴也更长，繁殖羽贯眼纹为褐色。

形态特征：夏羽额白色，后有一较宽的黑色横带，贯眼纹灰褐色，具白色眉纹。上体灰褐色，颈肩一前一后有白色和黑色颈环。中央尾羽黑褐色，最外侧尾羽外翈白色，其余尾羽具白色端斑。翅黑色，具不明显白色翅斑。颏、喉白色，上胸具黑色胸带，翅下白色。冬羽身体所有黑色变为暗褐色，额前白色范围增大。嘴黑色，下嘴基部黄色，尖部黑色。

生态特征：栖息于山地平原各种湿地环境，单独或小群活动，在地面奔走迅速，常疾走几步急停观察后又继续前进。飞行快速，高度一般不高。主要以甲虫、鳞翅目、直翅目等昆虫为食，也吃其他小型无脊椎动物及植物嫩芽等。5 月进入繁殖期，营巢于水边沙石地或漫滩上，在地面做一凹坑，无其他巢材。每窝产 4 枚卵左右，雌雄轮流孵卵，孵化期 26 天左右。

分布：俄罗斯远东、朝鲜、日本、东南亚一带。国内大部地区均有分布。

居留状况：留鸟，冬候鸟。

143

金眶鸻 *Charadrius dubius* 150～180 mm
Little Ringed Plover 28～48 g

野外识别特征： 小型鸻类，眼大，嘴全黑，脚色淡。繁殖羽时，有完整黑色胸带，显眼的金黄色眼圈。

形态特征： 小型涉禽。夏羽上体沙褐色；眼周金黄色；嘴黑色；额具一宽阔的黑色横带，横带后有一细窄的白色横带将黑色额和沙褐色头顶分离；贯眼纹黑色；眼后上方有一白色眉纹；后颈具一白色领环，与额、喉的白色部相连；领环后有一窄的黑色领环，到胸前变宽。脚橙黄色。

生态特征： 栖息于开阔平原和低山丘陵地带的湖泊、河流岸边及沼泽湿地。单独或成对活动于沙滩石地上。行走快速，边走边觅食，忽走忽停。受惊直飞，回旋时转向灵巧。冬季集群。主要以杂草种子、蠕虫、螺、昆虫为食。营巢于河流、湖泊岸边沙石地上。巢仅为一凹坑。每窝产卵 3～5 枚；卵梨形；沙黄色或鸭蛋绿色并具褐斑，隐蔽性极好；24～26 天出雏；雏鸟早成性。

分布： 欧亚大陆及非洲。我国各地分布。

居留状况： 夏候鸟（3 月下旬～10 月），旅鸟。

144

环颈鸻 *Charadrius alexandrinus* 177~200 mm
Kentish Plover 44~63 g

野外识别特征：小型鸻，头大而平，脚色深，眼大。飞行时白色翼带较明显。无论年龄性别，黑色胸带不完整，仅胸侧各有一块深色斑。繁殖羽时应留意其鲜明栗色的头顶和黑色额部。

形态特征：小型涉禽。前额和眉纹白色，并相连；头顶额部有一黑色横带，但两端延伸不达眼部；眼先和经眼至耳羽的贯眼纹黑色；上体沙褐色；后颈有一白色领环；胸带不完整，仅胸侧有黑斑。嘴、脚黑色。

生态特征：栖息于海滨、泥地、沼泽、河口、水塘等地区。单独或小群活动，迁徙时集大群。在潮间带、泥地上觅食。行动敏捷轻巧，奔走急速，边走边啄食。通常急跑时可突然停止，变换方向再跑。遇惊立刻起飞。主要以昆虫、蠕虫、小型甲壳类和软体动物为食。营巢于沙滩、湿地上，扒一土坑，坑内加上一些小圆石和贝壳。每窝产卵2~5枚；卵土黄色，上有暗斑；孵化期24天；雏鸟早成性。

分布：亚洲、欧洲、非洲大陆及北美洲东北部。我国几全境分布。

居留状况：旅鸟(3月下旬~6月；8月下旬~11月)，夏候鸟(3月下旬~10月)。

145

蒙古沙鸻 *Charadrius mongolus* 180～198 mm
Lesser Sand Plover 51～67 g

野外识别特征：嘴短而纤细；飞行时翼上有白色斑。繁殖羽大部灰色，胸部具弥散状棕红色区域，在喉部还有黑色细环，脸及额全黑。非繁殖羽颜色以灰白为主，似环颈鸻，但后颈非白色。

形态特征：夏羽额白色，头顶灰褐色，白和灰褐中间有一黑色横带；贯眼纹、耳羽黑色，后上方有一白色眉斑；后颈棕红色，背至尾灰褐色，外侧尾羽外翈白色，其余具黑褐色次端斑和白色尖部羽缘；具棕色颈环；翅灰褐色，具白色翅斑，次级飞羽基部及内侧6枚飞羽外翈白色；颏、喉白色；胸及颈侧棕红色，其边缘形成一黑色领环线，连至贯眼纹后段，其余下体白色。冬羽原体羽黑色和栗红色转为褐色；额白色向后扩展；上胸呈断开的灰褐色胸带或褐色斑。

生态特征：栖息于平原各种湿地环境，草地、农田、荒漠等地，常单独或成对、小群活动，冬季常结大群。不太怕人，觅食时常走走停停，一般不起飞。主要以昆虫、软体动物等小型无脊椎动物为食。6月进入繁殖期，营巢于高原或苔原地带，一般在沿海、岛屿或海边沙滩。每窝产卵3枚左右。

分布：分布于欧亚大陆、非洲、澳大利亚等地。国内分布于新疆、青海、西藏、内蒙古、东北、华北等地。

居留状况：旅鸟。

146

铁嘴沙鸻 *Charadrius leschenaultii* 191～227 mm
Greater Sand Plover 55～86 g

野外识别特征：比蒙古沙鸻体型稍大，嘴长而厚。

形态特征：雄鸟夏羽额白色，有一黑色横带，贯眼纹黑色；头顶至枕灰褐色，后颈栗棕色，背至尾灰褐色，上背颜色稍重；外侧尾羽白色；翅黑色，带具白色翅斑，短而窄，内侧次级飞羽外翈白色；颏、喉白色；上胸具栗棕色胸带，其余下体白色。冬羽无黑色和栗棕色，转为灰褐色；胸带亦变短，有的变为带斑。

生态特征：栖息于海滨、河口、河流、湖泊及草地上，常成小群活动，偶尔结成大群。常在泥滩、山地上边走边觅食，奔跑迅速，走走停停。主要以昆虫、小型甲壳类等小型无脊椎动物为食。4 月进入繁殖期，营巢于有稀疏植物的沙地上，在地面做一浅坑，巢材很简单。每窝产卵 3 枚左右。

分布：亚洲东部、中亚、非洲、东南亚和澳大利亚。国内分布于新疆、内蒙古、青海以及中东部和南部地区。

居留状况：不常见旅鸟。

147

东方鸻 *Charadrius veredus*   220～255 mm
Oriental Plover   80 g

野外识别特征：体型略大。繁殖羽的胸部具栗红色带，下有黑色宽边。

形态特征：雄鸟夏羽头顶浅褐色，杂以黄白色；额、头侧、眉纹宽，黄白色；后颈浅黄色；背至尾浅褐色，中央尾羽尖端暗色，最外侧两对尾羽外翈白色；初级飞羽黑褐色，翅下浅褐色；颏、喉浅黄色；胸、两胁棕栗色，胸下有一黑色横带。冬羽额、头侧、颏、喉浅黄白色；头上部褐色；上体褐色带棕色；尾具白色羽缘和尖端，窄而细；翅上具窄的白色斑点，内侧 4 枚初级飞羽外翈有白色；下体具白色宽阔的褐色胸带。

生态特征：栖息于半荒漠、山脚岩石荒地，以及草地、河流、湖泊，冬季常在海滩或河口地带。常单独或小群活动，边疾走边觅食。飞行有力快速，常突然变向。机警，常常上下晃动头。常一脚独立栖息。主要以昆虫及其幼虫为食。繁殖缺乏研究。

分布：俄罗斯远东、蒙古、朝鲜、东南亚、澳洲等地。国内分布于内蒙古、东部沿海、长江流域、华南等地。

居留状况：偶见旅鸟。

25. 鹬科 Scolopacidae

中、小型涉禽。羽色暗淡有条纹，不易被发现。嘴纤细而长，尖直，或向上或向下弯曲，先端稍膨大；鼻沟长；颈稍长；翅和尾羽稍尖而短；脚细长，多数具三趾。喜结群。善长途飞行，迁徙沿海岸线或大河川飞行。飞行时头颈向前，双脚向后伸直，边飞边叫，声尖锐。繁殖期间，营巢于沼泽、河川附近草丛中地面上。巢简陋，仅在干燥的凹陷处铺以杂草；少数在树上筑巢。每窝产卵 4 枚，卵的一端稍尖。雏鸟为早成鸟。本科鸟类全世界计有 24 属，87 种，广布世界各地水域。我国境内已知有 18 属，49 种，遍布全国，以东部数量较多。北京地区计有 14 属，35 种。

148

丘鹬 *Scolopax rusticola*　　　　330～350 mm
　　　　Eurasian Woodcock　　　　205～336 g

野外识别特征: 似沙锥,但多见于林地或山地,头顶及颈背横纹明显。

形态特征: 中型涉禽。体长而肥胖;嘴长而粗直;颈与脚较短。前额灰褐色,杂有淡黑褐色及赭黄色斑;头顶和后枕部具 3～4 条黑色横带;后颈多呈灰褐色,有窄的黑褐色横斑;上体锈红色杂有黑色、黑褐色横斑和斑纹;背和肩红褐色具黑白纹和 4 条灰白色纵线;下体淡黄褐色具褐色横斑;自嘴基至眼有一条黑褐色条纹;颏、喉白色。

生态特征: 栖于平原、山林地面,见于湿草地,林间沼泽等处。白天隐伏于林中草丛,晨昏活动觅食,飞行时缩颈垂喙,身体摇晃,显得笨重。眼睛大,夜间视力好,眼位高而靠后,视野开阔。不时将嘴插进湿泥取食昆虫、软体动物等。多在灌木或草本植物下的岩石边筑巢。每窝产卵 3～6 枚;圆形;赭色或暗粉红色;有锈斑;雌鸟孵化;22～24 天出雏。

分布: 欧亚大陆,亚洲中部繁殖;南部越冬。在我国北方繁殖;东南部越冬。

居留状况: 旅鸟(4 月中旬～5 月中旬;9～10 月)。

149

姬鹬 *Lymnocryptes minimus* 170～190 mm

Jack Snipe 95～120 g

野外识别特征：似沙锥而体型小，头顶无中央冠纹。

形态特征：头顶具金属光泽的黑褐色，杂以淡色斑点；后颈褐色具淡色斑点。肩、腰、尾黑褐色，具有金属光泽的紫绿色，有4条平行的淡金黄色纵纹；尾羽由12枚组成，中央尾羽最长而尖，呈楔形；眉纹宽阔，皮黄色，中间有一黑色纵纹；贯眼纹黑色，明显，直达黑色耳羽；翅上褐色，飞羽黑褐色，次级飞羽和内侧初级飞羽外翈具窄而尖的白色羽端；颈、胸、胁灰色，具褐色纵纹，其余下体白色。嘴暗粉色偏褐，尖端黑色。

生态特征：栖息于森林、沼泽、湖泊及河流岸边，特别是富有苔藓、芦苇等水生植物的地区更多，迁徙期间农田、小岛、水边沙滩常能发现。一般单独活动，夜间和晨昏活动，白天隐蔽。遇惊后保持不动，直到危险迫在眼前，才突然飞走，短时又落入草丛中。觅食时可将嘴插入泥中，有节奏地探动，也可在地表啄食。主要以蠕虫、软体动物、昆虫等为食。6月进入繁殖期，营巢于芦苇等植被茂盛的沼泽地上，很难到达。每窝产卵4枚；雌鸟孵化。

分布：欧亚大陆北部，欧洲南部、非洲、中亚、东南亚一带。国内分布于新疆西部、内蒙古东北、东部沿海地区。

居留状况：偶见旅鸟。

●●○○

150

孤沙锥 *Gallinago solitaria*   265～318 mm
　　　　Solitary Snipe   126～159 g

野外识别特征：体略大，体羽颜色与其他沙锥相比要暗淡。

形态特征：头顶黑褐色，中央冠纹白色，具淡棕色斑点；后颈棕色，具黑白斑点；上体黑褐色密布白色和棕色的斑纹和横斑，背部横斑较窄；尾羽由 18 枚羽毛构成，3 对中央尾羽黑色具棕色次端斑和黄白色端斑，二者之间具一细黑线；外侧尾羽窄而短，最外侧 2 对 2～3 mm 宽，向内 2 对 6 mm 宽，具黑白相间横斑；头侧、颈侧具暗褐色斑点，眉纹白色，贯眼纹黑褐色；翅栗色，具黑褐色横斑和白色羽端；最外侧 2 对初级飞羽具窄的白色羽缘；颈和胸褐色具细白色斑纹，下胸具淡色横斑，两胁具黑褐色横斑。

生态特征：栖息于山地森林的河流、河流岸边、沼泽等生境，冬季也常出现在流水、海岸生境。常单独活动，不与其他鹬类和沙锥混群。遇惊时常蹲伏不动，被迫起飞不远即急速落下，飞行与其他沙锥相比缓慢。多夜晚和晨昏活动。主要以昆虫、蠕虫、软体动物、甲壳类等为食，也吃植物种子等。5 月进入繁殖期，雄鸟在繁殖期有比较复杂的求偶飞行行为，营巢于各种水域环境的岸边、小岛上的草丛中，非常隐蔽。巢简陋，做一凹坑，无其他巢材。一般每窝产卵 4 枚。

分布：中亚、蒙古、远东，也见于伊朗、缅甸、印度等地。见于国内大部地区。

居留状况：偶见旅鸟。

151

针尾沙锥 *Gallinago stenura* 　　250～270 mm
　　　　　Pintail Snipe 　　　　　92～135 g

野外识别特征： 与扇尾沙锥相比，翼后缘无白色，翼下无白色横纹；嘴较短。在野外与大沙锥几乎不可分。

形态特征： 小型涉禽。嘴直而细长，尖端不弯曲。头顶黑褐色，有一棕黄色中央纵纹；从嘴基起有一较暗褐色的宽贯眼纹；上体杂有红棕色、绒黑色和白色纵纹和斑纹；下体污白，具黑色纵纹和横斑；外侧7～9对尾羽狭细而硬，最外侧尾羽仅为一羽轴，形如针。脚黄绿色或灰绿色。

生态特征： 鸣声为"吡—吡"。常见于河湖、溪流、稻田等处。单独或成对活动。飞行速度快，起飞方向不定，常呈"S"形或锯齿状的曲折飞行，飞行不远即落下。下降时喙与地面呈直角，将近地面时恢复常态。取食于浅水区，用喙啄地表面或插入泥土中探食，头左右扭动。以昆虫、甲壳类和软体动物为食。营巢于干燥地面上或沼泽中的土丘上，巢材选用干草等。每窝产卵3～4枚，卵圆形或梨形，灰白色或绿色，具褐色斑点；20天出雏。

分布： 亚洲东部。在西伯利亚东部繁殖；冬季南迁至东南亚和南亚越冬。在我国东北繁殖；东部广大地区为旅鸟。

居留状况： 旅鸟(4～5月；9～10月)。

152

大沙锥 *Gallinago megala*　　　　260～290 mm
　　　　Swinhoe's Snipe　　　　112～164 g

野外识别特征：与针尾沙锥甚相似，只能靠尾羽数目和形状区分。

形态特征：头顶中央冠纹苍白色，较细，两侧浅黑色，具细碎红棕色斑点；上体大部黑褐色，密布棕黄色纵纹和栗棕色横纹，具 4 条纵行带斑；尾羽 18～26 枚，多为 20 枚，最外侧 6 对尾羽窄而硬，较中央尾羽短，宽度为 2～4 mm；眉纹污白色，具 2 条黑褐色纵纹；下体近白色，个别部位具黑褐色横斑。

生态特征：栖息于山地和平原各种水域环境周围，单独、成对或成小群活动，夜晚和晨昏活动。遇惊时先保持静止不动，被迫起飞迅捷有力，直线飞行，很少拐弯。以长嘴插入土中探觅食物，或在地表啄食。主要以昆虫、蠕虫、甲壳类等为食。5 月进入繁殖期，雄鸟有求偶飞行的行为。营巢于水域环境周围的草丛等环境。巢简陋，做一浅坑，铺以简单枯草叶茎等。一般每窝产卵 4 枚左右。

分布：东北亚、东南亚、澳大利亚等地。国内分布于中部、东部及东南沿海地区，包括台湾及海南。

居留状况：旅鸟。

153

扇尾沙锥 *Gallinago gallinago*   248～298 mm
Common Snipe   75～189 g

野外识别特征：体色以棕黄色为主，嘴长且直。头顶有金黄色和黑色的长宽纵纹，背部羽毛亦有宽的金黄色边缘，从背面观，形成金黄色的纵纹。

形态特征：头顶黑褐色，中央冠纹棕红色，后枕红褐色，具黑色点斑；背部具 4 条宽阔的棕白色纵带，尾上，具黑灰色横斑；尾羽黑色，一般为 14 枚左右，具宽阔的栗红色次端斑和窄的白色端斑，二者中间有一窄的黑褐色横纹；最外侧尾羽不变窄，宽度为 7～12 mm；最外侧 2 枚尾羽外翈白色，缀灰色斑；眉纹黄白色，贯眼纹黑褐色，在嘴基处贯眼纹宽度超过眉纹；翅黑色，具白色翅斑和翅后缘；下体几为白色，在胁、胸、腋下有黑褐色横斑。嘴长而直，端部黑褐色，基部黄褐色。

生态特征：栖息于冻原或开阔平原的各种有茂盛植被的水域环境，常单独或成小群活动，迁徙时可结 40 多只的大群。夜晚和晨昏活动，遇惊时静止不动，被迫飞行迅捷有力，飞行多次急转弯，常呈"S"形曲折飞行，很快飞入高空，盘旋后又直飞入草丛。常用嘴垂直插入土中探觅食物，主要以昆虫、蠕虫、软体动物等为食，也吃小鱼和植物种子等。5 月进入繁殖期，雄鸟有求偶飞行和鸣叫行为。通常营巢于芦苇、水草茂盛的水域环境的草丛下。巢简陋，内有枯草叶茎。每窝产卵 4 枚左右；雌鸟孵化；雏鸟早成性。

分布：欧亚大陆、北洲、东南亚。见于国内大部地区。

居留状况：旅鸟。

154

半蹼鹬 *Limnodromus semipalmatus* 310~360 mm
Asian Dowitcher 165~245 g

野外识别特征： 体型似塍鹬，但略小且敦实。喙全黑，基部厚实，端部略微膨大，是以区别于塍鹬。

形态特征： 中型涉禽。嘴黑色，长且笔直。夏羽头、颈和上体亮棕红色，头顶至后颈有细的黑色纵纹；背具黑色菱状羽干纹和白色羽缘，下背至腰白色，具黑褐色"V"形斑；尾白色具和褐色横斑。冬羽上体淡黄褐色，具黑褐色斑；下体白色，颈侧和胸略呈褐色并杂有黑褐色斑点。前3趾间基部具蹼，尤以中趾和外趾间的蹼较大。

生态特征： 常见于湖泊、河流及沿海岸边草地和沼泽地上。性胆小而机警，难于接近。主要以昆虫、昆虫幼虫、蠕虫和软体动物为食。繁殖期5~7月，通常营巢于水边或离水不远的草丛中，巢多利用地面凹坑。每窝产卵3枚；卵沙黄色或土色，被有褐色斑。

分布： 繁殖于俄罗斯南部、西西伯利亚、远东和蒙古，越冬于印度、泰国、中南半岛和马来半岛。在我国繁殖于东北地区，迁徙经过华东、华南。

居留状况： 旅鸟（4~5月；9~10月）。

155

黑尾塍鹬 NT *Limosa limosa*   278～409 mm
                  Black-tailed Godwit   170～370 g

野外识别特征：体型较大的鹬，嘴长而直，胫部较长。飞行时可见白色翼带，黑色的尾羽和白色的腰部对比明显。繁殖羽红色耀眼，下体白色，有黑色的浓密横斑。

形态特征：夏羽头栗色具暗色细纹，后颈栗色具黑褐色细纹；背黑色有杂斑，腰和尾白色，尾具宽阔的黑色端斑；眉纹前为污白色后为栗色，贯眼纹黑褐色窄而长；翅上灰褐色，飞羽黑色，具白色宽阔的翅斑；颏白色，喉至胸栗红色；颈侧和胸具黑褐色星月形横斑；上腹有栗褐色横斑，其余下体白色。冬羽上体灰褐色；眉纹在眼前白色非常明显；颈、胸、胁灰色。嘴细长而直，繁殖期基部橙黄色，非繁殖期尖端黑色。

生态特征：栖息于平原和森林地带的各种水域环境，单独或小群活动，冬季也可结大群。边走边用嘴插入泥中觅食，主要以昆虫、甲壳类和软体动物为食。5月进入繁殖期，可结小型群巢，营巢于水域环境草丛内或水中土丘上。巢简陋，做一凹坑，铺以枯草。每窝产卵4枚左右；孵化期24天左右。

分布：欧亚大陆北部，非洲、印度、澳大利亚等地。见于国内大部地区。

居留状况：旅鸟。

156

斑尾塍鹬 NT *Limosa lapponica*   326～386 mm
               Bar-tailed Godwit   245～320 g

野外识别特征：与黑尾塍鹬相似，嘴上翘更明显，飞行时无明显的白色翼带，尾羽具褐色横斑。

形态特征：夏羽雄鸟头顶皮黄色具黑色细纹，后颈棕栗色具褐色纵纹；背黑褐色具宽阔的棕栗色横斑，下背和腰灰褐色；尾具黑白相间横斑；眉纹宽阔，灰白色，耳羽褐色；翅上灰褐色具杂斑，飞羽黑色，有不明显的白色翅斑；颏、喉具灰褐色细纹；胸、腹棕栗色，具灰褐色纵纹。冬羽头顶至尾几为灰褐色，具黑褐色细纹，眉纹白色，贯眼纹黑褐色，细窄；下体几为白色；颈、胸具细的黑褐色纵纹。雌鸟较雄鸟栗红色浅淡，下体多为灰白色具黑褐色横斑。

生态特征：栖息于冻原、森林等各种水域环境，迁徙期间多出现于海滨沙滩、河口等地，颈常呈"S"形缩于身体内，边走便用嘴插入土中探觅食物，可达嘴基。主要以甲壳类、软体动物、蠕虫、昆虫等为食。6月进入繁殖期，营巢于冻原、苔原等水域环境的土丘上或干燥的突出物上。巢简陋，基本没有巢材，只是在地面做一浅坑。每窝产卵4枚；孵化期21天。

分布：欧亚大陆北部、北美西北、南非、印度、澳洲等地。国内见于新疆、东北和华东各省。

居留状况：旅鸟。

157

小杓鹬 Ⅱ　*Numenius minutus*　　290～320 mm
　　　　　Little Curlew　　　　108～250 g

野外识别特征：体型较中杓鹬小，嘴较短而直。

形态特征：头顶黑褐色，中央冠纹皮黄色，两侧冠纹黑色；上体黑褐色，具明显的黄白色羽缘，后颈有细密的黑色纵纹；尾灰褐色具黑色横斑；眉纹浅黄白色，贯眼纹黑褐色；翅黑色，具黄白色斑点；下体几为灰白色，胸侧、两胁具黑色横斑。嘴黑色，细而短，基部直，尖端逐渐朝下弯曲。

生态特征：栖息于亚高山树丛、湖边、草地、火烧地、砍伐后的林地，冬季出现在各种水域环境的岸边，一般在农田长时间停留。单独或小群活动，主要以昆虫、软体动物等为食，也吃植物性食物。6 月进入繁殖期，繁殖于西伯利亚亚高山森林地带，营群巢，巢一般建于地面凹坑。每窝产卵 3 枚左右。

分布：东西伯利亚、蒙古、印度尼西亚、澳洲等地。国内见于东北、西北、华北、东南沿海等地。

居留状况：罕见旅鸟。

●○○○○

158

中杓鹬 *Numenius phaeopus*　　　384～455 mm
　　　　Whimbrel　　　　　　315～475 g

野外识别特征： 好像是"微缩版"的白腰杓鹬，但嘴短。头顶深色，中央顶冠纹白色，好像戴了个"瓜皮帽"。贯眼纹黑色较为明显。

形态特征： 头顶暗褐色，中央冠纹、眉纹白色，贯眼纹黑褐色；背暗褐色，腰白色，微缀黑斑；尾灰色具黑色横斑；肩暗褐色，飞羽黑色，初级飞羽内翈具锯齿状白色横斑，飞羽具白色横斑；下体几为白色，颈、体侧、尾下具黑色纵纹和横斑。嘴黑褐色，细长而向下弯曲。

生态特征： 栖息于北极苔原森林和泰加林地带水域环境，冬季及迁徙时出现在内陆各种水域环境，单独或小群活动，迁徙时可结成大群。善于行走，步伐轻盈，也会在树上停栖。边走边用喙插入泥中探觅食物，也可直接在地面啄食。主要以昆虫、甲壳类、软体动物等为食。5 月进入繁殖期，繁殖于北极一带，营巢于离水域不远的突出干燥处。巢简陋，做一浅坑，以苔藓、草叶等为巢材。每窝产卵 4 枚左右；孵化期 24 天。

分布： 欧亚大部、北美北部、非洲、澳洲、太平洋岛屿、南美洲。国内见于大部地区。

居留状况： 旅鸟。

159

白腰杓鹬 NT *Numenius arquata*   575～625 mm
                     Eurasian Curlew   659～1 000 g

野外识别特征： 体色以棕色为主，嘴很长且下弯，雌性的嘴更长，颈部、胸部密布黑色纵纹。尾下及腰部为白色，飞起来更加明显。

形态特征： 头顶至背浅褐色，具黑色细纹到背部呈黑斑；下背、腰、尾白色，尾具细窄的黑褐色横斑；脸浅褐色，具细纵纹；翅黑褐色具淡色横斑，第 5 枚初级飞羽内翈具锯齿状白色羽缘；下体几为灰白色，腹、胁具明显的黑褐色斑点。嘴长，从基部而向下弯曲。

生态特征： 栖息于森林、平原各种水域环境，冬季常出现在海滨、河口等，常结小群活动。行走时步伐稳重，遇惊即刻飞走，飞行有力，扇翅较慢。边走边将嘴插入泥中探觅食物，主要为昆虫、蠕虫、甲壳类等无脊椎动物，也吃其他小型脊椎动物。4 月末进入繁殖期，营巢于各种水域环境附近的干燥地表。巢简陋，常做一浅坑，巢材由枯草构成。每窝产卵 4 枚左右；孵化期 29 天左右。

分布： 欧亚大陆北部，南非、东南亚等地区。国内见于大部地区。

居留状况： 旅鸟。

●●○○

160

鹤鹬 *Tringa erythropus*   260～330 mm

       Spotted Redshank   ♂114～155 g

                             ♀140～205 g

野外识别特征: 体型大于红脚鹬,嘴更长,下嘴基红色,余部黑色。

形态特征: 夏季体羽黑色,背、肩、翅上覆羽和飞羽具白色斑点和羽缘;眼周有一窄的白色眼圈;尾下覆羽具暗灰色和白色横斑。冬季体羽灰褐色。自嘴基起有一长的白色眉纹。

生态特征: 繁殖期常在冻原上的湖泊、水塘、河岸和附近沼泽地带活动。非繁殖期则多在湖泊、河岸、河口沙洲、海滨及农田地带活动。常单独或成小群活动。以甲壳类、软体动物、蠕形动物、水生昆虫为食。营巢于湖边草地或苔原和沼泽地带高的土丘下。巢甚简陋,多为压出的凹坑,内垫有枯草和树叶。每窝产卵 4 枚;卵淡绿或黄绿色,被有黑褐色或红褐色斑。

分布: 繁殖于欧洲北部至西伯利亚北部,越冬于地中海、非洲、波斯湾、中南半岛。迁徙经过我国大部分地区,越冬于长江以南。

居留状况: 旅鸟。

●●○○

161

红脚鹬 *Tringa totanus* 260～290 mm
Common Redshank ♂97～157 g
♀105～145 g

野外识别特征：喙粗壮，嘴基红色，脚红色，飞行时可见次级飞羽明显的白色外缘。

形态特征：夏羽头及上体灰褐色具黑褐色羽干纹；背和翅覆羽具黑色斑和横斑；下背和腰白色；初级飞羽黑色，次级飞羽白色。冬羽头与上体灰褐色，黑色羽干纹消失；下体白色。

生态特征：栖息于各类水域。以螺、甲壳类、软体动物、环节动物、昆虫等为食。营巢于海边、湖边、河岸和沼泽地上，多隐蔽。巢多利用地面凹坑，或在地面扒一浅坑，内垫以枯草和树叶。每窝产卵 3～5 枚；卵淡绿色或淡赭色，有黑褐色斑。

分布：繁殖于欧亚大陆，越冬于欧洲南部、非洲、中南半岛。迁徙经过我国大部地区，部分在云南、东南沿海越冬。

居留状况：旅鸟。

162

泽鹬 *Tringa stagnatilis*　　　　190～260 mm
Marsh Sandpiper　　　　♂58～102 g
　　　　　　　　　　　　　♀55～120 g

野外识别特征：一种体型高挑、颜色较淡的鹬类。与白腰草鹬比，嘴、脚更细长。与青脚鹬比，体型较小，嘴细而直。飞行时可见从背部延伸到尾部的白色。

形态特征：夏羽头侧淡灰白色具暗色纵纹。上背沙褐色具浓黑色中央纹。下背和腰白色。尾上覆羽白色具黑褐色斑。胸前具暗色纵纹，其余下体白色。

生态特征：栖息于各种水域。常单独或成小群活动。营巢于开阔平原和平原森林地带的湖泊、河流、水塘岸边及其附近沼泽与湿草地上，用地面浅坑为巢，内垫以枯草。每窝产卵3～5枚。卵乳白色或淡黄色和绿色，上有红褐色斑。

分布：繁殖于欧洲东部直至俄罗斯远东，越冬于非洲、地中海、波斯湾、中南半岛、印尼和澳大利亚。在我国北方繁殖，华南越冬。

居留状况：旅鸟。

163

青脚鹬 *Tringa nebularia*   300～350 mm
Common Greenshank   ♂128～350 g
     ♀160～205 g

野外识别特征： 嘴长，较粗并微微向上翘；蓝绿色的脚略长，飞行时突出于尾后。

形态描述： 上体灰褐色，具黑色羽干纹和窄的白色羽缘；下背、腰及尾上覆羽白色；下胸、腹和尾下覆羽白色；眼先、颊、颈侧和上胸白色缀有黑褐色羽干纹。脚淡灰绿色、草绿色或青绿色，有时为黄绿色。

生态特征： 栖息于各类水域，多喜欢在河口沙洲、沿海滩涂活动和觅食。常单独或成小群活动。以虾、蟹、小鱼、螺、水生昆虫为食。营巢于林中或林缘地带的湖泊、溪流岸边和沼泽地，也营巢于平原水域边的开阔草地上。利用地面凹坑为巢，内放苔藓和枯草。每窝产卵 4 枚；卵灰色或皮黄色或赭红色，有黑褐色斑。

分布： 繁殖于欧洲北部至西伯利亚的广大区域，越冬于地中海、波斯湾、非洲、阿拉伯、南亚、澳洲。迁徙经我国大部分地区，在长江流域及以南地区越冬。

居留状况： 旅鸟。

164

小青脚鹬 Ⅱ/EN   *Tringa guttifer*   290～320 mm
Nordmann's Greenshank

野外识别特征：比青脚鹬略小，脚较短，且更显壮实；背部淡灰色羽缘较明显，嘴更粗壮，且基部为黄色而与嘴尖的黑色对比明显。

形态特征：夏羽头顶至后颈灰褐色具黑色纵纹，背、肩和三级飞羽黑褐色具白色羽缘；小覆羽黑褐色，其余覆羽暗褐色，羽缘白色；下背、腰和尾上覆羽白色；尾白色，末端具一对"U"形灰色横斑。脚较青脚鹬短，黄色、绿色或褐色。

生态特征：繁殖期栖息于稀疏的落叶松林中的沼泽、水塘和湿地上；非繁殖期栖息于滩涂、泥地、河口沙洲。以小型水生无脊椎动物和小型鱼类为食。营巢于落叶林中沼泽、水塘或林缘湿地。巢多置于树上，距地面高2～4 m。巢由松树枝、苔藓和地衣构成。

分布：繁殖于俄罗斯萨哈林岛、西伯利亚东北部鄂霍次克海沿岸。越冬于亚洲南部。迁徙经过我国东部沿海。

居留状况：旅鸟。

165

白腰草鹬 *Tringa ochropus* 　　　200～240 mm
　　　　　Green Sandpiper 　　　♂ 60～104 g
　　　　　　　　　　　　　　　♀ 60～107 g

野外识别特征：常见小型鹬类。嘴长而尖。容易与林鹬混淆，区分特征是本种的眉纹不过眼，翼下色深，脚色深绿。

形态特征：上体黑褐色，羽缘具白色斑点；下体、腰及尾白色，尾上具粗的黑色横斑；腋羽和翅下覆羽黑褐色具细窄的白色波状横纹。

生态特征：栖息于各种水域。常单独或成对活动。常上下晃动尾，边走边觅食。一般不筑巢，而是在森林中的河流、湖泊岸边或林间沼泽地带利用鸫、鸠等废弃的巢。每窝产卵 3～4 枚；卵灰白色，上有红褐色斑。

分布：繁殖于欧亚大陆北部，越冬于欧洲南部、地中海、非洲、波斯湾、伊朗和东亚南部。在我国北方繁殖，长江以南越冬。

居留状况：旅鸟，留鸟。

166

林鹬   *Tringa glareola*   190～230 mm
Wood Sandpiper   ♂52～72 g
                                    ♀48～84 g

野外识别特征：以其背部的白色斑点而著称，因此也被叫做鹰斑鹬。与白腰草鹬相比，白色眉纹过眼，体色更深，胸前纵纹较多，脚色偏黄，翅下较多纵纹。

形态特征：夏季头和后颈黑褐色具细的白色纵纹；眉纹白色；背、肩黑褐色，具白色斑点；尾上覆羽白色；前颈和上胸灰白色杂以黑褐色纵纹，其余下体白色。

生态特征：栖息于各种水域。营巢于森林河流两岸、湖泊、沼泽、草地和冻原地带。巢简陋，多为地上的浅坑，或在苔藓地上扒出一个小坑，内垫以苔藓、枯草和树叶。每窝产卵 3～4 枚；卵淡绿色或皮黄色，上有红褐色斑。

分布：繁殖于欧亚大陆，越冬于非洲、地中海、波斯湾、印度、印尼、澳洲。在我国北方繁殖，华南越冬。

居留状况：旅鸟。

167

翘嘴鹬 *Xenus cinereus*   220～250 mm
Terek Sandpiper   ♂63～80 g
                              ♀65～90 g

野外识别特征： 长而上翘的嘴使其外观别具特色，嘴基暗黄色与前端的黑色成为显著对比。脚短，橙黄色。飞行时可见翼上具狭窄的白色外缘。

形态特征： 夏季上体灰褐色具细窄的黑色羽干纹；肩部黑色羽轴纹较宽，在两肩形成黑色斑块；眉纹白色，贯眼纹黑色。冬羽肩部的黑色纵带消失。

生态特征： 多栖息于海岸、岛屿、海滩礁石、河口沙滩、泥地。常单独或小群活动。营巢于森林中的河流两岸、湖泊和水塘岸边以及开阔的湖滨沙滩和小岛上。以地面浅坑为巢，内垫以枯草、松针和树皮。每窝产卵3～5枚；卵灰色或桂黄色，上有黑褐色斑。

分布： 繁殖于欧亚大陆北部，越冬于东非、波斯湾、东南亚、澳洲。迁徙经我国大部，在华南越冬。

居留状况： 旅鸟。

168

矶鹬 *Actitis hypoleucos*　　160～210 mm
Common Sandpiper　　40～60 g

野外识别特征：内陆最常见的鹬类，体色素雅，辨认特征是白色肩羽。飞行时可见白色的翼带，腰无白色，翅下白，以此与白腰草鹬相区别。

形态特征：小型涉禽。嘴、脚均较短。嘴暗褐色；脚淡黄褐色。头、颈、背、翅上覆羽和肩羽橄榄褐色，并具灰色光泽；具白色眉纹和黑色贯眼纹；下体白色；飞翔时可见尾两边的白色横斑和翼上宽阔的白色翼带。

生态特征：栖于针叶、针阔混交、阔叶林带的沼泽湿地及河湖岸边等处。单独或成对活动。常沿水边奔跑觅食，并不断地上下摆动尾部。性胆怯，遇险时蹲伏隐蔽，很少起飞。但飞行轻巧，两翅只见轻微扇动。善于游泳。多筑巢于岸边开阔平坦裸露地面上或草丛、枯枝下；雌雄共建。每窝产卵3～4枚；卵白色缀斑点；雌鸟孵化；20天出雏。

分布：欧亚大陆繁殖，南迁越冬。在我国北部、西北部繁殖，南部越冬。

居留状况：旅鸟(5月上旬～6月；9～10月)。

169

翻石鹬 *Arenaria interpres*　　180～250 mm

Ruddy Turnstone　　♂82～135 g

♀83～110 g

野外识别特征： 短小结实，具有独特羽色，几乎不会被认错的鹬类。

形态特征： 夏季背棕红色具黑、白色斑；头和下体白色；头顶具黑色纵纹；颊和颈侧具黑色花斑；前颈和胸黑色。冬季背呈暗褐色。

生态特征： 栖息于岩石海岸、海滨沙滩、泥地和潮间带。常单独或小群活动。营巢于浅滩或岛屿、沙地及海岸灌丛与岩石下。以地面凹坑为巢，内垫以草茎、草叶和苔藓。每窝产卵3～5枚；卵浅灰色或灰褐色或橄榄绿色，具褐色斑。

分布： 繁殖于北极圈内，在西欧、非洲、南亚、东南亚、澳洲、南美、美国东南部、夏威夷越冬。迁徙经我国东部，在华南越冬。

居留状况： 旅鸟。

170

红腹滨鹬 NT *Calidris canutus* 239~248 mm
　　　　　　　　Red Knot 80~148 g

野外识别特征：中型滨鹬，体型小于大滨鹬，繁殖羽喉部到上腹红色，喙相比大滨鹬短而厚实。

形态特征：小型涉禽。嘴黑色，短且直；脚短，绿色；体形粗胖。夏羽头侧和下体栗红色；上体灰褐色；头顶至后颈具黑色纵纹；背具棕褐色斑和白色羽缘。冬羽上体灰色；头至后颈具黑色细纵纹；下体白色。

生态特征：繁殖期主要栖息于环北极海岸和沿海岛屿及其冻原地带的山地、丘陵和冻原草甸，冬季主要栖息于沿海海岸、河口。性胆小，见人很远即飞。主要以软体动物、甲壳类、昆虫等小型无脊椎动物为食，也吃部分植物嫩芽与种子、果实。繁殖期6~8月，营巢于冻原山地和低山丘陵及其沿海海边，巢为地面浅坑。每窝产卵3~5枚；卵橄榄绿色被有黑褐色斑点。

分布：繁殖于北极和近北极地区，越冬于北海、西非、印度尼西亚、澳大利亚和南美洲。在我国迁徙期多见于东部沿海，部分在广东沿海、海南、福建和台湾地区越冬。

居留状况：旅鸟(4~5月；9~10月)。

171

红颈滨鹬 NT *Calidris ruficollis* 130～170 mm
Red-necked Stint ♂ 20～41 g
♀ 24～35 g

野外识别特征：繁殖羽色彩鲜艳，脸部、颈部及上胸部橙红色。冬羽与体型相近的青脚滨鹬和长趾滨鹬的区别在脚为黑色。长趾滨鹬嘴与脚亦更长。

形态特征：夏季头、颈、背、肩红褐色，头顶和后颈具黑褐色纵纹，眉纹、脸、颈和上胸红褐色，颏白色；背和肩具黑褐色中央斑和灰白色羽缘；翼上覆羽黑褐色具红褐色羽缘和白色端斑；下胸至尾下覆羽白色。

生态特征：多在沿海滩涂成群活动，也至内陆湖泊与河流。营巢于苔原草本植物丛中。每窝产卵 3～4 枚；卵赭色或黄色，上有小的红色斑点。

分布：繁殖于西伯利亚北部冻原地带，越冬于菲律宾、澳洲。迁徙经我国大部，在华南越冬。

居留状况：旅鸟。

172

小滨鹬 *Calidris minuta* 120～160 mm
Little Stint 21～27 g

野外识别特征：嘴细小而尖，两翼和背部栗红色较浓，胸部具红褐色条纹。脚色深。

形态特征：夏羽头顶淡栗色，具黑褐色纵纹；眼先暗色，眉纹白色，耳羽缀淡栗色，头侧、后颈淡栗色具褐色纵纹；翕部黑色，羽缘栗色，两侧有一皮白色纵线；肩部黑色。腰、尾上黑褐色，腰两侧白色；翅上浅褐色，尖端白色，次级飞羽内侧褐色，羽缘淡栗色，内侧初级飞羽白色，形成白斑；颏喉部几为白色；上胸及颈侧具深褐色条纹，其余下体白色。冬羽上体和胸褐灰色，其余下体白色。

生态特征：栖息于开阔平原地带的各种湿地环境，也出现在稻田、海滨、鱼塘等处。繁殖于北极冻原的湿地环境，成群活动，迁徙结成大群。以小型水生动物为食，常涉水啄食。6 月进入繁殖期，巢简陋，为一浅坑，巢材由枯草叶茎等构成，每窝产卵 3～4 枚。

分布：欧亚大陆、非洲、东南亚、东亚、澳洲、北美等地区。国内分布记录不全，为不常见游荡鸟。

居留状况：偶见旅鸟。

173

青脚滨鹬 *Calidris temminckii* 120～170 mm

Temminck's Stint ♂16～29 g

♀20～32 g

野外识别特征：非繁殖羽似小型的矶鹬，以浅色的脚区别于红颈滨鹬。

形态特征：冬羽上体灰褐色具窄的灰色羽缘和黑色羽轴纹；眼先和颊灰白色具窄的褐色纵纹；颈侧灰褐色；下体白色，前颈和上胸灰褐色。

生态特征：栖息于沿海和内陆的湖泊、河流、水塘、沼泽湿地和农田。喜有隐蔽物的水域，单独或成小群活动。营巢于草丛中或灌木下，或林缘沼泽和湿草地上。以地面凹坑为巢，内放有枯草和树叶。每窝产卵3～4枚；卵绿灰色或黄褐色，上有暗褐色斑。

分布：繁殖于欧亚大陆北部，越冬于地中海、东非、印度、印度尼西亚、菲律宾。迁徙经我国大部，在我国南部越冬。

居留状况：旅鸟。

174

长趾滨鹬 *Calidris subminuta*　　130～150 mm
　　　　　　Long-toed Stint　　　　　♂24～33 g
　　　　　　　　　　　　　　　　　♀28～37 g

野外识别特征：似小型的尖尾滨鹬，胁部纵纹较少，趾长。

形态特征：夏羽头顶棕色具黑褐色纵纹，具清晰的白眉纹；背、肩羽中央黑色具宽的栗棕色和白色羽缘；背上有"V"形斑；下体白色，胸皮黄色具黑褐色纵纹，两侧尤为明显。

生态特征：栖息于各种水域，尤喜有草本植被的沼泽。营巢于水域附近植物丛中、沼泽地中的土丘上和地势较高的干燥地上。以有植被遮蔽的地面凹坑为巢。每窝产卵 4 枚；卵灰绿色，上有淡褐色斑点。

分布：繁殖于西伯利亚东部，越冬于印度、东南亚、澳洲。迁徙经我国大部，在长江以南越冬。

居留状况：旅鸟。

175

尖尾滨鹬 *Calidris acuminata* 160～230 mm
　　　Sharp-tailed Sandpiper ♂63～114 g
　　　　　　　　　　　　　　　♀48～93 g

野外识别特征：嘴微下弯。头顶棕红色，密布纵纹，眉纹浅黄色，胸至两胁都有纵纹。

形态特征：夏羽头顶栗红色具黑色纵纹；上背、肩和三级飞羽黑褐色具宽的皮黄褐色和棕色羽缘；下背、腰和中央尾上覆羽黑褐色，两侧尾上覆羽白色具黑褐色横斑；尾褐色；上胸白色缀有皮黄色具密的黑褐色纵纹；下胸和两胁白色，具显著的黑色"V"形斑。

生态特征：栖息于各种水域，常单独或成小群活动。营巢于富有苔藓和草本植物的湿地和生长有小柳树的灌丛地区。以草丛下的地面凹坑为巢，内垫树叶。每窝产卵 4 枚；卵为橄榄绿或绿色，上有黑褐色斑点。

分布：繁殖于西伯利亚东北部，越冬于马来半岛、印度尼西亚、澳洲。迁徙经我国东部，在华南越冬。

居留状况：旅鸟。

●○○○

◑

≈

176

弯嘴滨鹬 NT *Calidris ferruginea*   190～230 mm
            Curlew Sandpiper   ♂44～102 g
                            ♀44～87 g

野外识别特征： 黑色的嘴长而下弯，繁殖羽从脸部一直到腹部为红棕色。非繁殖羽上体以灰色为主，颈侧部有较少的纵纹，飞行时可见白色腰部及翼上白色细横带。

形态特征： 夏羽头顶、翕黑褐色，羽缘暗栗色；眉纹、头侧、颈和整个下体暗栗红色，羽尖白色；背和上腰黑褐色，下腰和尾上覆羽白色；尾下覆羽白色。冬羽头顶和上体灰褐色具黑色羽轴纹；翅覆羽灰色，羽缘白色；长眉纹白色；下体白色。

生态特征： 栖息于各种水域，常成群在滩涂活动。营巢于苔藓冻原和冻原沼泽地带，在地面挖掘一小坑为巢，内垫以干草、苔藓、地衣和柳叶。每窝产卵 3～4 枚；卵为卵圆形或梨形，橄榄绿色，上有褐色斑点。

分布： 繁殖于西伯利亚北部，越冬于非洲、南亚和澳大利亚。迁徙经我国大部，在华南越冬。

居留状况： 旅鸟。

177

黑腹滨鹬 *Calidris alpina*   170～220 mm
Dunlin   ♂45～73 g
♀40～83 g

野外识别特征：黑色的嘴前端下弯，体型较弯嘴滨鹬小。

形态特征：夏羽头顶棕色具黑褐色纵纹，眉纹白色；背、肩黑色具宽的栗色羽缘；腰和尾上覆羽中间黑褐色，两边白色；中央尾羽黑褐色，两侧尾羽灰色；胸、腹白色，腹中央有一大的黑色斑。

生态特征：常成群活动于滩涂、湖泊岸边。营巢于苔原沼泽和湖泊岸边苔藓地上和草丛中，以地上浅坑为巢，内垫柳树叶。每窝产卵 4～6 枚；卵绿色或橄榄色，上有红褐色斑点。

分布：繁殖于欧亚大陆北部，东到阿拉斯加，越冬于欧洲西部海岸、北非、东非、亚种南部、墨西哥湾。迁徙经我国大部，在长江中下游越冬。

居留状况：旅鸟。

178

勺嘴鹬 CR *Eurynorhynchus pygmeus*   140~160 mm
Spoon-billed Sandpiper   ♂72 g
♀30 g

野外识别特征：似红颈滨鹬，但匙状嘴特征明显。

形态特征：前额、头顶、后颈栗红色，具黑褐色纵纹；翕、肩和三级飞羽羽毛中部黑色，羽缘栗色；翕部羽缘白色，在背部形成"V"字形白色线；腰和尾上覆羽中间黑色，两边白色；中央尾羽黑色，两侧尾羽灰色；头侧、前颈和上胸栗红色，下胸淡栗色；其余下体白色。

生态特征：单独活动于海岸与河口地区的浅滩与泥地上。行走时不断将嘴伸入水中或泥中，左右来回扫动。营巢于冻原沼泽，在苔原地上挖一圆形坑为巢，内垫有苔藓、枯草和柳叶。每窝产卵 3~4 枚；卵淡褐色，上有褐色小斑点。

分布：繁殖于西伯利亚东北部楚科奇半岛，越冬于东南亚。迁徙经我国东部沿海，少量在华南越冬。全球种群数量已十分稀少，被列为极危物种。

居留状况：罕见旅鸟。

179

阔嘴鹬 *Limicola falcinellus*　　160～180 mm
Broad-billed Sandpiper　　38～50 g

野外识别特征：小型滨鹬，整个体型轮廓似长趾滨鹬，但是具有醒目的白色眉纹和侧冠纹。喙长而略微下弯，近尖端的弧度有一突兀的下弯，以区别于其他滨鹬。

形态特征：小型涉禽。嘴黑色，基部扁宽，极端下弯；脚短，黑色。白色眉纹在眼先分列为两道。夏羽头顶黑褐色；背红褐色，具黑色斑和白色羽缘，背中心有一"V"形白斑；下体白色，颊至胸具褐色斑点。冬羽上体灰褐色，羽缘白色，翼角黑色较重；下体白色，颊至胸杂以灰褐色纵纹。

生态特征：繁殖期主要栖息于冻原和冻原森林地带中的湖泊、河流、水塘和芦苇沼泽岸边与草地上，冬季主要栖息于海岸、河口以及附近的沼泽和湿地。主要以甲壳类、环节动物等小型无脊椎动物为食。繁殖期6～7月。雄鸟在繁殖期间常做出求偶飞行行为，忽快忽慢、忽上忽下，边飞边鸣唱。营巢于离水域不远的苔原草地上或沼泽草地中的土丘上，多为在矮草丛或芦苇丛中的地上凹坑。每窝产卵4枚；卵淡褐色或黄灰色，密被淡红褐色的小斑点。

分布：繁殖于欧亚大陆北部，越冬于地中海、红海、印度、中南半岛和澳大利亚。在我国迁徙期见于新疆西部、黑龙江及东部沿海，部分在台湾和海南越冬。

居留状况：旅鸟（4～5月；9～10月）。

180

流苏鹬 *Philomachus pugnax*　　260～320 mm
　　　　Ruff　　　　　　　　95～232 g

野外识别特征：体型高挑，嘴短，繁殖羽具有流苏羽饰，不会认错。

形态特征：小型涉禽。雄鸟比雌鸟大。雄鸟体大而肥，腹较大；背驼；颈较长，头显得较小；脚长；嘴短而下弯；颊黑褐、橙色或黄色；夏季头部有可以竖直起来的耳状簇羽；在前颈和胸部有流苏状饰羽，颜色为白、黑、棕色变化不一；下体白色。雌鸟上体通常黑色，具淡色羽缘；胸和两胁具显著黑色斑点。冬羽雌雄相似，无饰羽。

生态特征：栖于沼泽、苔原。常边走边啄食，也可将头浸入水中觅食。食物为昆虫、水生无脊椎动物、杂草种子等。营巢于沼泽湿地和水域岸边。有复杂的求偶表演过程。雌鸟营巢于草丛地面上，内垫草叶、树叶。每窝产卵 3～4 枚；雌鸟孵化；20～21 天出雏。

分布：欧亚大陆北部繁殖，南迁越冬。迁徙时偶见于我国各地。

居留状况：偶见旅鸟。

●○○○○

181

红颈瓣蹼鹬 *Phalaropus lobatus* 180～210 mm
Red-necked Phalarope ♂ 25～46 g
♀ 28～42 g

野外识别特征：体小，嘴细长，雌性繁殖羽比雄性更艳丽。常在水中游泳。

形态特征：雄鸟夏季头、胸暗灰褐色；眼上白斑较雌鸟大；上体褐色较浅并具更多的皮黄色羽缘；前颈带斑呈锈褐色或棕红色。雌鸟夏季头颈暗灰色，颏、喉白色，前颈栗红色，并向两侧延伸，然后沿颈侧向上直到眼后，形成一栗红色环带；胸和两胁灰色，胸以下腹部和尾下覆羽白色。

生态特征：海洋性鹬类。非繁殖期多集群在近海的浅水处栖息和活动，也出现在大的湖泊、水库、池塘及河口地带。善游泳。营巢于北极苔原和森林苔原地带的淡水湖泊、水塘岸边以及沼泽地。亲鸟在地上踩踏一深窝，内垫干草和柳树叶。每窝产卵 3～4 枚；卵为淡黄褐色，上有黑褐色斑点。

分布：繁殖于北极地区，越冬于非洲、南亚、东南亚、澳洲、南美。迁徙经我国大部，部分在华南越冬。

居留状况：旅鸟。

182

灰瓣蹼鹬 *Phalaropus fulicarius*　　200～244 mm
　　　　　　Red Phalarope　　　　　33～59 g

野外识别特征：雌鸟繁殖羽几为棕红色，非常鲜艳。雄鸟灰白色，与红颈瓣蹼鹬的区别在于额部白色部分较大。嘴细长，但较红颈瓣蹼鹬为短。

形态特征：夏羽额、头顶和后颈至肩黑褐色，眼周和眼后有一卵圆形白斑；翕部、肩具皮黄色羽缘，腰灰色，两侧缀棕色；尾灰色，中央一对尾羽黑色；翅上灰色，具白色带斑，飞羽石板灰色；颏、头侧至整个下体几为栗红色，两胁和腹部微缀白色。冬羽头部白色，头顶至后枕具灰黑色斑，贯眼纹显著黑色；上体大部浅灰色，尾灰色；下体几为白色，两胁灰色较暗。嘴较粗短，繁殖期基部黄色，尖端黑色，非繁殖期黑色。

生态特征：栖息于靠近北冰洋的苔原沼泽地带，秋冬季栖息于富含浮游生物的海洋上，也出现在内陆大型湖泊。善游泳，下体羽毛气密性好，使得身体露出水面很高，并不断点头，也可快速转圈。单独或小群活动，偶结大群。主要以水生昆虫、软体动物和浮游生物为食，既在水面啄食或快速转圈取食，也在水边啄食。6 月进入繁殖期，营巢于北极苔原沼泽上。一雌多雄制，雄鸟孵化。巢非常隐蔽，由枯草、苔藓等构成。一般每窝产卵 4 枚左右；孵化期 15 天左右。

分布：国外分布于北极、太平洋、大西洋、西非、智利、欧洲海岸地区。国内见于新疆、黑龙江、河北、上海、台湾等。

居留状况：少见迷鸟。

●○○○

26. 鸥科　Laridae

中型游禽。有些体型较大、笨重。嘴粗大而直，嘴端微向下曲或端尖；鼻孔裸出，椭圆形或缝隙状；翅长尖，一般翅折合时，翅尖端超出尾尖端；尾形长，呈圆形或尖叉状；跗蹠较粗壮，前趾间具蹼膜，后趾小，位置稍高。雌雄鸟相似，羽色多为银灰色；幼鸟羽色较暗。本科多数属海洋性游禽，少数栖息淡水水域。繁殖期间结群营巢。营巢于荒岛沙土滩、岩砾石地；少数营巢于树上。巢简陋。雏鸟形态上为早成鸟；习性上为晚成鸟。杂食，也吃漂浮的尸体秽物。对清洁水面有积极作用。本科鸟类全世界计有 8 属，53 种，遍及全球水域附近。我国境内已知有 4 属，20 种。北京地区计有 2 属，11 种。

183

黑尾鸥　*Larus crassirostris*　　430～510 mm
　　　　　Black-tailed Gull　　♂425～675 g
　　　　　　　　　　　　　　♀400～633 g

野外识别特征：体型介于红嘴鸥与银鸥之间。背的颜色深灰色，腰白色，与尾羽次端的黑色区域形成鲜明的对比。嘴黄色，尖端具红、黑两色，脚亦黄色。

形态特征：头、颈、腰和尾上覆羽及整个下体为白色；背和两翅深灰色；外侧初级飞羽黑色，从第三枚起具白色先端，内侧初级飞羽灰黑色，先端白色；次级飞羽暗灰色，尖端白色，形成翅上白色后缘；尾基部白色，端部黑色，并具白色端缘。

生态特征：成群栖息于沿海滩涂及邻近的湖泊、河流和沼泽地带。常营巢于海岸悬崖峭壁岩石平台上。巢呈浅碟状，由枯草构成。每窝产卵2～3枚；卵为卵圆形或梨形，蓝灰色、灰褐色或赭绿色，密被大小不一的黑褐色斑点。

分布：繁殖于萨哈林岛、俄罗斯远东海岸、日本和朝鲜。在我国辽宁至福建沿海繁殖。

居留状况：旅鸟。

184

普通海鸥 *Larus canus*　　　　450～510 mm
　　　　　　　Mew Gull　　　　　394～586 g

野外识别特征：成鸟繁殖期头部无黑色头罩，喙黄色，脚黄绿色。亚成鸟相比其他中型鸥类头形较圆。

形态特征：夏羽头、颈和整个下体白色；背、肩和内侧翅上覆羽灰色；外侧两枚初级飞羽黑色，具有大的白色亚端斑，其余初级飞羽灰色，具宽的黑色末端和部分白色尖端；次级飞羽和三级飞羽灰色，具宽的白色尖端；腰、尾上覆羽和尾为白色。

生态特征：栖息于海岸、河口和港湾，也见于大的湖泊、水库。成小群活动。营巢于内陆淡水或咸水湖泊、沼泽和河岸边上。巢主要由枯草构成。每窝产卵2～3 枚；绿色或橄榄褐色。

分布：繁殖于欧亚大陆北部和北美西北部，越冬于地中海、北非、黑海、里海、波斯湾、东亚、美国。

居留状况：旅鸟。

185

北极鸥 *Larus hyperboreus*
Glaucous Gull

640～800 mm
1 230～2 600 g

野外识别特征：体大而形态凶猛的鸥。不同年龄和季节的羽色都明显浅于国内其他鸥类。成鸟的飞羽全部为灰白色，是区别于其他大型鸥类的主要特征。亚成体几乎为浅咖啡色，背部缀以深色斑纹，翼尖和尾端颜色浅，与银鸥类的亚成体不同。

形态特征：繁殖羽头部和颈部均为白色；体羽淡灰色；尾上覆羽和尾羽白色；初级飞羽呈淡灰色而端部白色，最外侧飞羽的外翈白色；下体白色。冬羽与繁殖羽相似，但头顶、颈后和颈侧具褐色纵纹。腿粉红色；嘴黄色而端部具红点。四年始为成鸟。第一年的亚成体呈浅咖啡色，缀以深色纵纹；随后羽色逐年变淡。

生态特征：常成对或结小群活动，善长距离飞行，在地上行走快速。鸣叫声单调，似银鸥。主要活动于海面和海岸，食物以动物腐肉、甲壳类、软体动物和鱼类为主，也取食雏鸟和鸟卵，繁殖期偶在苔原上捕食鼠类。繁殖于北极苔原、海岸和岛屿，迁徙期偶尔进入内陆河流。每窝产卵 2～3 枚；卵橄榄褐色至浅绿色，具不规则的斑点。

分布：主要繁殖于北极圈内的欧亚大陆和北美，越冬于繁殖区以南区域，迁徙时见于我国的东北、河北、山东、江苏、广东和台湾沿海。

居留状况：偶见旅鸟(2011 年)。

186

西伯利亚银鸥 *Larus vegae*   554～667 mm
Siberian Gull   ♂ 987～1 775 g
♀ 688～1 250 g

野外识别特征：在野外不易与黄腿银鸥区分，成鸟冬羽头部到颈侧均有纵纹。嘴比黄脚银鸥更加厚重，脚色粉色。背部和翅上覆羽的灰色比黄腿银鸥略浅。

形态特征：成鸟夏羽头部至后颈纯白色；背深灰色，腰、尾上覆羽和尾羽白色；肩、翼上覆羽和内侧飞羽深灰色，肩羽具宽阔的白色羽端；下体白色。冬羽头及颈部具较多的灰褐色纵纹。

生态特征：成群活动于海岸或河口地区，亦见于大型湖泊、水库。营巢于海岸及海岛陡峭悬崖岩壁上，也在湖边沙滩、小岛及苔原草地上营巢。巢由芦苇、枯草构成，内垫苇叶、细草。每窝产卵2～3枚；卵为浅绿至浅绿褐色、橄榄褐色或蓝色，具黑色斑点。

分布：繁殖于西伯利亚东部，越冬于日本和中国。迁徙经我国中东部，在南部越冬。

居留状况：旅鸟。

187

黄腿银鸥 *Larus cachinnans* 550~670 mm
Yellow-legged Gull 775~1 775 g

野外识别特征：北京最常见的大型银鸥，绝大多数银鸥都是该种。成鸟冬羽头白，仅在颈侧有黑色条纹。脚浅粉色。与西伯利亚银鸥的区别见该种描述。

形态特征：大型游禽。嘴黄色，下嘴先端具红斑；脚粉红色或淡红色。夏羽头、颈白色；背、肩、翅上覆羽和内侧飞羽灰色；肩羽具宽阔的白色斑；腰、尾上覆羽和尾羽白色；翅尖长，飞羽黑褐色。冬羽与夏羽相似，但头和颈具褐色纵纹。

生态特征：鸣声为"枯—咿，枯—咿"。生活于海岸、港湾、河口、岛屿、湖泊等处。喜结群。不断在水面上空飞翔，飞行快速敏捷。常轻轻扇翅，左顾右盼，俯视水面，发现食物时，有一鸟落下，群鸟蜂拥而至。游泳能力较强；可在地面行走。休息时多栖于悬崖或地上。巢由枯草构成。每窝产卵2~3枚；双亲轮流孵卵；25~27天出雏。

分布：欧洲、亚洲、非洲北部沿海、北美洲。我国全境分布。

居留状况：旅鸟。

188

渔鸥 *Larus ichthyaetus*　　　　630～715 mm
Great Black-headed Gull　　　1 900～2 000 g

野外识别特征：是"黑头罩"鸥里体型最大的一种。成鸟黄嘴，次端部具有红色和深色的条带。非繁殖羽或者亚成鸟可能会与银鸥混淆，但是可以通过硕大的喙。略微扁平的前额来区分。

形态特征：夏羽头部黑色，眼部上下具白色斑；后颈至尾白色，翕部羽毛灰色；初级飞羽白色，具黑色次端斑；内侧 3 枚初级飞羽灰色，第一和第二枚初级飞羽外䎃黑色；次级飞羽灰色，具白色端斑。下体白色。冬羽头部白色，具暗色纵纹，眼部有星月形暗斑。嘴粗壮，黄色，具黑色次端斑和红色尖端。

生态特征：栖息于海岸、海岛、内陆大型湖泊等，单独或小群活动，主要以鱼类为食，也吃鸟卵、雏鸟、昆虫、内脏废弃物等各类食物。4 月进入繁殖期，营巢于海岸、湖边、岛屿的悬崖或沙地上，群巢，最短距离 20 cm，也可与其他水鸟混群。巢由水草等构成，内垫羽毛等。一般每窝产卵 3 枚左右。

分布：国外分布于中亚、西伯利亚南部、地中海至波斯湾、印度等地区，国内见于青海湖和扎陵湖、内蒙古乌梁素海、四川、新疆、香港等。

居留状况：少见旅鸟。

189

棕头鸥 *Larus brunnicephalus*   410～460 mm
              Brown-headed Gull   450～714 g

野外识别特征：形态与红嘴鸥十分近似，但是成鸟头罩咖啡色，尤其在脸部颜色较浅；初级飞羽黑色，飞行时可见其上的浅色羽区。亚成鸟相比红嘴鸥翅膀较圆，初级飞羽前端深色区域较大。

形态特征：中型游禽。嘴、脚深红色。夏羽头淡褐色与白色颈结合处颜色较深，具黑色羽尖，形成黑领圈；眼后缘具窄的白边；腰、尾和下体白色；外侧两枚飞羽黑色，末端具显著的白色翼镜斑；其余初级飞羽基部白色，具黑色端斑，飞翔时显著。冬羽头白色，头顶缀淡灰色；耳羽具暗灰色斑点。

生态特征：鸣声为粗涩的"嘎—嘎"声。栖于高原湖泊水域，群居性。繁殖季节更结成大群，浮于水面或停歇于河岸上。平时在水域上空飞翔。食物为鱼、虾、软体动物、水生昆虫等。营巢于岸边地面凹处，内垫少许枯草。营群巢。每窝产卵 3～6 枚；绿白色具斑点；25～26 天出雏。

分布：繁殖于中亚高原地区，冬季南迁到亚洲南部、东南亚越冬。在我国青海高原繁殖，云南越冬，迁徙时偶见于华北地区。

居留状况：偶见旅鸟(1964 年 4 月 12 日)。

190

红嘴鸥 *Larus ridibundus* 350~430 mm
Black-headed Gull 205~374 g

野外识别特征：我国内陆及沿海最常见的一种鸥类。繁殖羽具有深棕色的头罩；冬羽头白色，眼后有黑色斑点，但比其他具深色头罩的鸥小。前几枚飞羽白色明显，翅外缘黑色。

形态特征：中型游禽。夏羽头和颈上部咖啡褐色；眼后缘有细的白色眼圈；额中央白色；颈下部、上背、肩、尾上覆羽和尾羽白色；下背、腰及翅上覆羽淡灰色；嘴暗红色，先端黑色。冬羽与夏羽相似，头部转为白色；眼前缘及耳区具灰黑色斑；嘴和脚鲜红色，嘴端部稍暗。

生态特征：栖息于植物丛生的湖泊、河流、水库等水域。常成小群活动，冬季集大群。低空盘旋，或在水面停息游弋。主要以小鱼、虾、水生昆虫、软体动物为食。营巢于湖泊、水塘、河流的岸边或水中小岛上。在草丛、土丘和沙石上筑浅浅碗状巢。巢材主要由枯草构成。每窝产卵为2~4枚；雌雄轮流孵卵；20~26天出雏。

分布：在欧亚大陆的温带地区繁殖，向南可迁至非洲北部、东南亚等地越冬。我国各地皆有分布，近年来集大群在昆明越冬。

居留状况：旅鸟(3月上旬~5月；9月下旬~11月)。

191

遗鸥 Ⅰ/VU *Larus relictus* 390～460 mm
              Relict Gull   ♂512～560 g
                             ♀504～572 g

野外识别特征：体型大于红嘴鸥但小于银鸥类。嘴型粗壮；繁殖羽头罩甚是浓黑，眼圈白而宽。飞羽折合在尾上的部分，白色羽区要多于黑色。

形态特征：成鸟夏羽头部深棕褐色至黑色；背淡灰色，腰、尾上覆羽和尾羽纯白色；肩、翼上覆羽淡灰色；外侧初级飞羽白色，具黑色次端斑，第1、2枚初级飞羽黑色次端斑后方各具一大块白斑；内侧初级飞羽和次级飞羽淡灰色；下体白色。

生态特征：繁殖于内陆沙漠湖泊中，迁徙于大型湖泊、水库、海岸，集大群越冬于海岸线。营巢于荒漠和半荒漠湖中小岛上。巢由枯草构成，内垫以羽毛。每窝产卵多为2～3枚；卵白色，被有褐色或黑色斑点。

分布：繁殖于中亚哈萨克斯坦、外贝加尔湖、蒙古，越冬可至韩国和越南。在我国鄂尔多斯高原及周边地区繁殖，迁徙经东部沿海，在天津至山东的海岸线越冬；偶尔至内陆大型湖泊。

居留状况：偶见旅鸟。

192

小鸥 Ⅱ *Larus minutus* 240～282 mm
Little Gull ♂ 108～150 g

野外识别特征：体型最小的鸥类，体长仅为红嘴鸥的2/3。繁殖羽黑色头罩后延，长于红嘴鸥。飞行时翼下深色并具狭窄的白色后缘。冬羽期头顶、耳后和枕部均为黑灰色，翅尖显钝圆。振翅频率较快，飞行路线多变，与燕鸥类相似。

形态特征：鸥属（*Larus*）的最小型种类。成鸟夏羽具黑色的头部，后延至喉部；背部、肩部和翅上覆羽淡灰色，尾上覆羽和尾羽均为白色；飞羽大部分为淡灰色，但端部白色，腹面黑褐色；下体白色而微缀玫瑰色。成鸟冬羽头部白色，头顶、耳后与枕部黑灰色。嘴暗红色，看上去近似黑色。脚红色，冬季颜色较浅。

生态特征：繁殖期主要在内陆，栖息于近北极至温带的森林中的河流，及开阔平原的淡水河流与湖泊等湿地生境。迁徙期主要栖息于海岸、河口和沿海地区的咸水湖及沼泽等地带。食物以昆虫、软体动物和甲壳类等无脊椎动物为主，多在水面捕捉食物，偶见在陆地上觅食。飞行行为与燕鸥类相似，飞行路线多变，且在逆风飞翔中不断垂直升降。常成群繁殖，有时与其他鸥类混群繁殖。营巢于沙质堤岸、有挺水植物的湖边或沼泽植物中。巢主要由枯草、芦苇茎叶等筑成。每窝产卵 2～3 枚，多可达 5 枚；卵褐色或橄榄绿色，被有深褐色斑点；雌雄鸟轮流孵卵。

分布：繁殖于西伯利亚、波罗的海、东欧及北美洲。越冬在环地中海地区至中东、日本和美国东部。在我国内蒙古东北部额尔根河流域繁殖，迁徙时罕见于新疆、河北、江苏和香港。

居留状况：偶见旅鸟（2011 年）。

193

三趾鸥　*Rissa tridactyla*　　　　414～468 mm
　　　　Black-legged Kittiwake　　♂485～500 g
　　　　　　　　　　　　　　　　♀310～495 g

野外识别特征：成鸟好似小型的海鸥，但是脚短，色深。飞行时可见翅尖纯黑。亚成鸟外侧几枚初级飞羽、次级飞羽前端和颈侧黑色，几乎不会被错认。

形态特征：夏羽头、颈和上背纯白色；下背、腰银灰色；尾上覆羽基部灰色，端部白色；尾羽白色。成鸟冬羽头顶后部和枕淡灰黑色，头顶有淡灰色纵纹；后颈和翕羽前部灰白色，带有暗色羽尖。幼鸟后颈有新月形灰黑色横带；尾羽具黑色端部横斑。翅上覆羽有黑色斜行带斑。后趾退化或缺如，仅具向前的三趾。

生态特征：主要栖息于海洋上。常成群在海面上空飞翔。偶尔至内陆湖泊、水库。营巢于海岸和海岛的悬岩上。巢主要由枯草、枯枝构成，内垫羽毛。卵为赭色，被有暗色斑点。

分布：繁殖于欧洲西北部、楚科奇半岛、堪察加半岛、白令海、加拿大东北部。越冬于西欧、中欧、东亚、美国。迁徙经我国沿海。

居留状况：偶见旅鸟。

27. 燕鸥科 Sternidae

中小体型的水鸟，多在沿海及内陆湖泊活动。原为鸥科的一个亚科，因嘴型尖细，翅尖狭长，尾细长呈叉形，超过翅长的 1/2，结合分子系统发育研究，将此类群独立为一个科。飞行时嘴端向下，脚短而细弱，趾间具蹼但不呈深凹状。主要以鱼类为食，迁徙季节也会捕捉昆虫，多具有长距离迁徙的习性。繁殖期为 4～7 月，巢置于沼泽地的沙土上。窝卵数多为 2～3 枚。本科鸟类全世界计有 10 属，44 种，为全球性分布。我国境内已知有 7 属，20 种，为广布种。北京地区计有 4 属，7 种。

194

鸥嘴噪鸥 *Gelochelidon nilotica*　　312～387 mm
　　　　　　Gull-billed Tern　　　　178～320 g

野外识别特征：中等体型的燕鸥。黑色的头罩和浅色体色对比强烈，尾叉很浅，喙黑色且厚重，较易与其他燕鸥区分。

形态特征：中型游禽。嘴粗，黑色；脚黑色；尾白色呈浅叉状。夏羽由嘴基经眼至后枕的头顶黑色，肩和背灰色；中央尾羽淡灰色，两侧尾羽白色；头侧及下体白色。冬羽头、颈白色，耳区有一显著的黑色斑；背部浅灰色；下体白色。

生态特征：繁殖期主要栖息于内陆淡水或咸水湖泊、河流和沼泽地带，非繁殖期主要栖息于海岸及河口地区。主要以昆虫、蜥蜴和小鱼为食。繁殖期 5～7 月，通常营巢于大的湖泊与河流岸边沙地或泥地上。巢简陋，主要是在沙地或泥地上的浅坑。每窝产卵 3 枚；卵沙黄色被褐色斑点。

分布：繁殖于美洲、欧洲、非洲、亚洲及澳大利亚，越冬于南非、波斯湾、印度、印度尼西亚和南美洲。在我国分布于新疆、内蒙古东北部、东部沿海，部分在东南沿海和台湾终年留居。

居留状况：旅鸟（4～5 月；9～10 月）。

195

红嘴巨燕鸥 *Hydroprogne caspia* 502～545 mm
Caspian Tern ♂560～656 g
♀520～640 g

野外识别特征：体型几乎相似于红嘴鸥。硕大的红色嘴次端具黑色，不会被错认的燕鸥类。

形态特征：夏羽前额、头顶、枕和冠羽黑色，后颈白色；背、腰、尾上覆羽银灰色；尾白色；肩和翅上覆羽银灰色；颈侧、颊、喉和整个下体白色。

生态特征：栖息于海岸沙滩、泥涂、沿海沼泽、港湾，也见于内陆湖泊、大型水库。常单独活动，或集小群。营巢于海岛、湖泊、河流岸边有稀疏植物的盐碱地上。在地面扒一坑为巢，内无衬填。每窝产卵2～3枚；卵赭色、绿白色或淡褐色，被有淡褐色或黑色斑点。

分布：分布于除南美洲和南极洲以及非洲内陆以外的世界各大洲热带和温带地区。迁徙经我国大部，在华南越冬。

居留状况：偶见旅鸟。

196

普通燕鸥 *Sterna hirundo*   310～370 mm
         Common Tern   92～122 g

野外识别特征：头罩黑色，嘴红色，前端具黑，飞羽很长，折拢时超过尾羽。在北京可能与须浮鸥近似，区别见后者描述。

形态特征：中型游禽。翅较长，窄而尖；外侧尾羽极度延长，尾呈深叉状。嘴、脚黑色或红色。夏羽额、头顶和枕黑色；背蓝灰色；下体白色；胸以下灰色；颊部、嘴基、颈侧、颏、喉白色。冬羽与夏羽相似，只前额为白色；头顶白而具黑纵纹。

生态特征：鸣声为"可呀，给哩，给哩"。栖息于平原、草地中的湖泊、水塘和沼泽地带。小群活动。飞行快而敏捷，定点振翅。有时用嘴点水，有时俯冲而下，有时头部冲入水中捕食，继而吞食。以小鱼、虾、甲壳类、昆虫为食。营巢于各种水域的沙地或沙石地上。巢简陋，仅在地上的浅坑内垫少许枯草和羽毛。每窝产卵 2～5 枚；双亲轮流孵化；20～24 天出雏。

分布：除极地外的全球水域广布。在我国北部和西部繁殖，南部越冬。

居留状况：旅鸟，夏候鸟(4～10 月)。

197

白额燕鸥 *Sterna albifrons*   230～280 mm
         Little Tern   40～108 g

野外识别特征：体型甚小的燕鸥，只有普通燕鸥一半大。嘴黄色，前端黑色。繁殖羽头顶黑色并延伸到颈部，眉纹黑色，前额白色。非繁殖期嘴黑色，额部的白色区域更多。

形态特征：小型游禽。体型较小。夏羽额白色，从嘴基沿眼先直达眼后和头顶前部；嘴黄色，尖端黑色；头顶至枕黑色；贯眼纹黑色与枕部相连；上体淡灰色，外侧初级飞羽主要为黑色，具白色羽轴；尾上覆羽和尾羽白色，尾呈深叉状；下体白色；脚橙黄色。冬羽与夏羽相似，但嘴黑；脚为暗红色；头顶前部白色杂有黑色，仅后颈与枕全黑。

生态特征：生活于内陆湖泊、河流、水库、沼泽及沿海水域。成群活动，在水面低空飞行。嘴垂直朝下，头不断左右摆动。发现食物后，垂直下降到水面捕捉，或潜水追捕，然后从水中垂直上升到空中。以小鱼、昆虫、软体动物为食。营巢于河流、海岸岸边的沙石地上。扒窝为巢。每窝产卵 2～3 枚；双亲轮流孵卵；20～22 天出雏。

分布：东半球温带及热带水域。在我国东部及新疆西部繁殖。

居留状况：旅鸟（5～6 月；9～11 月）。

198

灰翅浮鸥 *Chlidonias hybrida* 230～276 mm
Whiskered Tern ♂82～98 g
♀79～92 g

野外识别特征：相比于燕鸥类，尾部开叉较浅。脚和嘴红色。繁殖期时胸腹部深灰，额及头顶黑色。非繁殖期额部白色，头顶后及颈后黑色，下体白色。翼、颈背、背及尾上覆羽灰色。

形态特征：夏羽前额、头顶至枕及后颈黑色，肩灰黑色，背、腰、尾上覆羽和尾灰色；翅上覆羽淡灰色，飞羽灰黑色；颏、喉、颊白色；前颈和上胸暗灰色，下胸、腹和两胁黑色；尾下覆羽白色，腋羽和翼下覆羽灰白色。冬羽前额白色，头顶至后颈黑色，从眼前经眼和耳覆羽到后头有一半环状黑斑；其余上体灰色，下体白色。

生态特征：成群活动于湖泊、水库、河口、海岸，也见于农田。营巢于开阔的浅水湖泊和附近芦苇沼泽地上。营浮巢，漂浮于水中植物上，以芦苇、蒲草等做底垫，上用金鱼藻、眼子菜、轮藻等筑巢。每窝产卵2～3枚，有时多达5枚；卵梨形，绿色、天蓝色或浅土黄色，被有褐色斑点。

分布：繁殖于欧洲南部、北非、中亚、西伯利亚南部，越冬于非洲南部、中南半岛，印尼和澳大利亚。在国内中东部繁殖。

居留状况：旅鸟，夏候鸟。

199

白翅浮鸥 *Chlidonias leucopterus*　　200～260 mm

White-winged Tern　　♂62～80 g

♀63～77 g

野外识别特征：繁殖期成鸟的头、背及胸黑色，与白色翅膀成明显对比。非繁殖羽与须浮鸥相似，区别在于：头顶黑色较少，眼后有黑色斑并延伸至眼下，腰白色。

形态特征：夏羽头、颈、背和上体黑色，尾上和尾下覆羽白色；尾银灰色，翅上覆羽银灰色，小覆羽白色；初级飞羽黑褐色。冬羽额、前头和颈侧白色，头顶黑色杂有白点；从眼至耳区有一黑色带斑，和头顶黑斑相连；下体白色沾灰黑色；背、腰灰黑色。

生态特征：成群活动于河流、湖泊、沼泽、河口、水塘，有时也出现在沿海沼泽。营巢于湖泊和沼泽中死的水生植物堆上。为浮巢，主要用芦苇和水草堆积而成。每窝产卵 3～4 枚；卵赭色或褐色，被有深灰色或深黑色斑点。

分布：繁殖于欧洲南部、北非、中亚、西伯利亚南部、贝加尔湖和远东，越冬于非洲、地中海、南亚和澳大利亚。在国内中东部繁殖。

居留状况：旅鸟，夏候鸟。

200

黑浮鸥 Ⅱ *Chlidonias niger* 240～270 mm
Black Tern ♂57～66 g
♀53～68 g

野外识别特征：甚似白翅浮鸥，但相比前者脚色深，翅上覆羽和背部颜色灰暗。亚成鸟颈侧有一指状黑斑。

形态特征：夏羽头黑色，额和喉较淡；上体石板灰色，初级飞羽灰色；尾灰色；下体黑灰色，翅下覆羽淡灰色。冬羽额和头顶前面白色，头顶灰色，头顶后面和枕黑色具窄的单色羽缘；上体同夏羽相似，翕部灰色；眼前有一暗色斑，耳区黑色；下体白色，胸两侧有显著黑斑。

生态特征：单独或小群活动于内陆湖泊、河流、水库等。营巢于生有芦苇和水生植物的开阔湖泊和河流岸边。营浮巢于漂浮在水面的芦苇堆或其他植物团上，巢由芦苇叶和草茎构成。每窝产卵 3～4 枚；卵赭色或暗褐色，被有黑色斑点。

分布：繁殖于欧洲南部、黑海、里海、中亚和西西伯利亚南部、阿尔泰、加拿大、美国北部，越冬于非洲和美国南部。国内繁殖于新疆，偶见于东部。

居留状况：迷鸟。

十、沙鸡目　Pterocliformes

28. 沙鸡科　Pteroclididae

　　中型鸠鸽类。体型大小似家鸽。嘴似家鸡，无蜡膜；翅尖长；中央尾羽延长且羽端尖细；脚短而粗壮，跗蹠和趾全部被羽。栖息于荒漠地区，结成大群飞翔、觅食、迁徙。营巢于地面凹处。卵两端均钝形。雏为早成鸟。本科鸟类全世界计有 2 属，16 种，分布主要在沙漠地区。我国境内计有 2 属，3 种。北京地区仅计有 1 属，1 种，为偶见冬候鸟。

201

毛腿沙鸡 *Syrrhaptes paradoxus* 270～430 mm
Pallas's Sandgrouse   230～285 g

野外识别特征：于荒漠和半荒漠出现，几乎不会错认的鸟类。尾羽及外侧初级尾羽延长。下体具黑斑。飞行时可见翼下几乎全浅色。

形态特征：中型鸠鸽类。大小似家鸽。雄鸟头前部为淡棕黄色；后侧为灰色；上体沙棕色杂以黑色横斑；下胸有一杂以黑色细斑的横斑带；腹部中央具有大型黑色斑块；翅和尾尖较长，特别是中央一对尾羽延长；脚短，脚和趾被沙棕色短羽；嘴蓝灰色。雌鸟下胸无横斑；胸侧缀以黑色斑点。幼鸟似雌鸟，但头顶、胸具黑褐色斑点。

生态特征：鸣声为连续的"啾科—啾科"。通常栖于开阔地带。结群低空快速飞行；并可在沙土地上疾走。是荒漠草原的代表性鸟种。以植物种子和嫩芽为食。建巢于沙土地上。巢为一浅窝，内垫碎草茎等。每窝产 2～4 枚卵；土灰色或土黄色；孵化期为 25 天左右。

分布：亚洲中部。我国分布于西北、东北、华北等地。

居留状况：为不规律的冬候鸟(11 月中旬～1 月中旬)，偶见夏候鸟(6～8 月)。

十一、鸽形目　Columbiformes

29. 鸠鸽科　Columbidae

中型鸠鸽类。营树栖或地栖生活。嘴短，基部柔软，由皮肤形成软膜，上嘴先端膨大坚硬；鼻孔外具蜡膜；翅稍尖长，飞翔快速；尾端圆形或楔形；腿脚健壮，四趾位于同一平面上，善于在地面疾走。嗉囊发达。栖息于树林、多岩石的山区或建筑物上。繁殖期间成对生活。营巢于树上、岩缝或建筑物顶端。巢简陋，仅由稀疏的枯枝筑成平盘状巢。每窝产卵1～2枚；白色；雏鸟为晚成鸟。幼雏用嘴伸进亲鸟口中取食嗉囊分泌的"鸽乳"。本科鸟类全世界计有41属，309种，分布遍及全球热带和温带地区。我国境内计有7属，31种。北京地区计有2属，6种。

202

原鸽 *Columba livia*   290～350 mm
Rock Dove   194～347 g

野外识别特征：半野化或家养的鸽子，体色变化很大。

形态特征：中型陆禽。头、颈、胸、上背呈暗石板灰色，下背和腰为灰白色或浅蓝灰色；颈侧、上胸、上背、翕上具金属绿紫色光泽；翅上覆羽浅蓝灰色，中覆羽和大覆羽各横贯一不完整黑斑，飞羽深褐色；尾上覆羽和尾羽暗灰色，具黑色宽次端斑，外侧尾羽外翈白色；喙浅角质色，基部紫红，跗蹠与趾黄铜色至洋红色。雌鸟与雄鸟相似，体色较暗。相似种岩鸽尾色较暗，尾中段具宽阔白色横带。

生态特征：鸣声"咕咕"，类似于家鸽。栖息于平原、农田、山地岩石或悬崖上，数只至上百只成群活动。以各种植物的种子和果实为食，也啄食小麦、玉米等农作物。营巢于山地悬崖的岩石缝隙和洞穴中，常成群营巢，巢呈松散平盘状，由枯枝、羽毛等巢材建造。每窝产卵 2 枚；卵白色；雌雄亲鸟轮流孵卵；孵化期 17～18 天；雏鸟晚成，约 30 天离巢。一年可能繁殖两次。

分布：亚洲中南部，欧洲西部、中部及南部，非洲北部。在我国分布于新疆、内蒙古、河北、山东等多地。

居留状况：留鸟。

203

岩鸽 *Columba rupestris*   232~340 mm

Hill Pigeon   180~305 g

野外识别特征：与家鸽非常像。腰部白色，尾部的黑色端斑和白色次端斑是其重要特征，飞行时从腰部到尾端呈现出白—灰—白—黑的色块分布。

形态特征：中型鸠鸽类。羽色近似家鸽，头顶、颈蓝灰色；颈基、喉、胸等部缀以紫绿色金属光泽；腰部及近尾端部具白斑；双翅折合时有两道明显的黑色带斑；其余羽色几为灰色或浅灰色；嘴黑色；脚朱红色。雌鸟与雄鸟相似，羽色略暗；胸部光泽不如雄鸟鲜艳。

生态特征：鸣声为"咕—咕"，声似家鸽。栖息于山区悬崖峭壁处的岩洞里。常结群活动于山谷和平原农田地带。飞行迅速，并善于疾走。食物通常为果实、谷物、杂草种子等。营巢于山岩缝隙间。巢材以枯枝落叶和羽毛为主，很简陋。通常每窝产卵 2 枚；卵白色；孵化期大约 18 天；雏鸟晚成性。

分布：世界广布种。在我国云南西北部、四川、陕西、山西、陕北北部以北的广大地区，均为留鸟。

居留状况：留鸟。

204

山斑鸠　*Streptopelia orientalis*　300～359 mm
　　　　　Oriental Turtle Dove　175～323 g

野外识别特征：略显肥胖的斑鸠。颈侧的羽毛呈现出蓝色与黑色相间的横条状斑，翼上覆羽有金色的羽缘，尾端灰色横带呈连续状。

形态特征：中型鸠鸽类。颈基部两侧有黑斑并缀以暗灰色的鳞状斑；下体羽褐色，羽缘栗红色很显著；下体羽淡红褐色；尾羽端蓝灰色；两胁和尾下覆羽灰蓝色；尾羽黑褐色。虹彩橙色；嘴铅蓝色；脚洋红色。

生态特征：鸣声"咕—咕—咕咕"似珠颈斑鸠，但音调更低。栖于山区和山区附近多树林地带及平原旷野处。常成群活动。在地面上头常前后摆动，边走边取食各种杂草种子、谷物，兼吃一些昆虫。巢通常建于乔木顶端。巢简陋，主要用稀疏的枯枝构成一浅盘状。每窝产卵 2 枚；卵白色；重约 11 g；大约孵化 18 天幼雏即破壳而出；雏鸟晚成性，可从亲鸟嗉囊中取食"鸽乳"。

分布：亚洲中部、东部直至日本，南到印度和中南半岛。我国几全境分布，为留鸟。

居留状况：留鸟。

205

灰斑鸠 *Streptopelia decaocto* 　　250～340 mm
　　　　Eurasian Collared Dove 　　150～200 g

野外识别特征：整体形状与山斑鸠非常相似，只是较瘦，但比珠颈斑鸠显粗壮。周身为非常浅的灰色，后颈具黑色的半领环是其重要鉴别特征。

形态特征：中型鸠鸽类。头部灰色，喉部白色，后颈基部有一半月状黑色领环；上体羽以土褐色为主，下体羽污白色；胸部缀以粉红色；两胁及尾下覆羽蓝灰色；尾长，黑色，尾羽末端呈白色；飞羽黑褐色。虹彩红色；嘴黑色；脚暗粉红色。

生态特征：平时栖于平原或山麓树林间。成小群或与其他斑鸠混杂在地面取食。食物主要为杂草种子、野果和农作物等。繁殖期间营巢于小树或灌丛中。每窝产卵 2 枚；乳白色；主要由雌鸟孵化；14～16 天出雏；雏鸟晚成性。

分布：欧洲南部、亚洲温带及亚热带地区、非洲北部。我国除东北大部、新疆北部、台湾外均有分布。

居留状况：冬候鸟(10 月～翌年 4 月)。

206

火斑鸠 *Streptopelia tranquebarica* 206~245 mm
Red Turtle Dove 80~135 g

野外识别特征：体型较小的斑鸠。雄鸟蓝灰色的头与紫砂色的身体对比明显。雌鸟颜色偏褐色，后颈部有黑色的半环，尾部颜色搭配似于珠颈斑鸠，但白边显得更宽，且最外侧尾羽外边缘为白色而与珠颈斑鸠区分开。

形态特征：中型鸠鸽类。体型较瘦小。雄鸟头、颈有一道黑色领环；背肩部及翅上覆羽和喉部、腹部为显著的葡萄红色；尾羽具宽阔白色端斑，尾下覆羽为白色；飞羽暗褐色。嘴黑色；脚暗红褐色。雌鸟羽色土褐色；颈基黑色半领环不显著。

生态特征：常栖息于山地附近树林中。成对活动，在地面奔走取食。吃植物果实、谷物等，有时也食昆虫。营巢于山地近处林中树上。集材以枯枝为主构成一简陋平盘状巢。每窝产卵 2 枚。

分布：亚洲东南部向南达印度半岛、中南半岛、安达曼群岛、菲律宾群岛北部。我国分布于东部、中部及南部广大地区，为夏候鸟和留鸟。

居留状况：夏候鸟(5 月中旬~9 月下旬)。

207

珠颈斑鸠 *Streptopelia chinensis* 272～335 mm
Spotted Dove 120～205 g

野外识别特征：体型比山斑鸠纤细，静立时可清楚地看到颈侧深色区域上散布着小白点，状如珍珠，由此得名。外侧尾羽白色边缘较宽，惊飞时尾羽展开形成中央断开的白色带。

形态特征：中型鸠鸽类。头部灰褐色；后颈具宽阔的黑色领圈，其上杂以珍珠状白色点斑；上体淡褐色；下体葡萄灰色；飞羽黑褐色；尾端具白色宽斑。雌鸟与雄鸟相似，但不如雄鸟辉亮。

生态特征：鸣声为声调较低的"咕咕—，咕噜"。栖于山麓丘陵杂木林及附近农田处。常结小群于林间、地面取食稻谷和杂草种子等。营巢于树上。巢材用枯枝结成一简陋平盘状巢。一般每窝产卵 2 枚；卵为白色；椭圆形；雌雄轮流孵卵；孵化期大约 18 天。

分布：阿富汗东部至我国东南部，南至印度、东南亚、印度尼西亚诸岛等。遍布我国中部和南部。

居留状况：留鸟。

十二、鹃形目　Cuculiformes

30. 杜鹃科　Cuculidae

中型攀禽。体型似鸽子，稍瘦长。嘴峰微向下弯曲；翅稍圆，端尖；尾羽端呈凸状。脚细弱，对趾足。幼鸟羽色与成鸟不同。栖息于开阔旷野的树林或山地森林中。多数为巢寄生种类，产卵于其他鸟类巢中。雏鸟为晚成鸟，由义亲代孵代养。因雏鸟孵化比义亲雏鸟早，故能将义亲的卵和幼雏抛出巢外。成鸟嗜食松毛虫，为著名益鸟。本科鸟类全世界计有 28 属，136 种，分布世界各地。我国境内计有 8 属，20 种。北京地区计有 3 属，8 种。

208

红翅凤头鹃　*Clamator coromandus*　350～420 mm
Chestnut-winged Cuckoo　67～114 g

野外识别特征：北京杜鹃里最鲜艳的一种，栗红色的翅和深色的凤头是野外重要辨识特征。

形态特征：中型攀禽。喙黑色，喙峰弯曲较明显。头上有长的黑色羽冠，具蓝色光泽；头顶、头侧及枕部黑色，后颈具白色领环；颏、喉及上胸为淡红褐色；肩、翼上覆羽、背和腰为带有蓝绿色金属光泽的黑色；翅栗色，飞羽尖端橄榄绿；下胸及腹部白色；尾黑色，较长，凸形尾，中央尾羽具白色端斑。跗蹠基部被羽，脚铅褐色。雌雄鸟体色相近。幼鸟上体褐色，不及成鸟鲜艳。相似种斑翅凤头鹃翅黑色，具一大白斑，羽冠较短。

生态特征：鸣声为清脆的"ku-kuk-ku"。三声或两声连续反复鸣叫。栖息于低山丘陵和山麓平原的疏林灌丛中，也见于公园及宅间绿地。单独或成对活动，喜在高处暴露的枝梢活动。以毛虫、甲虫、白蚁等为食，兼食果实。不营巢，将卵产于画眉、黑脸噪鹛和鹊鸲等鸟类的巢中，由寄主代为孵化抚养。卵蓝色；雏鸟晚成性。

分布：分布于亚洲东南部。在我国分布于东南沿海和长江流域等地区。

居留状况：夏候鸟。

209

大鹰鹃 *Cuculus sparverioides*　　353～415 mm
Large Hawk Cuckoo　　125～160 g

野外识别特征：外形与雀鹰雄鸟十分接近，大小也差不多。但通过不具利钩的嘴和弱小的爪子可以与雀鹰相区分。下体很多纵纹，尾长具 4～5 道横斑。叫声好似"顶-水-盆"。

形态特征：中型攀禽。体羽和斑纹近似于猛禽。头部暗灰色；喉和上胸具栗色纵纹；上体羽暗褐色；尾羽有 5 道黑褐色横斑带；下体有横贯腹部的褐色宽斑；初级飞羽内䎗具多道白色横斑。虹彩黄色；嘴暗褐色；脚橙黄色。幼鸟上体褐色；下体大部为淡棕黄色。

生态特征：鸣声比较响亮，于山谷中可听到"顶-水-盆，顶-水-盆"。常单独栖于山区阔叶乔木上，不易被发现。晨昏活跃，食物以昆虫为主，喜食毛虫等。具有"巢寄生"繁殖特性，北京师范大学在门头沟小龙门林场曾发现大鹰鹃选择冠纹柳莺的巢产卵。

分布：东南亚地区。在我国主要分布于华南，为旅鸟、夏候鸟。

居留状况：旅鸟，夏候鸟(5 月下旬～10 月上旬)。

210

北棕腹杜鹃 *Cuculus hyperythrus* 252～310 mm
Northern Hawk Cuckoo 104～144 g

野外识别特征：好似小号的"大鹰鹃"，但是上体青灰色，下体浅褐色，无纵纹。叫声为三声一度的"ju-ichi"。

形态特征：中型攀禽。羽色近似猛禽。头部暗灰色；上体及两翅铅灰色并具宽阔的棕色横斑带；尾羽有5道黑褐色横斑；下体羽以深棕黄色为主，有暗褐色条纹。虹彩朱红色；脚亮黄色。

生态特征：鸣声特别，音调较高。栖息于山地茂密林中乔木上。性机警，常单只或成对活动。食物为昆虫。繁殖期间不筑巢，由义亲代为孵化、育雏。

分布：亚洲东部和东南部。我国境内分布于东北东部、北部，河北、山东、河南及长江流域以南各地。

居留状况：偶见夏候鸟或旅鸟(6～9月)。

211

四声杜鹃 *Cuculus micropterus* 300～340 mm

Indian Cuckoo 90～146 g

野外识别特征： 从外形上看，尾部明显宽阔的黑色次端斑是其区别于其他杜鹃最好辨认的特征，飞行时尤为明显。叫声更具特色，四声一度，听似"光-棍-好-苦"，常边飞边鸣。

形态特征： 中型攀禽。头颈部灰色，颈侧略褐，肩、背、腰浓褐色；喉及上胸浅灰色，胸灰白色，具不明显褐色胸环；腹部污白色，具宽的黑褐色横斑；翅棕褐色，初级飞羽内翈具白色横斑，翼缘白色；楔形尾棕褐色，先端白色，近端具明显的宽阔黑斑，中央尾羽羽干杂以白斑；外侧尾羽内翈具白斑，外翈不明显。喙黑黄色；脚蜡黄色。雌雄鸟相似，雌鸟头颈部略偏褐色。幼鸟头颈部具白色横斑，上体偏红褐色，缀以黑色横斑；下体黑褐色横斑粗而密。相似种大杜鹃体色较暗，下体横斑细密，尾近端无黑斑。

生态特征： 鸣声为四声一度的"布布布谷"（也形容为"割麦割谷""光棍好苦"），或反复的三声"布布谷、布布谷"，晚春或初夏经常连续甚至彻夜鸣叫，叫声在1～2 km² 内都可听到。栖息于山地森林至山麓平原的森林中，城市公园、校园中也有分布。单独或成对活动，性机警，一般栖息于高大乔木上，很少在中低处活动。主要以昆虫为食，尤喜食鳞翅目幼虫，如松毛虫等农林害虫，且摄食量大。不营巢，将卵产于灰喜鹊、黑卷尾等鸟巢中，由义亲代孵、代育。雏鸟晚成性，生长迅速。

分布： 广泛分布于亚洲各地。在我国北至黑龙江南至海南岛均有分布。

居留状况： 夏候鸟。

212

大杜鹃 *Cuculus canorus*　　　　　　260～337 mm
　　　　　Common Cuckoo　　　　　　70～135 g

野外识别特征：一般青灰色，腹部具深色的细横条纹，也有棕色型的雌鸟，周身都满布细的横纹。黄色的眼睛是其区别于其他相似形态杜鹃的主要特征。叫声响亮，两声一度，为"布-谷，布-谷"声。

形态特征：中型攀禽。羽色近似猛禽。头、颈、喉及上体羽暗灰色；尾羽黑褐色，先端白色，中央尾羽具左右成对的白点(不对称)；下体羽自胸以下为白色，并具黑褐色较细的横斑纹。嘴黑褐色；脚棕黄色。雌鸟与雄鸟相似，但雌鸟上体羽微沾褐色。

生态特征：通常栖于海拔较低的平原和低山。喜在近水、有高大乔木林如杨树林的附近开阔处活动。常边飞边叫，一般单独活动。食物主要为昆虫，尤其喜欢吃毛虫，是很有益的森林益鸟。繁殖期间不筑巢，将卵产于义亲如大苇莺等的巢中，由义亲代为孵化育雏。在大苇莺营巢栖息地可见到大苇莺合作对其进行驱赶。

分布：欧亚大陆，非洲。我国全境分布，东南部常见。

居留状况：夏候鸟(5月上旬～9月)，旅鸟。

213

东方中杜鹃 *Cuculus optatus*　　　250～340 mm
　　　　　　　Oriental Cuckoo　　　71～129 g

野外识别特征：在野外与大杜鹃较难区分。但是下体的黑色横纹较宽，条纹的数量不如大杜鹃，且虹膜颜色相对较深。亦可用叫声来识别本种，为类似戴胜的"hoo-hoo-hoo-hoo"。

形态特征：中型攀禽。头颈灰褐色，肩、背、腰至尾上覆羽为略蓝的石板灰色；颏、喉、前颈至上胸银灰色，下胸与腹部白色，具宽的黑色横斑；翅暗灰褐色，初级飞羽内䎎具白色横斑，翅缘纯白无斑纹；楔形尾褐色，中央尾羽色深，外侧尾羽略浅，羽端白色，羽轴两侧具对称的不规则小白斑。喙铅灰色；脚橘黄色。雌雄鸟特征相近。幼鸟体色棕褐，头、颈、背具白色羽端，颏、喉具褐色纵纹。相似种四声杜鹃，尾具黑色近端斑，叫声四声一度；相似种大杜鹃翅缘具褐色斑纹，下体黑横纹较细。

生态特征：习性隐匿，栖息于山地针叶林、针阔混交林和茂密的阔叶林中，偶尔出现在山麓林缘，单独活动，隐藏在高大茂密的树上不断鸣叫。以昆虫为食，尤喜食鳞翅目幼虫及鞘翅目昆虫。无固定配偶，不营巢，将卵产于短翅树莺、黄脚柳莺、冠纹柳莺、冕柳莺、灰头鹀鹟、黄喉鹀、树鹨等鸟的巢中，并由这些鸟代孵、代育。

分布：分布于西伯利亚至中亚、印度，于中南半岛至澳大利亚越冬。在我国分布于东北、华北各省至东南部各省。

居留状况：夏候鸟。

214

小杜鹃 *Cuculus poliocephalus* 240～280 mm
Lesser Cuckoo 50～70 g

野外识别特征：在野外与中杜鹃不易区分，总体而言相比中杜鹃体型更小，形态更加纤细。雄性成鸟头和背部的颜色更深，腹部黑色条纹之间的白色羽区更宽。当然最有效的辨别方式是它的叫声，鸣声清脆，好似"有钱打酒喝喝"。

形态特征：小型攀禽。雄鸟头顶至上背灰色，肩至下背暗蓝灰色，腰、尾上覆羽灰蓝色；颏、喉至上胸沾灰色；下体白色，杂以黑色横斑；翅黑褐色，初级飞羽杂白色横斑；尾羽黑色杂以白横斑，末端白色。嘴黑黄色；脚蜡黄色。雌鸟头颈部棕褐色；上胸两侧棕色，中央略白，杂以黑横斑。幼鸟体色偏褐，体羽斑驳，初级飞羽具白色羽缘。相似种中杜鹃体型明显较大，翼缘白色，下体横纹较密。

生态特征：栖息于低山丘陵的疏林及林缘，常单独活动，隐匿于茂密的枝叶中鸣叫，叫声在晨昏尤其频繁。以鳞翅目幼虫等昆虫为食。不营巢，将卵产于鹪鹩、白腹蓝鹟、柳莺等巢中，由这些鸟代孵、代育。

分布：分布于亚洲东部至南部。在我国分布于东北、华北各省，陕西、甘肃以及中部至东南大部地区。

居留状况：偶见夏候鸟。

215

噪鹃 *Eudynamys scolopacea*　　　370～430 mm
　　　　Common Koel　　　　　　　175～242 g

野外识别特征：尾长，喙灰绿色，虹膜红色的杜鹃。雄性体色黑，雌性全身密布纵纹。翅上具点状斑。叫声为独特的"苦哇～"。

形态特征：中型攀禽。雄鸟通体黑色，具蓝色金属光泽，下体沾绿；虹膜深红色；喙浅灰褐灰色；脚蓝灰色。雌鸟上体棕褐色，布满整齐的白色小斑点；颏、喉、上胸深褐色，密布白色粗斑；下体其余部分白色杂以褐色横斑；背、翅至尾上亦为褐色，白斑呈横向排列。幼鸟通体深褐色，上体略显蓝色光泽，翅、尾上有零星白斑；下胸至腹部布满白色横斑。相似种乌鹃体型较小，体色黑，嘴略细，两侧尾羽及尾下覆羽具白色横斑。

生态特征：栖息于低山丘陵和山麓茂盛疏林中，一般单独活动，隐匿于高树茂密的枝叶中鸣叫。食性较复杂，主要以榕树、芭蕉、无花果等果实种子为食，也啄食昆虫。不营巢，产卵于黑领椋鸟、喜鹊、红嘴蓝鹊等巢中，并由这些鸟代孵、代育。

分布：分布于印度、缅甸等东南亚地区至澳洲。在我国分布于四川、安徽，长江中下游地区及南方各省，北京偶见。

居留状况：偶见夏候鸟。

十三、鸮形目　Strigiformes

31. 鸱鸮科　Strigidae

中、小型（少数为大型）猛禽。头部宽大，嘴短而硬，先端具钩状尖，蜡膜略被硬羽覆盖；眼大而位于前方，眼周有放射细羽构成的"脸盘"；耳孔特大，耳孔周缘具皱襞或耳羽；脸形似猫，故俗称"猫头鹰"。体羽松散而柔软，飞行时无声。双翅宽阔；尾羽短圆。双脚粗壮强健，多数全部被羽毛；外趾能反转成对趾足；爪粗而弯曲，爪尖锐利。昼伏夜出，黄昏时飞出捕食。以食啮齿类为主。繁殖期间营巢于树洞或岩石缝隙中。每窝产卵 1～7 枚；卵纯白色；圆形；雏鸟晚成性。本科鸟类全世界计有 25 属，189 种，分布遍及全球。我国境内已知有 11 属，28 种。北京地区计有 7 属，10 种。

216

领角鸮 Ⅱ *Otus lettia*   190～279 mm
                Collared Scops Owl   110～205 g

野外识别特征： 灰褐色的猫头鹰。受惊时竖起耳羽。虹膜深色，区分于灰色型红角鸮。

形态特征： 小型夜行性猛禽。面盘灰白色，缀以黑褐色细点；耳状羽具暗色点斑；上体羽灰褐色，缀黑褐色细斑纹；后颈棕白色眼斑形成一个不太完整的半领圈；下体羽灰白色，布满黑褐色细纹络；尾羽有 6 道棕色横斑纹。虹彩橙黄色。

生态特征： 鸣叫声为低沉的"不，不，不，不"。栖于山地林深处或山麓林缘树上，通常单独活动，主要吃一些昆虫和啮齿类野鼠。建巢于乔木天然树洞中，巢内一般无铺垫物。一般每窝产卵 3～5 枚；圆形；白色，光滑无斑；双亲轮流孵化。

分布： 亚洲东部、南部、东南亚等地。在我国东北东南部，河北、山西、陕西南部以南，四川、云南以东地区及台湾和海南均有分布，为留鸟。

居留状况： 留鸟。

217

红角鸮Ⅱ　*Otus sunia*　　　　170～195 mm
　　　　　Oriental Scops Owl　　45～105 g

野外识别特征：眼睛黄色的小型猫头鹰，有红色型和灰色型两类。胸满布黑色条纹，肩羽大都有一条显眼白色带。

形态特征：小型夜行性猛禽。全身体羽几为棕灰色，杂以黑褐色的斑块；面盘灰褐色，有较突出的棕红色耳状羽；翅外侧覆羽、初级飞羽外翈有白斑。脚和趾均具短羽，虹彩橙黄色，嘴暗绿色。

生态特征：傍晚之后闻其鸣叫声为"王刚，王刚哥"，声音洪亮，很易辨别。栖于山地林间。白天紧闭双眼，站立在树枝上，隐蔽在茂密的树叶间；于黄昏后捕食野鼠类和大型昆虫等，偶尔也捕食一些小鸟。是常见的农林益鸟。营巢于高大乔木的天然洞穴中，也会利用合适的人工巢箱。内巢材选用细枯草、落叶等柔软物。每窝产卵 3～6 枚；卵壳白色，无光泽；白天亲鸟待在巢中，轻微触动也不离开，约经 26 天孵化完毕。

分布：欧洲南部、非洲西北部、亚洲东部、东南亚部分地区。我国分布在新疆西部、大陆东部、南部各省以及台湾等地。

居留状况：夏候鸟(6 月中旬～8 月下旬)，旅鸟(4～6月；9～11 月)。

●●○○

218

雕鸮 Ⅱ   *Bubo bubo*   550～890 mm

         Eurasian Eagle-Owl   1 410～3 950 g

野外识别特征：强壮有力而具长耳羽的大型猫头鹰。虹膜黄色。体羽黄褐色斑驳，胸部黄褐，多具深褐色纵纹及横斑。

形态特征：大型夜行性猛禽。面盘显著，淡棕色，杂以褐色细斑；耳状羽明显；上体羽棕黄色，肩羽有显著黑褐色纵纹；眼上方有一大块黑斑；下体羽淡棕黄色，胸部具显著黑褐色纵纹。脚和趾均被棕黄色短羽。虹彩橙黄色；嘴铅灰色。

生态特征：鸣叫声为"呼"，声音低沉。夏季栖于山地林间；秋季迁到平原地带的树林中。食物为野鼠、小鸟等，有时也捕捉较大的动物如野兔、幼狐。冬季 12 月进入繁殖期，建巢于山崖缝隙处或利用其他猛禽类的弃巢。一般每窝产卵 3～6 枚；孵化期约为 35 天。

分布：欧洲、亚洲和非洲北部。我国境内几遍布全国。

居留状况：留鸟。

219

灰林鸮 Ⅱ　*Strix aluco*　　370～486 mm
　　　　　Tawny Owl　　♂322～485 g
　　　　　　　　　　　　♀416～909 g

野外识别特征：中等大小、无耳羽的肥胖猫头鹰。具有显眼面盘，虹膜暗色。羽色由红棕色至灰褐色不等。

形态特征：头圆，无耳羽簇，面盘明显，橙棕色，羽端黑色具白色羽干纹；眼先和眉纹白色，具黑色羽干纹和端斑；前额、头顶至后颈黑色，羽缘具大的橙棕色斑。上背和肩黑褐色具橙棕色斑，肩部具一条茶黄色横斑；颏、上喉棕栗色，具黑色中央斑和白色端斑；下喉白色；胸橙棕色具黑褐色横斑和端斑，腹浅棕色，两胁具白色小斑点。虹膜暗褐色；喙角褐色，先端黄色；跗蹠及脚被羽。雌鸟体型大于雄鸟，其他特征类似。相似种褐林鸮体型较大，上体栗褐色具白色横斑纹，下体亦具横斑。

生态特征：栖息于山地阔叶林和混交林中，尤喜河岸沟谷地带。夜行性，成对或单独活动。捕食啮齿类及小型鸟兽、蛙、昆虫等，偶尔捕鱼。营巢于树洞中或岩石下地面，每窝产卵通常2～4枚；由雌鸟孵卵；孵化期28～30天；雏鸟晚成性，经亲鸟喂养29～37天才能飞翔。

分布：分布于欧亚大陆至非洲西北部。在我国分布于东北、华北、陕西、甘肃、华中、西南、华南和台湾等地。

居留状况：少见留鸟。

●○○○○

●

220

长尾林鸮 Ⅱ　*Strix uralensis*　488～538 mm
Ural Owl　452～842 g

野外识别特征：大型的灰褐色猫头鹰。眼暗色，面盘宽而呈灰色。上体深褐色具黑褐色纵纹；下体皮黄灰色，具深褐色粗大纵纹。

形态特征：中大型夜行性猛禽。面盘与翎领显著，面盘灰白色，间杂以黑褐色条纹；无耳状羽；上体羽棕灰色，杂以黑褐色条纹；腹羽只有纵纹而无横斑；飞羽褐色，具灰色横斑。虹彩深褐色；嘴黄色。

生态特征：鸣叫声为声调较低的、似呻吟的"咕—咕，叽—咕，唧咕噜咕"。栖于中山以上的密林深处，食物以野生鼠类、昆虫为主。

分布：亚洲东部。我国见于东北及青海东南部和四川。为留鸟。

居留状况：较罕见的留鸟，除 1870 年有一例报道外，1990 年 6 月北京师范大学于门头沟小龙门林场另捕获一只。

221

斑头鸺鹠 Ⅱ　*Glaucidium cuculoides* 241～260 mm
　　　　　　　　Asian Barred Owlet　　　150～260 g

野外识别特征：无耳羽的小型猫头鹰。头部、背部和两胁棕色而具浅色横斑。胸腹部白色而略具褐色横斑。

形态特征：头、颈至上体及两翅深褐色，密被细窄棕白色横斑，头部更为细碎；眉纹白色，短而窄；尾羽黑褐色，具6道显著白色横斑和端斑；翅黑褐色，肩羽、翅上具白色大型白斑，飞羽外翈具棕白色三角形羽缘斑，内翈具同色横斑，内侧次级飞羽内外翈具横斑；颏、颚纹白色，喉中部褐色，具皮黄色横斑；上胸白色，下胸白色，具褐色横斑，腹白色，具褐色纵纹；尾下白色。跗蹠被羽，趾具刚毛状羽毛。

生态特征：栖息于中山到山脚平原的森林、林缘、农田附近的疏林树上。单独或成对活动，昼行性，飞捕昆虫和小鸟，晚上也经常活动。主要以直翅目、鞘翅目等昆虫为食，也吃鼠类、小鸟、蜥蜴等食物。我国未有繁殖记录，据资料显示，通常营巢于树洞或天然洞穴中；一般每窝产卵4枚左右。

分布：国外分布于印度等东南亚地区。国内见于甘肃南部、河南、西南、华南、华东等地区。

居留状况：偶见游荡鸟。

●○○○○

▲

222

纵纹腹小鸮 Ⅱ　*Athene noctua*　210~256 mm

Little Owl　100~185 g

野外识别特征：无耳羽的小型褐色猫头鹰。上体褐色，具白色点斑；下体白色，具褐色杂斑及纵纹。

形态特征：小型夜行性猛禽。面盘污白色，缀褐色细条纹；上体羽沙褐色，并具浅色的圆形斑点。头部颜色较深，在上背处隐约有"V"形白色领斑；下体羽棕白色，具粗的褐色条纹。虹彩黄色；嘴黄绿色。

生态特征：栖于山地丘陵地带或山村附近的树林间，昼伏夜出，食物主要为野生鼠类、小鸟和一些大型昆虫。一般筑巢于天然树洞、土壁洞穴中，或利用其他鸟类的弃巢。每窝产卵 3~5 枚；卵白色；雌鸟孵卵；孵化期约 30 天左右；雏鸟晚成性，亲鸟喂养 26 天左右离巢。

分布：欧亚大陆、非洲北部。我国分布于东北、中部以北、西北等地，为留鸟。

居留状况：留鸟。

223

鹰鸮 Ⅱ *Ninox scutulata* 280~313 mm

Brown Hawk Owl 212~230 g

野外识别特征：黑褐色的猫头鹰，没有明显面盘，尾长，似鹰类。上体深褐；下体皮黄，具宽阔的红褐色纵纹。

形态特征：中小型夜行性猛禽。眼先、嘴基处白色；上体羽深棕褐色；头颜色更深；下体羽白色，满杂显著的棕褐色纵斑纹；尾羽横贯 5 道黑褐色带状斑；初级飞羽黑褐色；翅上覆羽褐色。虹彩黄色；嘴灰黑色；跗蹠被棕色短羽。

生态特征：鸣叫声为"呼—喔"。通常栖于较荒僻的树林中。可飞捕一些小鸟，也可突然从地面上飞起抓捕飞行的昆虫。产卵于天然树洞中。每窝产卵 3~5 枚；卵光滑，白色；椭圆形；雌鸟孵化期大约 24 天；雏鸟晚成性。

分布：亚洲东部、南部、东南亚及附近的一些岛屿。我国主要分布于东部、南部及台湾。为留鸟、夏候鸟。

居留状况：较罕见的旅鸟（1958 年 9 月 5 日），偶见夏候鸟。

224

长耳鸮 II *Asio otus* 290～390 mm
Long-eared Owl 208～340 g

野外识别特征：中等体型的褐色猫头鹰，具竖立长耳羽。似短耳鸮，但下体均匀分布纵纹。

形态特征：中型夜行性猛禽。具明显面盘，黄褐色；黑褐色耳状羽很显著；上体棕黄色，杂以黑褐色纵纹和细碎斑；下体羽棕黄色，杂以黑褐色纵纹和横纹。虹彩橙红色；嘴暗灰色。

生态特征：鸣叫声为"呼呜呜呜，呼呜呜呜"。昼伏夜出，白天隐蔽在山地林间树上或林中空旷草丛中；夜幕降临时飞出觅食。飞翔时毫无声息。嗜吃啮齿类，消化后形成食团呕出体外。营巢于高大乔木，常利用乌鸦、喜鹊或其他猛禽的旧巢，有时也在树洞中营巢。一般每窝产卵 4～5 枚；卵白色；雌鸟孵化；孵化期约为 30 天。

分布：北半球广布。我国在新疆西部及东北、青海、内蒙古、甘肃以南至东南沿海、台湾均有分布，为留鸟、冬候鸟及旅鸟。

居留状况：旅鸟，冬候鸟（10 月上旬～翌年 5 月上旬）。

225

短耳鸮 Ⅱ *Asio flammeus* 344~398 mm
Short-eared Owl 250~450 g

野外识别特征：中等体型的褐色猫头鹰，具短耳羽。似长耳鸮，但翼尖黑色，仅胸部有纵纹。

形态特征：中型夜行性猛禽。面盘棕黄色，间杂黑褐色纵纹；耳状羽较短；上体羽棕黄色，杂以黑褐色纵纹；下体羽棕白色，具纵纹无横纹；胸棕色，满布黑褐色纵纹。虹彩金黄色；嘴黑色；跗蹠被棕色羽。

生态特征：鸣叫声为"克喔—克喔"。通常栖于沼泽、空旷处的树林中，或隐伏在草丛中。黄昏后活动，站立在树枝上注视地面，发现活动的鼠类或昆虫，即飞扑而下。不高飞，常贴地面飞行。筑巢于地面草丛中，巢材以枯草为主。每窝产卵 3~8 枚；卵白色；孵育约 50~60 天后幼雏离巢独立生活。

分布：欧洲、亚洲及北美洲、南美洲等地。我国分布于新疆西部、东北西北部及东部、中部、南部广大地区，为夏候鸟或冬候鸟。

居留状况：旅鸟(3~4 月；10~11 月)，偶见冬候鸟(11 月~翌年 3 月)。

十四、夜鹰目　Caprimulgiformes

32. 夜鹰科　Caprimulgidae

夜行性攀禽。嘴短弱，嘴裂宽阔，边缘具成排硬毛。鼻孔呈管状。尾呈凸尾状。脚、趾短小细弱，并趾型，中爪具栉状缘。体羽柔软蓬松，飞时无声。羽色似枯叶，是保护色与拟态。栖息于山林间，白天蹲伏于山坡草地或树上，晨昏出动。飞行时捕食昆虫。有"休眠"现象，以度过缺食的寒冷季节。不营巢，产卵在地面上。常见每窝产卵1～2枚，雏鸟为晚成鸟。本科鸟类全世界计有15属，89种，分布于全世界温带地区。我国境内已知有2属，7种。北京地区仅1种，为夏候鸟。

226

普通夜鹰 *Caprimulgus indicus*　　259～272 mm
　　　　　　　Indian Jungle Nightjar　　79～110 g

野外识别特征：深灰色的夜鹰，翼尖长似隼。飞行时雄鸟尾部近末端有一条中间断开的白色横带。雌鸟没有明显的浅色斑。

形态特征：雄鸟枯叶色，上体羽几为灰褐色杂以黑褐色杂状斑；中央尾羽浅灰色，有黑褐色较宽横斑；其余尾羽有白色次端斑；最外侧初级飞羽的内翈，第2～4枚飞羽的内、外翈各具一白斑；下喉有一大型白色斑块；雌鸟与雄鸟羽色近似，尾羽无白色斑块，翅上翈近端无白斑或不显著。

生态特征：鸣叫声为连续的"啾啾啾啾啾啾啾……"，经常彻夜不停。栖于山地阔叶林和混交林中。夜间活动，张开大嘴（口裂大）回旋往复飞行于林间空地，将昆虫甚至小鸟都兜入嘴中。白天藏于粗树枝上或草丛中，极难发现，俗称"贴树皮"。筑巢于地面或岩石凹处，很简陋。一般每窝产卵2枚；卵白色杂以深褐色；雌雄轮流孵化；16～17天出雏。

分布：亚洲东部、南部及附近一些岛屿。在我国分布于北起黑龙江流域直至海南的广大东部、南部地区和台湾。

居留状况：夏候鸟（5月上旬～9月中旬），旅鸟（5～6月；9～10月）。

十五、雨燕目　Apodiformes

33. 雨燕科　Apodidae

小型攀禽。体型似家燕，但稍大。嘴短而平扁，嘴裂宽阔；翅尖长，折合时翅尖远超过尾羽端；尾羽端呈叉状或方状，尖端可具针刺突；体羽黑褐色，多具光泽；腰部羽毛与胁部常缀白色斑。脚和趾甚短弱；前趾型。常结群在空中飞翔，历时持久。飞翔时张开嘴捕捉飞虫。营巢于悬崖石壁缝或岩洞中。一般每窝产卵 2 枚；卵纯白色；雏鸟为晚成性。本科鸟类全世界计有 18 属，92 种，分布遍及世界各地。我国境内已知有 4 属，10 种。北京地区计有 2 属，3 种。

227

白喉针尾雨燕 *Hirundapus caudacutus*
White-throated Needletail

190～210 mm

110～150 g

野外识别特征：大型黑色雨燕。颏及喉白色，三级飞羽具小块白色，下体具显眼的白色马鞍形斑块。与其他针尾雨燕区别在于喉白。

形态特征：小型攀禽。是一种较大的雨燕。额灰白色，头顶至后颈黑褐色，具蓝绿色金属光泽；肩、背、腰呈丝光褐色；颏、喉白色，胸、腹烟灰色；翅黑色，具蓝绿色金属光泽；尾亦是黑色具蓝绿光泽，尾羽羽轴末端延长呈针状。喙黑色；跗蹠和脚肉色。雌鸟与雄鸟体征类似。幼鸟体色烟灰色，蓝绿光泽不明显。相似种白腰雨燕体型较小，尾呈叉状，喉和腰白色，其余体羽黑色。

生态特征：栖息于山地森林、河谷等开阔地，常成群飞翔，飞行速度迅疾。主要以双翅目、鞘翅目等飞行性昆虫为食，在飞行中捕食。营巢于悬崖石缝或树洞中。每窝产卵 2～4 枚；卵白色。

分布：分布于亚洲东部，从西伯利亚到缅甸等地区。在我国繁殖于东北、河北、内蒙古、四川、云南、贵州及西藏东南部。

居留状况：夏候鸟，旅鸟。

228

普通雨燕 *Apus apus*　　　　　169~184 mm
Common Swift　　　　　29~41 g

野外识别特征：深色雨燕。除喉部及前额淡色外，其余均为深褐色，尾巴开叉，翼形很尖。

形态特征：小型攀禽。全身体羽几乎为纯黑褐色；初级飞羽的外翈、翅上覆羽、尾羽表面微沾蓝绿色金属光泽；喉部污白色；尾叉状，浅凹状；嘴短阔而扁，纯黑色；幼鸟额污灰白色，通体灰褐色，无光泽。

生态特征：鸣声尖亮并带颤音的"啾儿—啾儿—啾儿……"。多成群在高大建筑物和山崖上空活动，飞行快速并伴以滑翔。两翅狭长，展翅如镰刀，翼角不明显；尾叉浅。不到地面活动，四趾朝前形成前趾足，可在直壁上攀挂。在高速飞行中张口捕捉昆虫。交配也在飞行中完成。营巢于高大建筑物（如庙宇等）或悬崖处的窟窿中。巢碟状；巢材一般采用杂草茎、枯叶、纤维等混以泥土。一般每窝产卵 3 枚；几近纯白色；椭圆形；雌雄轮流孵化；21~23 天出雏；雏鸟晚成性。

分布：欧亚大陆、非洲西北部等地。我国在大部分地区均有分布。北方为夏候鸟；南方为旅鸟。

居留状况：夏候鸟（4 月上旬~8 月上旬），旅鸟。

229

白腰雨燕 *Apus pacificus* 170～195 mm
Fork-tailed Swift 35～51 g

野外识别特征：大型深色雨燕。腰部白色，尾长而分叉深，下体有细横纹。

形态特征：小型攀禽。颈短，身体呈纺锤形，两翅狭长，尾呈深叉状；通体黑色，喉和腰白色；头顶、背、翅上具淡灰色羽缘；喙黑色，脚紫黑色。相似种普通雨燕腰不为白色；白喉针尾雨燕体型较大，腰不为白色，尾不呈叉状。

生态特征：鸣声尖细，边飞边叫。栖息于靠近水源的悬崖峭壁，成群飞翔盘旋；阴天多低空贴近水面飞行，晴天则高空盘旋，飞行速度甚快。飞行中捕食叶蝉、小蜂、蚊、蝇、蜷象等昆虫。在临近水源的峭壁岩缝中营巢，用唾液将草叶、树皮、苔藓、羽毛等巢材粘合坚固。卵白色，每窝产卵 2～3 枚，由雌鸟孵化，期间雄鸟常衔食喂雌鸟。孵化期 20～23 天。雏鸟晚成性，经亲鸟喂养 33 天可离巢飞翔。

分布：分布于亚洲东部，西伯利亚、俄罗斯、日本等地，越冬于东南亚至澳大利亚。在我国分布于东北、华北、内蒙古、西北地区以及华南地区。

居留状况：旅鸟。

十六、佛法僧目 Coraciiformes

34. 翠鸟科 Alcedinidae

攀禽。头部较大；嘴形粗大似凿；鼻孔小，些许为额羽掩盖着；颈部较短；尾羽短小，尾端稍圆；脚较细弱，外趾和中趾相并部分较多，内趾与中趾只基部节相并。大都羽色鲜艳，雌雄相似。本科鸟类分为林栖与近水栖两类。繁殖期间营巢于洞穴中，多在河岸土坡或山坡用嘴挖成隧道洞穴，有的营巢于树洞中。本科鸟类全世界计有 18 属，93 种，分布遍及全球各地区。我国境内计有 7 属，11 种。北京地区计有 3 属，5 种。

230

普通翠鸟 *Alcedo atthis*   153～172 mm
 Common Kingfisher   21～36 g

野外识别特征：小型色彩绚丽的翠鸟。上体金属浅蓝绿色，橘黄色条带横贯眼部及耳羽；下体栗棕色，颏白。幼鸟色黯淡，具深色胸带。

形态特征：小型攀禽。嘴直而尖长。额、头顶、后颈呈暗蓝绿色，遍布鲜艳的翠蓝色狭细横斑；颊上、耳区棕栗色，耳后各有一明显白斑；上体羽呈金属般翠蓝色光泽；尾羽短小；飞羽黑褐色，表面带暗绿蓝色；颏、喉部纯白；下体其余部栗棕色。嘴黑色，脚朱红色。

生态特征：常单独立于林间溪流、池塘、河岸处的低矮横枝上等待鱼儿游过；或沿水面直线低飞，注视水面，一旦发现有小鱼、虾等便直扑入水；有时也悬停于水面上空半米左右，急鼓双翼，紧盯鱼迹；一旦捕获猎物先返回栖息处，摔打猎物至昏死，再整只吞食。繁殖期间建巢于河岸等处的土壁中，为隧洞巢。巢材选用大量的鱼骨等。每窝产卵 4～10 枚；卵白色，光滑无斑。雌雄轮流孵卵；孵化期约 20 天。

分布：欧洲、亚洲、非洲等地。几遍布我国。为留鸟、冬候鸟。

居留状况：留鸟，夏候鸟。

231

白胸翡翠 *Halcyon smyrnensis* 260～300 mm
White-throated Kingfisher 54～100 g

野外识别特征： 上背、翼及尾呈蓝色；翼上覆羽上部及翼端黑色。喉及胸部白色；头、颈及下体余部巧克力褐色。

形态特征： 中型攀禽。额、头顶、头侧、枕、后颈、颈侧为巧克力褐色，背、肩蓝色，下背至尾上覆羽为明亮的青蓝色，颏、喉以及胸部中央白色，腹部、两胁、尾下覆羽巧克力褐色；翅上小覆羽栗色，中覆羽黑色，大覆羽、初级飞羽、次级飞羽辉蓝绿色，三级覆羽蓝色。喙、跗蹠、脚为珊瑚红色。雌雄鸟差异不明显。幼鸟体色略暗。相似种蓝翡翠头顶为黑色，上体深蓝色，具白色颈环，胸腹部淡棕色；白领翡翠上体蓝色，下体白色，具白色领环，喙黑色。

生态特征： 鸣声尖锐而响亮。栖息在山地森林和山脚的河流、湖泊岸边，以及池塘、水库等水域岸边。常单独活动。立于水边树枝或石头上，长时间望着水面伺机捕食。以鱼、蟹和水生昆虫为食，也吃陆栖昆虫及蛙、蜥蜴等小型动物。营巢于河岸、沟谷的土岩洞里，掘隧道状的洞，端部扩大为巢室，内垫以羽毛、枝叶、鱼骨等巢材。每窝产卵 5～8 枚；卵白色；雌雄轮流孵化。

分布： 分布于亚洲东南部。在我国分布于华南各省。

居留状况： 罕见迷鸟。

232

蓝翡翠 *Halcyon pileata* 280~310 mm
Black-capped Kingfisher 64~115 g

野外识别特征： 头黑，上体为亮丽的蓝紫色，翼上覆羽黑色，喉部及领圈白色，腹部淡红棕色。

形态特征： 头部大多为黑色，颈部具白领圈；上体羽自背部、尾部及翅均呈深蓝色带金属般辉亮光泽；翅上覆羽黑色，成一大块黑斑；下体羽呈棕红色。嘴和脚珊瑚红色。

生态特征： 鸣叫声为响亮的串铃声"嘀铃铃铃……"。通常栖息于开阔的平原和山麓地带。取食于池塘、河流等处。常站立在附近的树枝上，注视水面；可急速俯冲入水中，捕捉小鱼、蛙类等。通常在土壁上建地洞巢。巢口直径约为 100 mm，深约 500 mm。每窝产卵4~6 枚。

分布： 亚洲南部和东南部直至大洋洲及南太平洋岛屿。在我国分布于自辽宁以南至四川、云南以东广大地区，为留鸟。

居留状况： 夏候鸟(5~10 月)。

233

冠鱼狗 *Megaceryle lugubris*　　　　372~425 mm
　　　　　Crested Kingfisher　　　　244~500 g

野外识别特征： 大型具冠羽的鱼狗。上体白色，密布黑色横斑；下体白色，具黑色的胸部斑纹，两胁具皮黄色横斑。

形态特征： 雄鸟全身体羽几为黑白混杂状；头顶具显著长而直的冠羽，为黑色密杂白色斑点；颏、喉部有一黑纹向下伸延至胸侧，与前胸部的黑色杂有棕斑的胸带相连；后颈有一较宽的白色领环向前延伸至下嘴基部；上体几为黑色，密缀白色横斑；翅、尾黑色并具白斑；腹侧和两胁有黑色白斑；嘴强大粗直，先端黄白色；脚橄榄铅色。雌鸟与雄鸟相似，仅腋下、翅下覆羽棕色（雄鸟白色），微具横斑。

生态特征： 栖息于林中溪流、平原河流、水塘等岸边。常单独活动或站于岸边岩石、树桩上，或飞翔于水域上空，发现鱼迹即冲入水中捕捉，再飞回栖息处吞食。主要吃鱼、虾等水生动物。繁殖期间，在岸边陡壁上打洞做巢。一般每窝产卵 4~6 枚；卵白色。

分布： 东亚、东南亚、南亚地区。我国东北部、中部、西南部、南部等地区有分布。为留鸟。

居留状况： 留鸟。

●●○○
●
〰

234

斑鱼狗 *Ceryle rudis*　　　　　　260～310 mm
　　　　　Lesser Pied Kingfisher　　　100～130 g

野外识别特征: 似冠鱼狗的中型鱼狗。冠羽较小,具显眼白色眉纹。上体黑色,密布白色横斑;下体白色,雄鸟上胸具 2 条黑带,雌鸟上胸部具中断的黑色带。

形态特征: 通体呈黑白斑驳状,头顶冠羽较短。雄鸟前额、头顶、冠羽、头侧黑色具白色细纹,后颈呈黑白斑驳状,颈侧各有一明显白斑;肩、背及翼上覆羽黑色具白色端斑,腰和尾上覆羽白色,具黑色次端斑;颏、喉至胸腹白色,具两条黑色胸带,上胸带较宽且中央断裂,下胸带较窄;两胁及腹侧具黑斑;翅黑褐色,初级飞羽白色,形成宽的白色翅带;尾白色,具宽的黑色次端斑。喙黑色,脚黑色;雌鸟与雄鸟类似,但仅有一条中部断裂的胸带。

生态特征: 栖息于低山和平原的河流、湖泊、水库、池塘等开阔水面处。单独或成对活动,常在靠近水面的低空飞行觅食,见到鱼群就急速俯冲捕鱼,休息时栖息在岸边枯枝或岩石上。于河流岸边沙岩上掘洞营巢,巢中无内垫物。每窝产卵4～5 枚;卵白色;雌雄轮流孵化。

分布: 分布于亚洲东南部。在我国分布于长江流域以南,湖北、江西、浙江、福建、广东、广西、云南等省。北京地区偶见。

居留状况: 偶见夏候鸟。

35. 佛法僧科　Coraciidae

中型攀禽。嘴较宽阔，嘴峰稍圆，上嘴近端处微具缺刻；鼻孔位于嘴基部；翅稍长而阔；尾形呈平尾状。脚短弱，趾三前一后，外趾与中趾基部相并，内趾与中趾基节相并。羽毛华丽，雌雄相似。繁殖期间营巢于树洞穴中，有时占用旧鸟巢。在空中飞行捕食昆虫，是农林益鸟。本科鸟类全世界计有 2 属，12 种，分布于欧亚大陆南部、非洲和澳大利亚等地。我国境内计有 2 属，3 种。北京地区计有 2 属，2 种。

235

蓝胸佛法僧 *Coracias garrulus* 300～342 mm
European Roller 183 g

野外识别特征：色彩艳丽，头部和胸腹部闪蓝绿色金属光泽，背部棕褐色。嘴粗壮而黑。

形态特征：头、颈和下体金属辉蓝绿色；肩、背沙褐色，腰蓝紫色；尾上蓝绿色，中央尾羽也为蓝绿色，其他尾羽外翈基部蓝色，内翈基部黑色，端部淡蓝色，最外侧尾羽具黑色羽尖；飞羽黑色，翅上具亮蓝色斑，内侧飞羽浅红褐色。

生态特征：栖息于中山以下的低山和山脚平原等开阔地方的各种生境，尤喜稀疏灌木、悬崖和沟谷，荒漠和半荒漠地区。常单独或成对活动。多在空中飞翔捕食，也下地捕食，休息时一般栖于枯树枝上或电线上。主要以大的昆虫为食，也吃蜥蜴等小型动物。5月进入繁殖期，营巢于陡岸、悬崖峭壁洞中、树洞、房屋缝隙等。常成小群繁殖，直接产卵于地上；一般每窝产卵5枚；孵化期18天左右；27天左右出巢。

分布：国外分布于北非、欧洲、中亚、非洲及印度。国内分布于新疆北部、西部和天山。

居留状况：罕见迷鸟（2007年6月28日，赵欣如）。

●○○○

236

三宝鸟 *Eurystomus orientalis*　　240～290 mm
　　　　　Dollarbird　　　　108～194 g

野外识别特征：整体色彩为暗蓝灰色，嘴红色。很多时候看似一只嘴艳红色的黑色鸟。雏鸟嘴暗色。飞行时两翼有明显的圆形银蓝色翼斑。

形态特征：中型攀禽。头、颈部黑褐色；体羽几呈纯蓝绿色；初级飞羽黑褐色，在飞羽基部有一宽阔淡天蓝色横斑，展翅时尤为明显；尾羽辉黑色；颏喉部黑色而微沾蓝色；嘴、脚朱红色。雌鸟与雄鸟相似，但羽色不如雄鸟鲜艳。

生态特征：鸣叫声粗哑单调。通常栖于林间的开阔地带。停落于树顶或电线杆上，或直飞空中捕捉昆虫，或在地面行走捕食。飞行时，长距离采用平稳的振翅；回巢时是俯冲滑翔，翅不扇动；有时也不定向飞行，忽高忽低，同时伴以喧闹的鸣声。主要以各种甲虫为食。繁殖期间建巢于树洞中，或利用喜鹊等的旧巢。巢比较简陋，内巢材仅有一些木屑、草叶等。一般每窝产卵 3～4 枚。

分布：亚洲东南部、澳大利亚和非洲等地区。在我国分布于自东北小兴安岭至宁夏贺兰山、四川峨眉山、云南东部地区以东的广大地区和台湾。

居留状况：夏候鸟，旅鸟(5 月上旬～9 月)。

十七、戴胜目　Upupiformes

36. 戴胜科　Upupidae

中小型攀禽。头上具扇状冠羽；嘴细长微向下弯；翅短圆；尾长适中；尾脂腺被羽；脚为并趾型，后爪比中爪长。栖息于开阔的旷野和园地上。地面取食，主要食昆虫和蠕虫。营巢于树洞或岩洞缝隙间。以草茎编皿状巢。每窝产卵 4~8 枚；卵污白色。雌鸟孵卵期间，尾脂腺分泌一种特臭的棕黑色液体，对巢雏起保护作用。食虫益鸟。本科鸟类全世界计有 1 属，2 种，分布于欧洲、亚洲、非洲的温暖地区。北京地区仅 1 属，1 种。

237

戴胜 *Upupa epops*

Eurasian Hoopoe

245～312 mm

55～92 g

野外识别特征：独特易认。嘴长且下弯，具长而尖黑的耸立型棕色丝状冠羽，头、上背、肩及下体棕色，两翼及尾具黑白相间的条纹。

形态特征：中小型攀禽。头顶有显著的棕色羽冠，各羽先端黑色，靠头后冠羽具白色次端斑；上体羽棕色；下背羽杂以淡棕色和白色宽阔横斑；腰部白色；尾羽黑褐色，近中部横贯一道宽阔的白色横斑带；初级飞羽中间具一道宽阔白斑；次级飞羽具黑白相间的横斑；大、中覆羽也具浅白色横斑；下体腹以上淡棕白色，腹以下颜色稍淡。嘴黑色，细长而向下弯；脚铅褐色。

生态特征：鸣声比较洪亮，三声一度。边在地面行走边鸣叫，冠羽一起一收。栖于广阔的平原和山地，以昆虫及小软体动物为食。建巢于树洞或岩石缝隙中。巢材由枯草、细树枝、羽毛等构成。每窝产卵 5～9 枚；卵长圆形；浅鸭蛋青色；雌雄轮流孵化；18 天左右出雏。育雏期巢窝臭气冲天，故又称"臭姑姑"。

分布：欧洲南部到非洲南部和亚洲南部等温暖地区。几遍布我国全境。

居留状况：夏候鸟，冬候鸟(5～8 月；10 月～翌年 3 月)，旅鸟。

十八、鴷形目　Piciformes

37. 啄木鸟科　Picidae

中小型攀禽。体型大小不一。嘴如凿锥状，长直而硬；舌细长，能伸缩，有黏液，舌尖端有成排的小刺钩；尾羽的羽干富有弹性或柔软；脚稍短而壮，对趾型足。大都为树栖鸟类。飞行曲线呈大波浪状。多在树干上营巢。本科鸟类全世界计有 27 属，217 种，分布几遍及世界各地。我国境内计有 13 属，32 种。北京地区计有 3 属，8 种。

238

蚁䴕 *Jynx torquilla* 160～197 mm

　　　　Eurasian Wryneck 28～47 g

野外识别特征： 小型不在树上攀缘的非典型灰褐色啄木鸟。体羽斑驳杂乱。活动时，常把头歪至奇怪的角度。

形态描述： 头棕灰色；贯眼纹深棕色；头顶正中有一黑棕色冠纹一直伸延至背部；上体羽以银灰褐色为主，杂以暗褐色虫蚀状细纹或粗斑纹，如同蛇蜕或树皮状；飞羽深褐色，三级飞羽和肩羽具黑色羽干纹几成一条纵纹；翅覆羽棕色，杂以虫蚀状细斑；尾羽灰褐色，具宽阔的棕褐色横斑和细碎纹；腹部满布黑褐色矢头状细斑。虹彩黄褐色；嘴、脚铅灰色。

生态特征： 鸣声为"溃，溃，溃"，音短促而尖锐。主要在树林处的较开阔地面上活动，不像啄木鸟能攀缘树干。以蚁类为食。颈部可做奇特的扭动动作。繁殖期间筑巢于树干中。每窝产卵 5～14 枚；孵化期约为 13 天。

分布： 欧洲、亚洲绝大部分及非洲北部。除西北荒漠地区外，几遍布我国全境。为夏候鸟、冬候鸟。

居留状况： 旅鸟（4 月下旬～5 月中旬；8 月上旬～9 月中旬）。

239

星头啄木鸟 *Dendrocopos canicapillus* 140～180 mm
Gray-capped Woodpecker 20～30 g

野外识别特征：黑白两色的小型啄木鸟。头顶灰色，下体棕黄色，具有纵纹。雄鸟眼上方具红色条纹。

形态特征：小型攀禽。雄鸟前额和头顶灰褐色，鼻羽、眼先污白色，眉纹白色宽阔，延伸至颈侧处白斑；耳覆羽淡棕色，枕部两侧各具一红色小斑；枕、后颈、上背和肩黑色，下背和腰白色具黑色横斑；颏、喉灰白色；胸腹部污白色泛淡棕黄色，布满黑色纵纹，下腹部纵纹变细不明显。虹膜红褐色；喙铅灰色；脚灰褐色。雌鸟与雄鸟类似，但枕侧无小红斑。相似种小斑啄木鸟雄鸟头顶红色，雌鸟头顶黑色，均无白眉纹；小星头啄木鸟体型较小，上背和肩有整齐的黑白横斑，头顶至后颈灰褐色，头顶后部两侧各有一条橙红色条纹，翕和颈侧各有一白斑。

生态特征：栖息于山地、平原的阔叶林、针阔混交林、针叶林或林缘。成对或单独活动。在树枝干上啄食天牛、小蠹虫、蟒象、蚂蚁、甲虫等昆虫。在心材腐朽的树干上凿洞营巢，巢位较高，洞内无垫物。每窝产卵 4～5 枚，卵白色；雌雄轮流孵化；孵化期12～13 天。雏鸟晚成性，离巢后一段时间内继续跟随亲鸟呈家族群活动。

分布：分布于亚洲东南部。在我国分布于东北、华北、华东、华中、华南等地区。

居留状况：留鸟。

240

小星头啄木鸟 *Dendrocopos kizuki* 120～170 mm
Pygmy Woodpecker 20～22 g

野外识别特征：似星头啄木鸟。耳羽后具白色块斑，眉线短而白，颊线白色，眉线后上方具不明显红色条纹；背及两翼具白色横斑；下体皮黄，具黑色条纹。

形态特征：小型攀禽。雄鸟前额至头顶浅灰色，颊、耳覆羽至颈侧棕褐色；眉纹白色，延伸至后颈，与颈侧白斑相连；枕至后颈黑色，后颈两侧各有一条橙红色纵纹；肩、背黑色杂以白色横斑纹，腰至尾上覆羽黑色；颏、喉、上胸白色，下胸至腹部灰白色具黑褐色纵纹；翅黑白间错，小覆羽黑色，中覆羽和大覆羽黑褐色，中部白色；飞羽黑色杂以白斑；尾黑色，外侧尾羽具白斑。雌鸟与雄鸟相似，但枕两侧无红色小纵纹。相似种星头啄木鸟体型较大，上背无白色横斑。

生态特征：鸣声为单调的"喳——"。栖息在山地针叶林、针阔混交林、阔叶林至林缘。除繁殖期外常单独活动。沿树干向上攀缘啄食金花虫、天牛、小蠹虫等昆虫。在杨树、水曲柳等心材腐朽的树干上凿洞营巢，巢内无垫物。每窝产卵 5 枚；卵白色；雌雄轮流孵化；雏鸟晚成性，由雌雄亲鸟共同喂养。

分布：分布于亚洲东部，俄罗斯远东、乌苏里、库页岛、朝鲜、日本等地。在我国分布于东北、河北、山东地区。

居留状况：留鸟。

241

棕腹啄木鸟 *Dendrocopos hyperythrus*
Rufous-bellied Woodpecker

184～235 mm

41～65 g

野外识别特征：独特易认的中等体型啄木鸟。背、翼及尾黑色，具白斑；头侧及下体浓赤褐色；臀红色。雄鸟顶冠及枕红色。雌鸟顶冠黑而具白点。

形态特征：中型攀禽。雄鸟头顶深红色直达后颈；前额、眼先、颊、颏白色形成斑块；背肩部、飞羽、翅上覆羽黑色，杂以白色斑块；尾上覆羽及两对中央尾羽黑色，外侧尾羽具白斑；整个下体棕栗色。虹彩暗褐色或棕红色；上嘴黑色，下嘴角黄色；脚黑色。雌鸟头顶黑褐色，杂以细白斑点。

生态特征：鸣声似斑啄木鸟。通常栖于高山针叶林中。单只或成对活动。以昆虫为主要食物。建巢于树洞中。一般每窝产卵 4～5 枚。

分布：亚洲东部。我国在东北、东部、南方大部地区，西南部山区，西藏南部有分布。为旅鸟、留鸟和冬候鸟。

居留状况：旅鸟(5 月上旬～6 月上旬；8 月下旬～9 月下旬)。

242

白背啄木鸟 *Dendrocopos leucotos* 220～280 mm
White-backed Woodpecker 85～117 g

野外识别特征： 下背白色。雄鸟顶冠全绯红，雌鸟顶冠黑色。额白，两翼及外侧尾羽白点成斑；下体白而具黑色纵纹，臀部浅绯红。相似种大斑啄木鸟下背部为白色，下体无纵纹，雄鸟仅枕部红色；白翅啄木鸟下体无纵纹，翅具大白斑。

形态特征： 雄鸟鼻羽黑色杂以棕白斑，额、眼先、耳覆羽棕白色，头顶至枕部朱红色，眼上方前黑后白，颊纹黑色；后颈至上背黑色，下背至腰白色；颏、喉白色，上胸两侧黑色，前颈和胸灰白色具黑纵纹，腹白色具黑纵纹；下腹和尾下覆羽朱红色；肩黑色，具白色端斑；翅黑色，内、外䎃均具白色横斑和端斑；中央尾羽黑色，外侧尾羽白色具黑色横斑。虹膜红色；喙黑灰色；脚黑褐色。雌鸟与雄鸟相似，但头顶黑色，不为红色。幼鸟头顶铅灰色，雄性具淡红色羽端；背灰白色；颏、喉、前颈、上胸棕白色，下胸、腹、两胁污灰色沾黑。

生态特征： 鸣声为"嘎嘎嘎-嘎嘎嘎……"。栖息在山地针叶林、阔叶林、针阔混交林，常单独或成对活动，常沿树干从下往上攀缘觅食，飞行呈波浪式。啄食天牛、叩头虫、蚂蚁、小蠹虫、松毛虫等昆虫及蜘蛛、蠕虫等小型无脊椎动物。在心材腐朽的阔叶树上营巢，一般每年都啄凿新巢，洞中垫有木屑和树木韧皮。每窝产卵3～6枚；卵白色；雌雄轮流孵化，孵化期16～17天；雏鸟晚成性，经23～24天离巢，之后随亲鸟一起活动一段时间。

分布： 分布于欧洲北部、小亚细亚、南西伯利亚、俄罗斯远东至朝鲜、日本。在我国分布于东北各省、河北、内蒙古、新疆北部、四川、福建和台湾。

居留状况： 少见留鸟。

●○○○○

●

243

大斑啄木鸟 *Dendrocopos major* 210～255 mm
Great Spotted Woodpecker 62～79 g

野外识别特征：翅上具大块白斑，下体较干净。雄鸟枕红而顶黑。

形态特征：中型攀禽。雄鸟头顶辉黑色；后枕部具鲜艳深红色斑块；颧纹黑色向后分为两支，成一半环状黑胸带斑；体羽上黑下白；黑翅具显著长带状白斑；中央尾羽黑色；外侧尾羽白色具黑色斑；下腹至尾下覆羽呈暗红色。虹彩暗红色；嘴铅灰色；脚褐色。雌鸟头枕部黑色，其后有红斑。

生态特征：鸣声为尖厉连续的"啾儿啾儿啾儿啾儿……"。栖于山地、平原的森林树丛间。和其他啄木鸟一样，善于用富有弹性的中央尾羽轴支撑身体攀登树干。可利用喙、舌钩取树皮下及树干中的昆虫幼虫等；冬季也兼吃一些植物性食物。是著名的森林益鸟。繁殖期间，凿取新树洞为巢。每窝产卵 3～8 枚；卵白色；孵化期约为 16 天。

分布：欧洲、亚洲部分地区、非洲西北部。分布于我国东部及新疆西部。

居留状况：留鸟。

244

黑啄木鸟 *Dryocopus martius*   410～470 mm

         Black Woodpecker   325～352 g

野外识别特征：体型巨大的全黑啄木鸟。嘴黄且顶冠红色，雌鸟仅后顶红色。

形态特征：雄鸟额、头顶、枕部以及羽冠朱红色；耳覆羽、后颈、上背黑色略带辉绿色光泽；下背、腰、尾上覆羽黑褐色带光泽；颏、喉、颊暗褐色，胸腹部及尾下覆羽黑色；翅与尾黑色，羽轴具金属光泽。虹膜黄色；喙灰蓝色至骨白色，尖端铅黑色；脚深灰褐色。雌鸟与雄鸟类似，羽色稍浅，仅头顶后部朱红色。幼鸟体色较浅，额、头顶褐色，枕部红色较黯淡。相似种白腹黑啄木鸟腰、腹白色，头具长的红色冠羽，雄鸟颚纹亦为红色。

生态特征：鸣声为单调的"ge-la-"，平时较少鸣叫，繁殖期增多，为稍复杂的"gelalala-gelalala-"。主要栖息在海拔 1 800 m 下的针叶林和针阔混交林中，常单独活动。在树干或枯朽的倒木上啄食蚂蚁、金龟子、叩头虫、天牛幼虫、昆虫虫卵等。在心材腐朽的树干中上部啄洞营巢，巢洞洞口长方形。每窝产卵 4～5 枚；卵白色；雌雄轮流孵化，孵化期 12～14 天；雏鸟晚成性，经过 24～28 天可离巢飞翔。

分布：分布于欧洲、小亚细亚、西伯利亚、朝鲜及日本。在我国分布于东北各省、河北、山西、内蒙古、甘肃、新疆、青海、四川、云南等省。

居留状况：偶见留鸟。

245

灰头绿啄木鸟　　*Picus canus*　　265～311 mm
　　　　　　　　　　Gray-headed Woodpecker

125～150 g

野外识别特征： 中等体型的绿色啄木鸟。雄鸟前顶冠猩红色，眼先及狭窄颊纹黑色；枕及尾黑色。雌鸟顶冠灰色而无红斑。下体全灰，颊及喉亦灰。

形态特征： 中型攀禽。雄鸟全身羽色以土绿色为主；头顶前部、额部辉红色；眼先、颧纹黑色；头余部为灰色；初级覆羽、初级飞羽和次级飞羽暗褐色，初级飞羽外翈具一系列小白斑；中央尾羽黑褐色，羽缘亮黄色；下体羽以灰绿色为主。2、3 趾朝前，1、4 趾朝后，形成对趾足，适于在树干上攀缘。虹彩红色；嘴黑灰色；脚青绿色。雌鸟体羽羽色不如雄鸟鲜艳，头上无红色斑。

生态特征： 繁殖期间雄鸟炫耀时常以嘴连续疾速敲打树干，有时也发出尖亮的"嘎，嘎，嘎……"声，5～7声，一声比一声低。夏季常栖于山林间；冬季迁移到平原附近的树林间。沿直线波浪状飞行前进。在树干上沿"S"形螺旋上升。春夏专吃昆虫，有时下地啄食蚂蚁；冬秋兼吃植物性食物，是著名的森林益鸟。营巢于树干上，以嘴凿筑洞巢。每窝产卵 4～5 枚；卵白色，光滑无斑；雌雄轮流孵卵；12～13 天出雏。

分布： 欧洲、亚洲和非洲西北部。除西北干旱地区外，几遍布我国全境。

居留状况： 留鸟。

十九、雀形目　Passeriformes

38. 百灵科　Alaudidae

　　小型鸣禽。体型纤小如麻雀。头常具羽冠，鸣叫时常竖立起来；嘴小呈圆锥状，嘴端尖长；鼻孔为悬须羽掩盖；翅尖长；尾较翅短些；跗蹠后缘鳞片愈合成一块完整的鳞板，后爪直而尖长，起支持身体的作用。幼鸟体羽通常具斑点或横斑纹。栖息于开阔平原旷野、山坡草地或河流沿岸沼泽草丛地带；善于直飞上空，边飞边鸣叫，声音悦耳。许多种类以鸣啭而著称。繁殖期间，营巢于草丛浅凹地面上，枯草为材。杂食，以植物为主。雏鸟晚成性。本科鸟类全世界计有 19 属，91 种，主要分布在东半球。我国境内计有 6 属，14 种。北京地区计有 5 属，6 种。

246

蒙古百灵 *Melanocorypha mongolica* 165～195 mm
Mongolian Lark 45～60 g

野外识别特征：体型较大的百灵。土褐色的身体配上黑色的胸带很好辨认。

形态特征：小型鸣禽。头、后颈栗棕色，有污白眉纹；上体以褐为主，杂有棕黄及灰白斑纹；尾羽黑褐色具白缘及白端；翅黑褐有白斑；下体近白色，胸部具不全的黑色横斑带。

生态特征：鸣声嘹亮动听。栖息于高原草地或沼泽草丛。喜结群在草地上奔驰，常高飞直冲云霄歌唱。植食性为主，繁殖期以昆虫育雏。5～6月间在草地凹处用杂草茎叶堆成陋巢，其上还用草丛掩蔽。每窝产卵2～3枚；卵呈白色或浅黄，具褐色细斑。是与画眉齐名的善唱鸣禽，雄鸟嘹亮的鸣声动听多变，并善于仿效其他鸟鸣唱音调。

分布：西伯利亚贝加尔地区、蒙古及我国北方部分地区。

居留状况：冬候鸟(1957 年 11 月，12 月 15 日；1975年 12 月 15 日)。近年越冬种群数量增加。

247

大短趾百灵 *Calandrella brachydactyla*

Greater Short-toed Lark 137～165 mm

21～32 g

野外识别特征：体色偏沙土色的百灵。上体具纵纹，眼先浅色，颈侧具黑色斑块及稀疏纵纹；下体较干净，皮黄色；中覆羽色深与大覆羽颜色对比强烈，外侧尾羽具白边。嘴浅黄色，短而厚重。与短趾百灵的区别在于初级飞羽较短，伸出三级飞羽的部分较短。

形态特征：上体沙棕色具黑褐色纵纹，眉纹棕白色，较短；尾羽黑褐色，最外侧两对尾羽具白色斑，其中最外侧一对几全为白色；下体皮黄色，胸和喉侧棕色较深，上胸两侧具黑褐色斑。

生态特征：繁殖期间鸣声动听悦耳，通常在冲向高空时鸣唱。栖息于开阔的干旱平原和荒漠及半荒漠地带。主要以昆虫为食。繁殖期 5～7 月，通常营巢于地面凹坑内，四周有植物覆盖。每窝产卵 4～5 枚。

分布：亚洲、欧洲南部和北非。在我国分布于西部和东北地区。

居留类型：旅鸟，冬候鸟。

248

短趾百灵 *Calandrella cheleensis* 146～170 mm
Asian Short-toed Lark 22～32 g

野外识别特征：体型略小而紧凑的百灵。上体具黑色纵纹，眼先浅色，胸前亦具黑色纵纹，颈侧无黑色斑块，外侧尾羽具白边。

形态特征：小型鸣禽。眼先、眉纹、眼周白色，颊部、耳羽棕褐色；上体羽沙棕褐色，具黑褐色纵纹，多而密，显著；飞羽暗褐色，翅上覆羽淡棕褐色；双翅折合时，三级飞羽与翅端超过或等于跗蹠长度；最外侧一对尾羽白色，羽基、外䎟缘黑褐色；外侧第二对尾羽外缘白色，其他尾羽黑褐色；颏喉部灰白色；胸部黑褐色纵纹不明显；两胁具棕褐色纵纹。

生态特征：繁殖期间鸣叫婉转动听。栖于半荒漠草原、河流旁沙砾地或草地上。以杂草种子等为食，也食昆虫。筑巢于荒漠多砾石的沙土地或河漫滩上。每窝产卵 2～3 枚。

分布：我国东北、华北西部广大地区有繁殖，为留鸟或夏候鸟。长江以北有迁徙鸟经过，越冬地不明。

居留状况：旅鸟。

249

凤头百灵 *Galerida cristata*　　150～190 mm
　　　　　Crested Lark　　　　33～50 g

野外识别特征：与云雀的区别在冠羽更发达，且嘴更细长。

形态特征：小型鸣禽。体色棕褐色具斑纹。头顶具较深的黑褐色纵纹，头顶中央几枚长羽形成羽冠，具黑色羽干纹，眼先、颊、眉纹淡棕白色，贯眼纹黑褐色；上体土棕褐色，具黑色羽干纹；腰、尾上覆羽沾棕褐色，腹部棕白色，胸侧深棕色，黑色纵纹明显，两胁沙褐色；翅深棕褐色，外翈沾赭黄色；尾略呈叉形，尾羽暗褐色。雌雄鸟特征类似。相似种亚洲短趾百灵体型稍小，无冠羽。

生态特征：鸣声婉转清脆，喜长时间连续鸣啭。栖息在干旱平原、半荒漠、沙地、旷野、农田等开阔地，除繁殖期外常成群活动，多在地上活动，也喜栖息于地面上的土堆、矮灌木上，善于地面奔跑。飞行姿势波浪式，多为短距离飞行。食性较杂，以多种昆虫和植物种子为食。于荒漠草地的沙坑中营巢，巢呈碗状或杯状，垫以枯草、羽毛等巢材。每窝产卵 3～5 枚；卵青白色或沙褐色，被有棕褐色或灰紫色斑点；孵化期 12～13 天，多由雌鸟孵化；雌雄鸟共同育雏；雏鸟晚成性，11 天离巢。

分布：广泛分布于欧亚大陆多地。在我国北方多省及长江流域广有分布。

居留状况：留鸟。

250

云雀 *Alauda arvensis*   150～192 mm
Eurasian Skylark   23～45 g

野外识别特征：头顶具冠羽，后翼缘白色在飞行时可见。

形态特征：小型鸣禽。体型较麻雀大，头后部有不显著羽冠。上体羽大都沙棕色，有黑色细纵纹；下体棕白色，胸部密布黑褐色纵纹，余部污白色；尾羽黑褐色，最外侧尾羽几纯白，次外一对尾羽具楔状白斑；翅三级飞羽长。脚肉褐色，后爪长而直。

生态特征：栖息于河流、池塘等近水的草地；善在草地上疾走；遇惊时头上羽冠竖起，藏匿于草丛中；常骤然自地面垂直起飞，直冲云霄，升至一定高度时，悬浮于空中歌唱，歌声柔美嘹亮，而后高唱入云霄，俗称"鱼鳞燕儿"。杂食性，但以植物种子为主。营巢于地面凹处。巢由枯叶、干草堆集而成，巢内铺以细草根等。每窝产卵 3～7 枚；雌鸟孵卵；孵化期约 11 天；幼雏经哺育约 20 天离巢。云雀善鸣唱，是著名笼养观赏鸟之一。

分布：欧洲、亚洲及非洲西北部。我国在河北以北的东北及西北地区繁殖，迁徙时遍及东部，越冬于华南、华东地区。

居留状况：冬候鸟(11 月～翌年 4 月)，旅鸟(1～4 月；9～11 月)。

251

角百灵 *Eremophila alpestris*　　150～190 mm
　　　　Horned Lark　　　　　　29～47 g

野外识别特征：为体型较大的百灵。土褐色的身体配上黑色的胸带很好辨认。飞翔时白色的次级飞羽和深色的胸带十分明显。

形态特征：小型鸣禽。雄鸟前额白色或淡黄色，头顶前部紧靠前额处有一黑色宽横带，末端各有一簇角状的黑色长羽伸向脑后；眼先、嘴基、颊、耳羽黑色，眉纹与前额相连，白色或沾淡黄色；后头、上背褐色，背、腰至尾上覆羽棕褐色具暗褐色纵纹；颏及上喉白色或淡黄色，下喉到上胸黑色形成横带状，下胸、腹部白色，两胁略沾灰褐色；翅褐色，初级飞羽具灰白色狭缘，次级飞羽具白色端斑；尾棕褐色，中央尾羽褐色，两侧尾羽褐色具白色羽缘，最外侧尾羽几乎纯白。喙黑色；跗蹠与脚黑色。雌鸟与雄鸟类似，但羽冠不明显，胸部黑色横带较小。

生态特征：鸣声清脆婉转，常在空中边飞边鸣唱。栖息在高山草地、半荒漠、荒漠等地，多单独或成对活动。主要以禾本科植物种子为食，也吃少量的昆虫。在草丛底部地面的凹陷处营巢，巢外层为干草、草根等材料，内垫以羊毛、花序等柔软材料。每窝产卵 3～5 枚；卵在刚产出时为白色，渐渐表面显出褐色斑点。

分布：广泛分布于欧亚大陆、非洲和北美洲。在我国分布于东北各省、河北、山西、内蒙古至甘肃、青海、四川、新疆等西北地区。

居留状况：冬候鸟。

39. 燕科　Hirundinidae

小型鸣禽。体型小而轻巧；嘴平扁短阔，上嘴近尖端有一小缺刻，嘴裂阔；鼻孔裸出；嘴须短。翅狭长而尖；尾羽呈叉形；脚细弱，前缘被盾状鳞。善空中飞翔盘旋，历久不休。食物为空中飞虫。巢多以泥土杂草造成杯状或长颈壶状，置于屋檐下或岩石壁上。卵白色或缀有赤色斑纹。本科鸟类全世界计有 14 属，90 种，分布遍及世界各地。我国境内计有 4 属，12 种。北京地区计有 5 属，6 种。

252

崖沙燕 *Riparia riparia*　　　　125～135 mm
　　　　Sand Martin　　　　　　12～16 g

野外识别特征：全身沙褐色的燕，体型较岩燕小，下体较干净，具褐色胸带。

形态特征：小型鸣禽。是燕科鸟类中最小的一种。嘴扁阔；尾端凹状；上体、翅暗褐色，尾羽颜色稍深；下体灰白色，胸部有灰褐色宽带。

生态特征：常在河岸、湖沼沙滩或岩石附近盘旋，边飞边叫；集群营巢于河岸沙土峭壁或海滩悬崖。巢区固定，穴可深达 1 m，形成水平坑道，洞口一般距水面 1～1.5 m，在隧道末端的巢用枯草和残羽作铺垫，呈碟状，每窝产卵 4～8 枚；卵白色；孵化期 12～13 天；晚成雏，幼雏经哺育约 19 天离巢。以昆虫为食，可大量消灭农业害虫，是极有益的鸟类之一。

分布：除大洋洲以外，几遍布全世界各地。我国几全境分布。

居留状况：旅鸟，常集群迁徙(5 月上旬～下旬；9 月上旬～中旬)。

253

岩燕 *Ptyonoprogne rupestris*   130～175 mm
   Eurasian Crag Martin   18～28 g

野外识别特征：深褐色的燕，下体污白色，尾下具明显白色点斑。相似种纯色岩燕体型较小，颏、喉色深且具黑褐色纵纹，仅中央一对尾羽不具白斑。

形态特征：小型鸣禽。头顶暗褐色，后颈和侧颈灰褐色，背至尾上覆羽灰褐色；颏喉和上胸污白色，或具暗褐色斑点；下胸、腹部深棕色，两胁、下腹、尾下覆羽烟褐色。肩灰褐色，翅暗褐灰色；尾羽短，尾略内凹近似方形，除中央一对和最外侧一对尾羽外，其余尾羽内翈近端部 1/3 处有一大型白斑。喙黑色；跗蹠与脚肉色。雌鸟与雄鸟相似。幼鸟与成鸟类似，但上体较暗，具宽的暗棕色羽缘，腰和尾上覆羽具淡黄色羽缘；下体偏红棕，颏、喉不具暗褐色斑纹。

生态特征：鸣声为低弱的"啾啾"声，边飞边叫。栖息在高山峡谷地带的悬崖峭壁上，善飞翔，多数时间在河谷、湖泊等湿地上空飞翔，飞行速度比其他燕类略慢。在飞行中捕食，主要摄食蚊、蝇、虻、甲虫等昆虫。在临近湖泊、江河等水源地附近的山崖上营巢，巢呈碗状，由苔藓和地衣混以唾液构成，内垫以羽毛和干草。每窝产卵 3～5 枚；卵白色，具红褐色斑点。

分布：分布于中亚、欧洲南部至非洲北部等地。在我国分布于新疆、青海、西藏、甘肃等西北多省，以及内蒙古、山西、河北、辽宁等省。

居留状况：夏候鸟，留鸟。据在北京的统计，春季多在 4 月 25～26 日到达，秋季 10 月 20 日开始南迁（郑宝赉等，1985）。近年发现少量在山区常年留居。

254

家燕 *Hirundo rustica*   150～195 mm
     Barn Swallow   13～21 g

野外识别特征：头及上体深色而具蓝色光泽，额及后部红褐色，下体白，尾羽分叉长。

形态特征：小型鸣禽。嘴扁阔；外侧尾羽特长，尾呈深叉状。上体、翅、尾羽蓝黑色具金属光泽；下体白色；喉部、前胸栗红色；后胸具不整齐黑色横斑带。

生态特征：在北京每年可以繁殖两窝。多数营造新巢，巢置于屋檐、房梁上，呈半碗形，用湿泥、草根、唾液混合筑成。巢内略铺毛发、残羽等柔软物。第一次每窝产卵 4～6 枚，第二次每窝产卵 2～5 枚；卵白色缀以褐色点斑，在钝端分布较密；雌鸟孵卵，孵化期 14～15 天；雏鸟为晚成雏，幼雏经哺育约 20 天离巢；双亲共同捕捉昆虫饲喂雏鸟，每天多达 180 次。消灭大量害虫，是极有益的鸟类之一。

分布：几乎全球分布。繁殖时遍布北半球，迁徙至南半球越冬。在亚洲北部繁殖的多数远涉重洋到东南亚、印度半岛甚至远至澳大利亚等地越冬，少数在我国南方越冬。我国全境分布。

居留状况：常见夏候鸟(5 月上旬～10 月上旬)，旅鸟(4～5 月，8～10 月上旬)。

255

金腰燕 *Cerropis daurica*   155～198 mm
Red-rumped Swallow   15～31 g

野外识别特征：较家燕大，颊至枕后红褐色，下体纵纹明显，腰部明显浅色，呈栗黄色。

形态特征：小型鸣禽。嘴扁阔；外侧尾羽特长，呈深叉状。上体蓝黑色具金属光泽；腰部有显著栗黄色横斑带，故名"金腰燕"；翅、尾黑褐；下体棕白具黑色细纵纹。

生态特征：栖于从平原到海拔 1 500 m 左右的山区村落及城市建筑物附近。空中飞捕昆虫为食。食物多数是害虫。是极有益的鸟类之一。在居民区的房屋、农舍的横梁或房檐筑巢。巢以湿泥、草茎相混，堆砌成纵剖的半个长颈花瓶状，贴在天花板上；瓶颈是巢口，末端扩大为巢室，内常铺垫干草、破布和残羽等柔软物；每年将旧巢稍加修葺再用。5 月底至 6 月上旬产卵；每窝产卵 4～6 枚；卵纯白；重约 2 g；雌雄轮流孵卵，孵化期 14 天；亲鸟每天喂雏 110 多次；幼雏经哺育约 22 天离巢。

分布：欧亚大陆和非洲。在我国分布于除新疆、藏北以外的广大地区。

居留状况：夏候鸟(4 月中旬～10 月上旬)，旅鸟(4～5 月；8～10 月上旬)。

256

毛脚燕 *Delichon urbicum*   125～150 mm
Common House Martin   18～22 g

野外识别特征： 上体深蓝色，腰部白色，下体白，翼下较烟腹毛脚燕色浅。

形态特征： 小型鸣禽。额基、眼先绒黑色，额、头顶、背、肩黑色具幽蓝色金属光泽；后颈羽基白色，形成一不明显领环；腰和尾上覆羽白色具黑色细羽干纹；颏、喉、胸、腹至尾下覆羽白色；翅黑色具蓝色光泽；叉形尾黑褐色。嘴黑色，扁平而宽；跗蹠与趾橙色或淡肉色，均被以白色绒羽。雌鸟与雄鸟相似。幼鸟上体颜色较褐，下体亦缀有褐色，两胁尤为明显。相似种烟腹毛脚燕下体和腰沾有烟灰色。

生态特征： 栖息在山地、森林、河谷等地，尤喜临近水边的悬崖，常呈10～20只小群活动，喜在水域上空边飞边叫。在飞行中捕食蚊、蝇、蜻象、甲虫等昆虫。在悬崖石缝中或桥梁、废弃建筑物墙壁等人工构筑物上营巢。通常回到往年的巢位上营巢，巢呈半杯状或半球状，用泥土混合羽毛和杂草做成的小泥丸砌筑而成。每窝产卵4～6枚；卵白色；雌雄轮流孵化，孵化期15天；雏鸟晚成性，20～23天可离巢。

分布： 分布于欧洲、地中海、中亚、西亚至南亚等地。在我国分布于新疆、内蒙古东北部、东北、华北、江苏、湖北、广东等地。

居留状况： 旅鸟，夏候鸟。

257

烟腹毛脚燕 *Delichon dasypus* 102~120 mm
Asian House Martin 10~15 g

野外识别特征: 似毛脚燕,但翼下色深。

形态特征: 小型鸣禽。额、头顶、头侧、背、肩黑色,头顶、耳覆羽、上背具蓝色金属光泽;后颈羽毛基部白色,略呈领环;下背、腰及短尾上覆羽白色具黑色羽干纹,长尾上覆羽黑色;颏、喉、胸、腹至尾下覆羽烟灰白色,胸和两胁烟灰色浓重;翅黑褐色具蓝色金属光泽;尾黑褐色,呈浅叉状。嘴黑色;跗蹠与趾肉色,被以白色绒羽。雌鸟与雄鸟类似。相似种毛脚燕下体纯白色。

生态特征: 栖息在山地悬崖、河谷地带,常成群活动,在森林、草坡上空低飞捕食。摄食膜翅目、半翅目、鞘翅目、双翅目等昆虫。在崖壁凹陷处或人工建筑物上营巢,巢为侧扁的长球形或半球形,一边开口,由泥土、枯草混合成的泥丸砌筑而成,内垫以枯草、苔藓、羽毛等。每窝产卵 3~5 枚;卵白色。

分布: 分布于亚洲东部和南部等。在我国分布于甘肃、青海、西藏、四川、湖北、云南、贵州、陕西、山西、河北、江苏、福建、广东、广西、海南、台湾等多省。

居留状况: 旅鸟,夏候鸟。

40. 鹡鸰科　Motacillidae

小型鸣禽。体型细小修长。嘴细长，上嘴前端具缺刻；嘴须相当发达；鼻孔裸露；翅长而尖；尾羽细长，最外侧尾羽几乎纯白色；脚细长，爪细长而弯曲。善在地上奔跑。飞行曲线呈波浪状，边飞边鸣叫。栖息时尾羽上下或左右摆动不停。本科鸟类有两大类，鹡鸰类和鹨类。全世界计有 5 属，62 种，鹡鸰类分布限于东半球；鹨类分布在世界各地。我国境内计有 3 属，20 种。北京地区计有 3 属，13 种。

258

山鹡鸰 *Dendronanthus indicus* 145～175 mm

Forest Wagtail 13～22 g

野外识别特征： 与其他鹡鸰生境不同，黑色胸带明显，两条白色翅斑显著。

形态特征： 中小型鸣禽。从额至背呈橄榄绿色，腰部颜色较浅；尾上覆羽至尾部黑褐色，中央一对颜色更为偏褐色，最外侧一对尾羽白色，最外侧第二对和第三对尾羽均具白斑；翅上有 2 道明显的翅斑；眉纹黄白色，贯眼纹黑褐色；前胸有一条黑褐色横带，后胸也有一不完整的横带。

生态特征： 夏季栖息于山地林间空地，溪流附近，活动时尾羽不断上下或左右摆动，飞行呈波浪状，鸣叫似金属环摩擦原木的声音，故民间描述为"刮刮油"。飞捕昆虫。营巢于距地有一定高度的水平枝上，巢用枯草、苔藓、纸屑、兽毛、羽毛等材质，巢呈杯状。一般每窝产卵 4～5 枚；孵卵期 9 天；13 天左右出巢。

分布： 俄罗斯远东、朝鲜、日本，至印度和泰国等东南亚地区。我国东部大部地区均有分布。

居留状况： 夏候鸟。

259

白鹡鸰 *Motacilla alba* 156～200 mm
White Wagtail 15～30 g

野外识别特征：黑白色的鹡鸰，与其他种类较易区分。亚种间形态变化较大。

形态特征：小型鸣禽。上体羽有显著白斑纹，除额部、头颈侧部为纯白外，概呈黑色；中央尾羽黑色，外侧两对尾羽几全白；翅黑褐色；下体羽白色，胸部具一半圆形的黑斑；眉纹白色。

生态特征：觅食于水域岸边草地、沼泽、农田。常三五结群在地上疾走或在空中捕食飞虫。飞行时呈波浪形，常近水面飞行，边飞边叫，叫声为尖锐的"叽吟，叽吟"声。栖息时尾部常上下打动不止。在山区营巢，巢筑在河滩石缝中或墙洞中。巢呈杯状，由枯叶、茎秆、树皮、纤维、草根筑成，粗糙而疏松，内衬兽毛、残羽等柔软物。每窝产卵 3～7 枚；孵化期 13～14 天；幼雏经哺育约 14～15 天离巢。

分布：欧亚大陆和非洲。在我国广泛分布。

居留状况：夏候鸟(3～10 月)，旅鸟(4～6 月；9～12月)。

260

黄头鹡鸰 *Motacilla citreola*　　　150～195 mm
　　　　　　Citrine Wagtail　　　　　　14～27 g

野外识别特征：与黄鹡鸰相比，尾羽更长，且通常都有两条显著的白色翅斑。

形态特征：头鲜亮黄色，后颈有一窄黑色领环；背黑灰色；尾羽黑褐色，最外侧尾羽具显著楔状白斑；翅黑褐色，有白色羽缘；下体鲜黄色。

生态特征：栖息于靠近山区水边、农田、草地等生境中，单独或成对或小群活动。一般太阳升起后更为活跃，常沿水边小跑追捕昆虫，头部常前后摆动，尾常上下摆动。5 月进入繁殖期，在土丘下面或草丛中筑巢，巢用枯草、苔藓、毛发、羽毛等材质。每窝产卵4～5 枚。

分布：俄罗斯远东、蒙古、中亚、印度。我国全境分布。

居留状况：旅鸟。

261

黄鹡鸰　*Motacilla flava*　　　　150～190 mm
　　　　　　Yellow Wagtail　　　　16～21 g

野外识别特征：部分亚种与黄头鹡鸰雌鸟易混，但后者黄色眉纹在耳覆羽后下弯，使得耳覆羽与深色的枕部隔开，且具较宽的白色翅斑。

形态特征：小型鸣禽。上体橄榄绿色；头顶暗灰绿色；眉纹黄色；耳羽淡灰褐色；尾羽黑褐色，最外两对具大块白斑；翅暗褐色，有两道淡黄翅斑；下体黄色。后爪较长。

生态特征：栖息于近水潮湿沼泽草地、农田和旷野。主食昆虫及虫卵、蠕虫，亦兼食杂草种子。营巢于隐蔽处地面。每窝产卵 4～8 枚；孵化期 13～16 天；幼雏经哺育约 12～13 天离巢。

分布：主要繁殖区在欧亚大陆北部和北美的阿拉斯加，冬季南迁至非洲、东南亚和澳大利亚。在我国繁殖区为新疆天山、东北、内蒙古中部和甘肃兰州等地；迁徙时旅经我国广大地区。

居留状况：旅鸟(5～6 月；9～10 月)。

262

灰鹡鸰 *Motacilla cinerea*　　170～198 mm
Gray Wagtail　　14～23 g

野外识别特征：尾羽长，腰及尾下覆羽黄色，脚色浅。

形态特征：小型鸣禽。雄鸟眉纹、颧纹白色甚著；头顶灰色；上体羽灰色为主；尾上覆羽鲜艳黄色；中央尾羽黑褐色，外侧尾羽具大型白斑；翅黑褐色，内侧飞羽具明显白缘；颏部黑色（秋冬为黄白色）；下体余部呈鲜艳黄色。雌鸟类似雄鸟，但颏部为白色；体羽不如雄鸟鲜艳。

生态特征：雄鸟叫声有时似山雀。栖息于水域附近沼泽草地、岸边或砾石间。常与白鹡鸰混群活动觅食。尾羽常上下打动。在石缝中用草根、枯叶、树皮、细枝筑皿形巢，内垫大量兽毛。食物几为昆虫，是常见益鸟。

分布：欧洲、亚洲、非洲。在我国繁殖于东北、华北至四川的广大地区；迁徙时几遍全国；于华南及海南越冬，台湾为留鸟或冬候鸟。

居留状况：夏候鸟（4 月下旬～10 月中旬），旅鸟（4～6 月，9～12 月）。

263

田鹨 *Anthus richardi*　　　　　　156～200 mm
　　　　Richard's Pipit　　　　　　　20～33 g

野外识别特征：体型较大，后趾甚长，站立时通常较挺拔。

形态特征：小型鸣禽。上体黄棕色，黑褐色纵纹甚著；下体胸部淡黄褐色，具粗的黑褐色纵纹；下体余部乳白色；翅、尾羽黑褐色，最外侧一对尾羽几为全白，次外一对尾羽有大型楔状白斑；眉纹乳黄色。

生态特征：栖息于水域附近沼泽草地、农田附近，可在地面行走。主食昆虫。

分布：亚洲、欧洲、非洲和大洋洲。我国除西藏外遍布全国，在云南属留鸟。

居留状况：旅鸟(5月上旬～6月中旬；9～11月)。

●●●○

264

布氏鹨 *Anthus godlewskii*　　　　　　151～175 mm
　　　　Blyth's Pipit　　　　　　　　　18～30 g

野外识别特征：与田鹨形态上很相似，差别在于：中间几枚中覆羽黑色区域呈"钻石"形，后爪不算很长且更加弯曲，在陆地站立和行走时不如前者"挺拔"。

形态特征：小型鸣禽。上体棕黄色或棕灰褐色，具黑褐色纵纹；下体白色，胸沙棕色具黑色纵纹；外侧第二对尾羽内侧羽缘末端为三角形白斑。后爪较田鹨短。

生态特征：主要栖息于平原、旷野、丘陵和山地。主要以昆虫为食。繁殖期5～7月，通常营巢于地上的草丛或灌木旁地上凹坑内。每窝产卵3～4枚；卵白色，被灰褐色斑点。

分布：分布于亚洲东部，冬季至印度和斯里兰卡越冬。在我国东北大兴安岭、西北贺兰山、西藏等地有分布。

居留状况：旅鸟（5月上旬～6月中旬；9～11月）。

265

树鹨　*Anthus hodgsoni*　　　　140～170 mm

　　　　Olive-backed Pipit　　　15～25.5 g

野外识别特征：上体大部分为橄榄绿色，体色与其他种类的鹨区别较大。眉纹白，耳羽后有一白色圆斑，胸及两胁黄色，且满布较粗的黑色纵纹。

形态特征：小型鸣禽。上体羽橄榄绿色，稍具斑纹；下体棕白色，胸部和胁部具黑褐色粗纵纹；眉纹黄白色；尾羽黑褐有灰绿缘。上嘴黑褐色，下嘴肉粉色，先端黑褐色；脚淡肉褐色。

生态特征：栖息于树林中及其附近草地，常在地上疾走觅食。食物主要为昆虫，冬季亦兼食杂草种子。是对农林有益的鸟类之一。6～7 月营巢于林间草地，巢呈浅皿状。每窝产卵 3～5 枚。

分布：繁殖区自俄罗斯东北部至喜马拉雅地区，冬季南迁到东南亚。我国除西北地区外，遍及全国。

居留状况：旅鸟，少数为冬候鸟(9 月上旬～翌年 5 月中旬)。

266

北鹨 *Anthus gustavi*　　　　　　140～160 mm

　　　　Pechora Pipit　　　　　　　18～23 g

野外识别特征：与红喉鹨非常相似。区别在于喙短而粗壮，基部粉红色。髭纹短而细；背部的白色纵纹更宽；三级飞羽较短，几乎不能盖住初级飞羽。

形态特征：头至后颈棕色具黑褐色纵纹；上体棕褐色，加以黑褐色纵纹，和白色羽缘形成近似的"V"形；尾部最外侧尾羽几全为皮黄白色，第二对外侧尾羽具浅黄白色斑；翅暗褐色，有两道较为明显的白斑；下体近似浅黄白色，颈、胸、两胁有显著的暗褐色纵纹。

生态特征：栖息于水边、草地、林缘、灌丛、田野，单独或成对活动，多在地面活动，间或在低矮树木或灌丛。比较怕人，一遇惊扰迅速飞走，并边飞边鸣，鸣声尖锐。食物以昆虫为主，兼吃杂草种子。6月进入繁殖期，在地面草丛中筑巢，以草叶茎、树叶为巢材。一般每窝产卵4～6枚。

分布：俄罗斯远东、日本、菲律宾、印度尼西亚等地。在我国分布于东北、华北、华南、台湾等地。

居留状况：旅鸟。

267

红喉鹨 *Anthus cervinus*　　　　135～168 mm
　　　　Red-throated Pipit　　　　17～25 g

野外识别特征：偏褐色的鹨，具有本属少见的鲜艳羽
色为最大特征，眉纹、脸颊、喉及上胸粉红色。成鸟
非繁殖羽上述区域颜色较淡，但仍然可看出粉红色的
痕迹。

形态特征：夏羽上体灰褐色，头顶至背部具黑褐色纵
纹；尾暗褐色，最外侧一对尾羽端部具较为明显的灰
白色楔状斑，外侧第二对尾羽末端具白色端斑；飞羽
黑褐色；下体颏、喉、胸红棕色，其余黄褐色，两胁
具黑褐色纵纹。冬羽上体为黄褐色杂以黑色细纵纹，
喉部污白色或微沾淡棕褐色。

生态特征：栖息于草地、灌丛、溪流、林缘、林间空
地、农田和旷野。单独或成对活动，迁徙期间集成小
群。喜在地面活动和觅食，主要以昆虫为食。6月进
入繁殖期，一般在沼泽中高地的地面草丛中营巢，每
窝产卵4～7枚；主要由雌鸟承担育雏任务；孵化期
10天左右；13天左右出巢。

分布：欧亚大陆。我国除西藏和新疆的其他地区均有
分布。

居留状况：旅鸟。

268

粉红胸鹨 *Anthus roseatus*　　　　130～179 mm
　　　　　　Rosy Pipit　　　　　　19～27 g

野外识别特征：繁殖羽不会被错认，且繁殖地在高山。冬羽时，耳后白点斑明显，全身纵纹都较重。脚色浅。

形态特征：夏羽头顶至背部具明显的黑褐色纵纹；上体灰绿褐色；尾羽暗褐色，最外侧一对尾羽具明显的灰白色楔状斑，外侧第二对尾羽楔状灰白色斑较第一对为小；翅上有2道白斑；下体自颏至胸部呈浅葡萄灰色微沾粉红色，大多在两胁具暗色纵纹。后爪直长，大约12 mm。冬羽上体为橄榄灰色，黑色纵纹明显；下体自颏至胸部微沾葡萄粉色，胸和两胁具黑色纵纹。

生态特征：夏季多栖息于山地灌丛、高原草地，海拔多在2 000 m以上；冬季多下行至山脚平原、草地、林缘、耕地。比较活泼，不太怕人，单独或成对活动，迁徙期间结成小群，有时和鹨类混群。在灌丛行走觅食，繁殖期以昆虫为食，冬季以杂草等植物的种子为食。6月进入繁殖期，一般营巢于地面草丛或石洞中。每窝产卵3～5枚。

分布：中亚、南亚和东亚北部，冬季越冬至东南亚。在我国主要分布于青藏高原、西北、华北地区的山地。

居留状况：旅鸟，夏候鸟。

269

水鹨 *Anthus spinoletta*　　　　　145～183 mm
　　　Water Pipit　　　　　　　　　18～27 g

野外识别特征：上体色较浅，下体较干净，眉纹粗而长，脚色深。

形态特征：上体灰褐色，头顶至背有细纹；最外侧一对尾羽具明显楔状白斑，第二对外侧尾羽具白色端斑。繁殖期下体橙黄色，胸部颜色较深，胸侧及两胁具模糊的纵纹。冬季上体褐灰色，头顶至背具浓密纵纹；下体暗皮黄色，喉至胸部具浓密纵纹。

生态特征：主要在 2 000 m 以上的高山草甸繁殖，冬季迁移至山脚平原，一般在水域岸边活动。多在地面活动，飞行呈波浪状。营巢于草丛或石堆间，很隐蔽。每窝产卵 4～6 枚。

分布：古北界、印度西北。我国大部地区均有分布。

居留状况：旅鸟，冬候鸟。

270

黄腹鹨 *Anthus rubescens*   144~185 mm
Buff-bellied Pipit   18~28 g

野外识别特征：下体比水鹨的颜色重；胸部有又深又宽的纵纹，背部有两条颜色很深的条状斑，脸部的特征并不突出，仅有明显眼圈。

形态特征：上体灰橄榄色，头顶至背部有较明显的纵纹；眉纹棕白色；翅上有 2 道白斑；尾黑褐色，最外侧一对尾羽具明显楔状白斑，外侧第二对尾羽白色端斑较小；下体棕白色。繁殖期间喉、胸部沾葡萄红色。

生态特征：繁殖期间在高山草原、溪流、河谷活动，海拔一般在 2 000 m 以上，冬季下行至低山丘陵和平原，在农田、旷野等地也可见到。单独或成对活动，迁徙期间结成小群。多在地面飞跑觅食，飞行呈波浪状。主要以昆虫为食。5 月进入繁殖期，一般于地面草丛或灌丛中营巢，很隐蔽，主要以枯草叶茎、兽毛和羽毛等为巢材。每窝产卵 4~6 枚；孵化期 14 天；15 天左右出巢。

分布：北美、欧洲东北部和亚洲。我国大部地区可见。

居留状况：旅鸟，冬候鸟。

41. 山椒鸟科 Campephagidae

　　小型鸣禽。体型细长似鹡鸰。嘴短，嘴基略宽阔，尖端处略具缺刻；鼻孔略有羽毛遮盖；翅较尖长。腰羽的羽干为坚硬的芒刺状，是本科鸟特征。以飞捕昆虫为生。成群生活。繁殖期间营巢于树上。巢浅杯状。幼鸟羽呈横斑状。本科鸟类全世界计有6属，82种，分布于亚洲、非洲和澳大利亚的温带和热带地区。我国境内计有3属，10种。北京地区计有2属，3种。

271

暗灰鹃鵙 *Coracina melaschistos* 202～245 mm
Black-winged Cuckoo-shrike 30～51 g

野外识别特征： 体型粗壮。全身浅灰，翅及尾黑色，外侧尾羽具白色末端，尾下黑白条纹明显。

形态特征： 雄鸟额、头顶、上体蓝灰色偏黑，腰部浅蓝灰色；尾羽亮黑色具白色尾端，并从中央到两侧逐渐扩大；飞羽黑亮，羽缘白色；下体蓝灰色，向后逐渐变浅。雌鸟下体蓝灰色较雄鸟浅，微沾茶黄色，胸部向后逐渐出现较明显的横斑；尾下覆羽有波状黑纹。嘴和脚黑色。

生态特征： 主要活动于低山丘陵，特别是丘陵与山脚平原接壤的次生阔叶林和针阔混交林中，单独或成对出现，也结3～5只小群。一般在高大的树冠层活动，很少到地面活动。主要以昆虫为食，杂以少量植物果实种子。5月进入繁殖期，在高大乔木树冠层的水平枝上营巢，隐蔽；主要以枯草叶茎为巢材，经常用苔藓涂抹在巢的外壁上加以伪装。每窝产卵2～4枚。

分布： 主要分布于东南亚一带。在我国主要分布于长江流域和东南沿海。

居留状况： 偶见夏候鸟。

●○○○

272

灰山椒鸟 *Pericrocotus divaricatus*　　183～205 mm
　　　　　　 Ashy Minivet　　　　　　　20～28 g

野外识别特征：体型纤长。全身灰色，尾长，外侧尾羽先端白色。

形态特征：小型鸣禽。头黑，额部白；上体苍灰色；尾黑褐色，外侧尾羽具白端；翅黑褐色，有白色翅斑；下体几为纯白。

生态特征：栖息于海拔 400～1 100 m 的针阔混交林中；有时边飞边叫，叫声略似"唧，唧，唧"声，连续鸣叫。主食昆虫。营巢于树上。每窝产卵 4～7 枚；雌鸟孵卵。

分布：繁殖区以东洋界北部为主，在东南亚温暖地区越冬。迁徙期间旅经我国中部和南部地区。

居留状况：少见旅鸟(1956 年 5 月 16 日；1982 年 9 月中旬)。

273

长尾山椒鸟 *Pericrocotus ethologus* 170～203 mm
Long-tailed Minivet 13～25 g

野外识别特征：色彩鲜艳的山椒鸟，本地区内唯一的山椒鸟，不会被认错。

形态特征：雄鸟头部至背具黑色金属光泽，背至腰火红色；翅黑色，第一枚初级飞羽外翈粉红色，最内侧的第三、第四枚飞羽红斑沿外缘伸展至近端处；中央尾羽黑色，第二对中央尾羽大部为黑色，外翈为红色，其余尾羽大部为红色，基部黑色；下体火红色，翼下淡橙红色。雌鸟额基、眼先黄色；上体黑灰色微沾绿色；腰部黄绿色；翅黑色，第五枚初级飞羽至内侧第三枚飞羽中部具黄色宽斑；下体柠檬黄色。

生态特征：栖息于山地森林中，冬季在山麓和平原地带的疏林中也可见。常呈小群活动，一般在树上活动，很少在地面活动。主要以昆虫为食。5 月进入繁殖期，一般在海拔 1 000 m 以上的乔木的水平枝上营巢；巢非常精致，巢材以草茎、植物纤维为主，常在巢外壁裹以苔藓、地衣加以伪装。每窝产卵 2～4 枚。

分布：分布于西喜马拉雅地区至东南亚一带。在我国主要分布于西南地区，陕西、河南、河北、北京地区也有分布。

居留状况：夏候鸟。

42. 鹎科 Pycnonotidae

中等体型的鸣禽。嘴较长，有些种类较粗厚。鼻孔裸露或部分被羽。翅尖长或较短圆，具 10 枚初级飞羽。尾羽 12 枚，为方尾或圆尾型。跗蹠较短。雌雄羽色大多相似。主要栖息于森林和林缘灌丛，多集群活动，以昆虫、植物果实和种子为食。多营巢于乔木或灌木的枝杈处。每窝产卵 2～4 枚。本科鸟类全世界计有 20 属，130 种。我国境内已知有 7 属，22 种，主要分布于秦岭—淮河以南地区，近年来有向北扩张的趋势。北京地区计有 3 属，4 种。

274

领雀嘴鹎 *Spizixos semitorques* 170～215 mm
Collared Finchbill 35～50 g

野外识别特征：体型粗壮的鹎。黑色的头，绿色的身体，白色颈环，黄色的嘴敦厚。

形态特征：头部以黑色为主，额基及下嘴基部有一小束白色羽毛；耳羽黑色，具白色细纹；背部橄榄绿色；尾橄榄黄色，端部具明显黑褐色端斑；翅几与背部同色；喉部有一半环状白环延伸至颈两侧到耳后；胸及两胁橄榄绿色；腹部至肛周鲜黄色。嘴粗短，上嘴略向下弯曲。

生态特征：栖息于山脚至 2 000 m 左右的山地森林、稀树草坡、灌丛等，有时也出现在庭院、果园等处。一般成群活动。食性杂，主要以植物果实种子为主，也吃昆虫，一般于飞行中捕捉。5 月进入繁殖期，一般营巢于距地 1～3 m 小树侧枝梢处或灌丛上。每窝产卵3～4 枚。

分布：东洋界北部。我国主要分布在长江流域及其以南地区。

居留状况：留鸟(逃逸种)。

●○○○○

🔺🔺

275

红耳鹎 *Pycnonotus jocosus*　　　　　165～223 mm
　　　　　Red-whiskered Bulbul　　　　　26～43 g

野外识别特征：具长冠羽，眼后及尾下红色。

形态特征：头顶黑色，具高耸的黑色羽冠；眼后有一明显红斑，耳羽和颊部白色；上体棕褐色；尾暗褐色，除中央 2 对尾羽外，其余尾羽内翈具白色端斑，并具向外侧扩大的趋势；颊和喉部白色，颊和喉之间有一黑色细线；其余下体近白色微沾黄色；胸两侧有一暗褐色或黑色不完整横带；两胁浅褐色。肛周鲜橙红色。

生态特征：栖息于海拔 1 500 m 以下的低山丘陵的树林，也见于路旁、农田、庭院村落。性活泼，常立于突出物上，喜结小群。善鸣叫，常一边跳跃一边鸣叫。杂食性，以植物果实种子为主，也吃昆虫。4 月进入繁殖期，一般营巢于茂密矮树上。巢由枯草叶茎、兽毛、羽毛等构成，呈杯状。每窝产卵 2～4 枚；孵化期 12～14 天。

分布：东南亚一带。我国主要分布于长江流域以南。

居留状况：留鸟(逃逸种)。

276

白头鹎 *Pycnonotus sinensis* 160～220 mm
Light-vented Bulbul 26～43 g

野外识别特征：枕后至眼后白色。

形态特征：头顶黑色带光泽；眼后向枕部形成一白环；耳羽前黑褐色，后部污白色；上体褐灰色，具暗色纵纹；尾和翅暗褐色；喉部白色，胸有一明显的淡灰褐色横带；其余下体污白色，具不明显纵纹。

生态特征：栖息于海拔 1 000 m 以下的低山丘陵的灌丛、草地、果园、农田的树林及林缘地带。一般结 3～5 只或 10 多只小群活动。多在小树灌木上活动，性活泼，一般不做长距离飞行。善鸣叫。杂食性。4 月进入繁殖期，营巢于灌丛或树木上。巢呈碗状。每窝产卵 3～5 枚。

分布：越南北部和琉球群岛。我国主要分布于长江流域以南，近年在北方有零星分布。

居留状况：留鸟。

277

栗耳短脚鹎 *Microscelis amaurotis* 265~280 mm
Brown-eared Bulbul 60~75 g

野外识别特征：全身灰褐色具浅色纵纹，耳后具红斑。

形态特征：额至后枕灰白色，具不明显的白色中央纵纹，具短羽冠；上体暗灰色；尾和翅褐色；耳羽至喉栗色，眼先灰黑色，喉灰白色；胸及两胁灰色，腹部偏白；尾下覆羽灰褐色具较宽的灰白色羽缘。

生态特征：栖息于低山阔叶林、混交林，也见于城镇公园、果园村庄等民居附近的树林中。常3~5只活动。性活泼，善鸣叫。飞行呈波浪状。4月进入繁殖期，营巢于茂密树林的隐蔽树枝上。巢呈碗状，主要由草茎、细枝、苔藓等构成。每窝产卵4~5枚。

分布：朝鲜、日本、菲律宾群岛和印度尼西亚等地。我国东北、东部和东南等地有分布。

居留状况：旅鸟，冬候鸟。

43. 太平鸟科　Bombycillidae

小型鸣禽。体羽松软；头顶具一簇柔软尖长的羽冠；嘴短，略呈钩状，嘴基宽阔；双翅尖长；次级飞羽的羽轴通常延长成红色蜡状小点斑；尾圆而短；跗蹠细弱极短。结群生活，树栖。杂食，喜食植物果实。营巢于树上。本科鸟类全世界仅有 1 属，3 种，分布于欧亚大陆北部及北美洲。我国境内有 1 属，2 种，均见于北京地区，为冬候鸟。

278

太平鸟 *Bombycilla garrulus* 174～212 mm

Bohemian Waxwing 43～65 g

野外识别特征：尾端黄色，黑色贯眼纹不延伸至冠羽，以区别于小太平鸟。

形态特征：小型鸣禽。全身羽毛松软，呈葡萄灰褐色；头顶有一簇柔软而尖长的羽冠；自嘴基过眼至枕部具一明显黑纹；尾羽近端部有一宽阔黄色横带；翅黑褐色，有红色蜡滴状斑块和明显黄白斑；颏、喉黑色；尾下覆羽栗红色。

生态特征：栖息于针阔混交林附近。活动于树林顶端，多时达百只以上，聚集成大群。飞行时鼓动双翅急速直飞，边飞边叫，声音柔细，似"吟吟吟—"。植食性为主，在北京越冬期喜食侧柏和忍冬的果实，对传播植物种子有利。营巢于树上。每窝产卵 4～7 枚；雌鸟孵卵，孵化期约 14 天；幼雏经哺育约 14 天离巢。

分布：北半球温带。我国北部，从东北至新疆西部有分布；主要分布于华东。

居留状况：冬候鸟(11 月～翌年 4 月)。

279

小太平鸟 NT　*Bombycilla japonica*　165～205 mm
　　　　　　　　Japanese Waxwing　31～63 g

野外识别特征：尾端红色，黑色贯眼纹延伸至冠羽。

形态特征：小型鸣禽。形态似太平鸟，但体型稍小。翅上无蜡状斑和黄色斑纹，有红色横纹；尾羽末端具红色端斑；腹羽染黄。

生态特征：常与太平鸟混群，活动于松林顶端。植食性为主。

分布：亚洲东部。在西伯利亚北部至黑龙江流域繁殖；冬季见于日本、我国东北南部和华北沿海地区，直抵长江下游。为罕见的鸟类。

居留状况：少见冬候鸟或旅鸟（11 月下旬～翌年 2 月）。

44. 伯劳科　Laniidae

小型鸣禽。嘴稍大而强,上嘴前端具钩和缺刻,似鹰嘴状,嘴须发达;鼻孔为垂羽须所掩盖;翅短圆;尾端呈凸尾状;跗蹠强健,前缘被盾状鳞片。幼鸟羽毛多数具横斑。栖息于林缘地带。常停留在树顶枯枝端窥视猎物。性较凶猛,喜食蛙类、蜥蜴、鼠类、小鸟和大型昆虫。窥视、突袭捕猎,百无一失。有把捕猎到的动物尸体插在树枝上撕裂啄食的习性。还把多余食物插挂枝头贮藏。繁殖期间营巢于树上或有棘刺的灌丛间。巢呈杯状。每窝产卵3~6枚;卵壳呈杂斑状;雏鸟为晚成鸟。本科鸟类全世界计有3属,31种,分布于世界各地区,数量均有减少的趋势。我国境内计有1属,12种。北京地区计有1属,6种。

280

虎纹伯劳 *Lanius tigrinus*　　147～192 mm
　　　　　Tiger Shrike　　　　23～38 g

野外识别特征：小型伯劳。上体有横纹，翼和尾部栗色。雄鸟下体白色，雌鸟下体有细横纹。幼鸟似雌鸟，但枕部及顶冠栗色。

形态特征：额、眼先黑色，黑色贯眼纹较宽，从嘴基到耳羽；头顶至上背蓝灰色，上体其余部分栗棕色，具细的黑色波状横纹；翅暗褐色，飞羽外翈红棕色，越向内越明显；尾棕褐色，外侧尾羽具白色端斑；下体白色，两胁蓝灰色，腋羽黄色。雌鸟前额灰色，正中有一小黑点；无明显黑色贯眼纹；两胁有黑褐色波状横纹。

生态特征：栖息于低山丘陵和山脚平原较为开阔的阔叶林、灌木林及林缘一带，喜立于较突出处，如树木或电线杆顶端，发现猎物后突然出击飞扑。以昆虫或小型脊椎动物为食。单独或成对活动。鸣叫粗厉，昂首翘尾。飞行时翅膀扇动频率很快，呈波浪状，落下后四处张望，尾上下或左右摆动。5 月进入繁殖期，一般营巢于小树或灌丛上。巢呈杯状。孵化期 14 天左右；14 天左右出巢。

分布：俄罗斯远东、东亚、东南亚一带。我国分布于东北、华北、华南一带。

居留状况：旅鸟。

281

牛头伯劳 *Lanius bucephalus*   177～230 mm
Bull-headed Shrike   30～42 g

野外识别特征：雄鸟头顶褐色，眉纹白，背灰褐；下体偏白而具黑色横斑，两胁沾棕。雌鸟似红尾伯劳，但具棕褐色耳羽，夏季色较淡而较少赤褐色。

形态特征：小型鸣禽。头部宽阔。嘴侧扁而高，上嘴尖具小钩，近端部有缺刻，其后有齿突。头顶到后枕部栗红色；上体灰褐色；翅、尾羽灰褐色，有明显白色翅斑；下体羽喉部棕白，以下转棕；胸部、胁部具暗褐色细鳞纹；具宽阔黑色贯眼纹；眉纹白色。

生态特征：常发出"嘎—嘎—嘎"的粗厉鸣声。栖息于海拔1 200～2 000 m的阔叶林内。主食昆虫。巢置于树杈间。繁殖期在5～7月。每窝产卵3～6枚；主要由雌鸟孵卵；孵化期14～15天，幼雏经哺育约14天离巢。

分布：在亚洲东部的乌苏里江地区，日本，朝鲜半岛等地繁殖；冬季南迁越冬。我国东部广大地区均有分布。

居留状况：夏候鸟(4月中旬～9月下旬)，旅鸟(4月中旬～6月；9月下旬～11月)。

282

红尾伯劳 *Lanius cristatus* 170～208 mm
Brown Shrike 23～44 g

野外识别特征：上体大部灰褐，下体棕白，均无杂斑。嘴黑色，尖端有钩。头侧有宽的黑色眼纹，尾羽棕红色。

形态特征：小型鸣禽。雄鸟头顶灰褐色，有的个体前额灰白色；头侧具由嘴基直至耳羽的黑色贯眼纹；上体暗灰褐色；下体自颏喉部向下由纯白转淡棕白；尾羽棕红色；眉纹白色或淡棕不显。嘴侧扁而高，上嘴尖具小钩，近端部有缺刻，其后有齿突。雌鸟似雄鸟，体色稍浅。

生态特征：平时叫声为"嘎，嘎，嘎嘎"，雄鸟春季有动听的鸣啭。栖息于平原至低山的村庄附近。主食各种较大的昆虫和其他小型脊椎动物。常停留在树顶枯枝上，举目窥视地面，发现猎物即急飞猛扑，抓住猎物后返回原栖息树枝上，把猎物穿刺在树枝上，用嘴撕碎后吞食。若食物剩余，就挂在枝上贮存。营巢于树上。巢由枯草及其他植物纤维等筑成，内垫细草、残羽等柔软物。卵乳白色，缀以灰褐色斑点；孵化期14～15 天；幼雏经哺育约 15 天离巢。

分布：亚洲中部和东部。我国除西藏外，各地均有分布。

居留状况：夏候鸟（5 月下旬～9 月下旬），旅鸟（5 月中旬～6 月；9 月下旬～10 月）。

283

棕背伯劳 *Lanius schach*　　　219～281 mm
　　　　　Long-tailed Shrike　　42～111 g

野外识别特征：体型略大而尾长的伯劳。头顶及颈背灰色；额、眼纹、两翼及尾黑色，翼有一白色斑；背、腰及体侧红褐；喉、胸及腹中心部位白色。

形态特征：前额黑色，有一明显的贯眼纹；头顶至背灰色，下背至腰棕色；尾羽黑色，外侧尾羽外翈具棕色羽缘和端斑，翅黑色，具白色翅斑；喉和腹部白色，下体其余部位棕白色，两胁棕红色。

生态特征：栖息于低山丘陵和山脚平原，一般在田间或路边电线、林缘、果园、农田等地活动。立于突出物上，寻找猎物，发现后迅速出击，捕捉后返回原处吞吃。以昆虫和小型脊椎动物为食。一般 4 月进入繁殖期，繁殖期常立于枝头高处，大声鸣叫，悠扬婉转，有时边唱边飞行数米，快速扇翅，又飞回原处。领域性强。营巢于树上或高大灌丛上。巢呈碗状，以枯草叶茎、植物纤维、棕丝等构成。每窝产卵 3～6 枚；孵化期 13 天左右；14 天左右离巢。

分布：分布于伊朗、印度及东南亚一带。我国主要分布于长江流域及其以南广大地区。

居留状况：罕见旅鸟。

284

灰伯劳 *Lanius excubitor*   225～264 mm
　　　　 Great Gray Shrike   55～76 g

野外识别特征：体大的灰、黑及白色伯劳。贯眼纹、翼及中央尾羽黑色，其余部分近白；两翼的白色斑块较小。

形态特征：小型鸣禽。雄鸟上体灰色；贯眼纹黑色、宽阔；眉纹白色；尾羽黑色，缀以白色端斑；翅黑色有白斑纹；下体羽污白色。嘴侧扁而高，上嘴尖具小钩，近端部有缺刻，其后有齿突。雌鸟羽色似雄鸟，但黑羽多染褐，下体鳞纹显著。

生态特征：栖息于半荒漠的平原、疏林或灌丛中，主要捕食小型鸟类和各种较大的昆虫，兼食其他小型脊椎动物，如蜥蜴、老鼠。常停留在多刺的树枝端，窥视小型脊椎动物的活动，一发现合适的猎物就俯冲直下，突然袭击，猎得后又返回枝上，把猎物摔打死再穿刺在树枝上，用钩嘴撕裂，再行吞食。若食物剩余，就挂在枝上贮存。营巢于树上或灌丛中。每窝产卵 5～9 枚；一般雌鸟孵卵；孵化期约 15 天；幼雏经哺育约 20 天离巢。

分布：欧洲、亚洲、北美洲及非洲的半荒漠地区。在我国新疆西北部及宁夏贺兰山为夏候鸟，在北方的其他地区为冬候鸟或旅鸟。

居留状况：偶见冬候鸟(9 月～翌年 3 月)，旅鸟。

285

楔尾伯劳 *Lanius sphenocercus*　　　　245～310 mm
　　　　Chinese Gray Shrike　　　　　75～104 g

野外识别特征：大型的灰、黑及白色伯劳。似灰伯劳，但两翼具粗的白色斑块，比灰伯劳大。

形态特征：头部有较宽的黑色贯眼纹；上体暗灰色；翅黑色，具大型白色翅斑；尾黑色，除中央第一对尾羽外，其余尾羽具白色尖端，越向外白色尖端越大，最外侧 3 对尾羽白色；下体白色，微沾粉色。

生态特征：栖息于低山丘陵、平原、农田、荒漠、树林稀疏处的开阔地区，尤以水边稀树或灌丛中常见。常单独或成对出现，有时也结 3～5 只小群。性比较活泼，不停高下跳跃。捕捉猎物时，直线飞行，速度很快。以昆虫和小型脊椎动物为食。叫声粗犷、响亮。5 月进入繁殖期，营巢于树上。巢呈杯状，以枯枝、枯草叶茎、兽毛、鸟羽等为巢材。每窝产卵 5～7 枚。

分布：西伯利亚东南部、朝鲜、中亚一带。我国主要分布于北部及华东。

居留状况：冬候鸟，旅鸟。

45. 黄鹂科　Oriolidae

中型鸣禽。嘴型粗厚，嘴峰稍向下弯曲，上嘴尖端微具缺刻；具细而短的嘴须；鼻孔裸出，盖以薄膜；翅尖长；尾较短，稍呈凸尾状；跗蹠较短，爪稍长而曲。雌雄通常稍有差别，雄性成鸟体色呈鲜艳黄色或黑色；雌鸟呈绿色或稍苍淡。幼鸟羽具纵纹。善飞翔，树栖。喜食昆虫和多种果实。营巢于高大树梢处。每窝产卵 2～5 枚。本科鸟类全世界计有 2 属，29 种，分布于欧亚大陆、非洲、澳大利亚等温暖地区。我国境内计有 1 属，6 种。北京地区仅计有 1 属，1 种。

286

黑枕黄鹂 *Oriolus chinensis* 220～267 mm
Black-naped Oriole 62～106 g

野外识别特征：成鸟贯眼纹及颈背黑色，飞羽多为黑色，余部艳黄色。亚成鸟似成鸟，但下体黄白色，具黑色纵纹。

形态特征：中型鸣禽。全身羽毛金黄色；头枕部有一道宽阔黑枕纹；双翅和尾羽大都黑色，缀以金黄色斑块。嘴峰粉红色。

生态特征：主要栖息于平原地区、山麓丘陵地带，是疏林间树栖鸟类。鸣声清脆，音韵幽雅。主食昆虫，亦兼食杂草种子、野生浆果。是著名的益鸟。5月上旬繁殖。其间雌雄鸟穿梭于绿树丛中，互相追逐，呈波浪状飞翔；雄鸟发出多变的鸣声，并常发出似猫叫的鸣声，响亮而持久。营巢于近树梢处。巢呈吊篮式，用麻纤维、棉絮、草茎等编织而成。卵壳粉红色，缀以紫红点斑；雌鸟孵卵，孵化期约14～15天；幼雏经哺育约16天离巢。

分布：亚洲东南部、南部。我国东部自东北、华北，西抵陕西、甘肃、四川均有繁殖；每年秋季结小群南迁，抵云南、海南、台湾及川南地区越冬。

居留状况：夏候鸟(5月上旬～9月中旬)，旅鸟。

46. 卷尾科 Dicruridae

中型树栖鸣禽。全身羽毛呈黑色，有显著的金属光泽；个别种类呈烟灰色或石板灰色。嘴粗壮稍扁平，上嘴尖端微具钩；翅宽长而稍尖；尾呈深叉状。中央一对尾羽最短，尾羽从中央向外依次增长，最外侧尾羽末端向外及内上方卷曲；或羽轴裸露，羽干轴延长，末端具"盘状尾"。跗蹠短健，趾粗壮，爪曲而尖锐。繁殖期间营巢于树上。习性凶猛好斗，尤其繁殖期中，护巢性强。善捕食空中飞行昆虫。本科鸟类全世界计有2属，23种，主要分布于欧亚大陆热带、亚热带地区。我国境内计有1属，7种，分布于东部地区。北京地区计有1属，3种。

287

黑卷尾 *Dicrurus macrocercus*　　　　　　235～300 mm
Black Drongo　　　　　　　　　　43～65 g

野外识别特征：尾部分叉甚深的黑色卷尾。雏鸟下体有白色鳞状纹理。

形态特征：中型鸣禽。全身羽毛灰黑色，并具蓝绿色光泽；嘴侧扁，在鼻孔处其宽度与厚度几乎相等；尾羽叉状，中央一对尾羽最短，向外依次增长，最外侧一对尾羽最长，末端稍微弯曲。

生态特征：栖息于平原区村庄周围，为树栖鸟类。通常在农田周围的林缘草地觅食。捕食昆虫，是益鸟。常在黎明时连续鸣叫，并遥相呼应，鸣声虽粗糙，但人们常把它作为起床的时间标志，故有"黎鸡"和"篱鸡"的美称。5 月底～6 月上旬营巢繁殖。巢用枯草茎、植物纤维编织而成。每窝产卵 3～4 枚；卵乳白色，钝端有红褐色粗斑。在繁殖期凶猛好斗，如有小型猛禽如红隼、红脚隼或乌鸦、喜鹊侵进巢区，它就冲击来犯者直至把它驱逐出巢区为止。

分布：亚洲南部。繁殖遍及我国的东部和南部。

居留状况：夏候鸟(5 月下旬～9 月下旬)。

288

灰卷尾 *Dicrurus leucophaeus*   240～315 mm
              Ashy Drongo   41～63 g

野外识别特征：尾部分叉较黑卷尾浅的淡灰色卷尾。脸部有浅色斑块。

形态特征：中型鸣禽。通体几为青灰色；眼先、前额黑色；初级飞羽前端部黑色；尾长而呈叉状，外侧尾羽外缘黑色并微向上卷曲。嘴、脚暗黑灰色。雌鸟与雄鸟体羽相似。

生态特征：栖于低山至平原的阔叶林内。善于在飞行中捕食各种昆虫。

分布：亚洲南部。我国见于东部和南部地区，为夏候鸟或留鸟。

居留状况：较罕见的夏候鸟。

289

发冠卷尾 *Dicrurus hottentottus* 272～348 mm
Hair-crested Drongo 70～110 g

野外识别特征：体型略大的蓝黑色卷尾。头具细长羽冠，全身密布蓝色斑点，尾部外侧羽端钝而上翘，形似竖琴。

形态特征：中型鸣禽。全身羽毛绒黑色，缀蓝绿色的金属闪亮光泽；额顶部具 10 多条丝发状羽冠；外侧尾羽末端向外并向上内方卷曲。

生态特征：栖息和繁殖在北京西部山区，一般在海拔 700～1 500 m 的山谷或丘陵地带。为树栖鸟类。以昆虫为食。消灭大量害虫，是农林益鸟。雄鸟善鸣，声音粗厉、嘈杂而喧闹，常边飞边叫。飞行时，时而急速上升，并在空中翻腾，而后快速向下作"燕式"滑翔。5 月中旬回迁时多成对活动，常见相互追逐鸣叫。5 月下旬至 6 月中旬，雌雄鸟共同在林缘高大树端向阳的枝杈上筑巢。巢呈吊篮状，用动物绒毛、草根、松针、禾本科枯叶等筑成，多数内无铺垫。海拔 700～1 000 m 处巢区间距约 1 km 以上；海拔 1 500 m 山坡的杨树幼林边缘，同种巢间距约 300 m。巢区内还有其他小型鸟类营巢，但如有乌鸦、喜鹊、红隼等临近巢区，它就急起驱逐出巢区一定距离方返回。每窝产卵 3～4 枚；卵乳白或淡粉白色密布细点；孵化期15～16 天；雏鸟为晚成雏，幼雏经哺育约 18～24 天离巢。

分布：亚洲南部。我国主要在淮河、秦岭以南的广大地区繁殖，河北西部、北京西部、山西南部亦有繁殖；9 月上旬开始结群南迁越冬。

居留状况：夏候鸟(5 月下旬～10 月上旬)，旅鸟(5 月中旬～6 月；9 月下旬～10 月)。

47. 椋鸟科　Sturnidae

　　中型鸣禽。嘴尖直平滑；翅长适中；尾较短，呈平尾状；脚稍长而健壮。体羽色暗，具金属光泽或具鲜艳的羽毛。雌雄相似；幼鸟多具纵纹。地栖或树栖鸟类，有些栖居于村庄附近。善飞行。喜结群。叫声嘈杂，有的善仿其他鸟鸣声，经驯化可学会人的简单语言。繁殖期间营巢于树洞或洞穴中。卵壳常为天蓝色或乳白色。每年秋季换羽 1 次。本科鸟类全世界计有 28 属，114 种，分布于欧亚大陆中南部、东南亚和非洲大部温暖地区。我国境内已知有 10 属，21 种。北京地区计有 2 属，5 种。

290

八哥 *Acridotheres cristatellus*   210～277 mm
Crested Myna   78～150 g

野外识别特征： 除翼斑、尾下覆羽及尾末端白色外，其余体羽黑色。头顶前方的冠羽明显。飞行时，现出独特的白色翼斑。

形态特征： 身体几成乌黑色，嘴基有簇状羽；头部具蓝绿色金属光泽，上体具浅紫褐色金属光泽；翅上具明显白斑，飞行时尤其明显；尾羽黑色，除第一对中央尾羽，其余具白色端斑；肛周和尾下覆羽具白色端斑。

生态特征： 栖息于海拔 2 000 m 以下的低山丘陵、山脚平原的树林及林缘处，常见于农田、果园、村落附近的大树上，在翻耕地觅食，常站于牛、猪等家畜背上。性活泼，成群活动，特别是傍晚常集成大群，栖息点较为固定。善鸣叫。主要以昆虫为食，也吃植物种子和果实。4 月进入繁殖期，营巢于树洞或建筑物的洞穴中。每窝产卵 3～6 枚。

分布： 国外分布于缅甸东部和中南半岛，菲律宾和加拿大目前已有分布。国内主要分布于长江流域以南地区。

居留状况： 逃逸后形成的较稳定繁殖种群，常年留居。

291

北椋鸟 *Sturnia sturnina*

Daurian Starling

160～189 mm

45～60 g

野外识别特征：雄性成鸟背部闪辉紫色；两翼闪辉绿黑色并具醒目的白色翼斑；头及胸灰色，颈背具黑色斑块；腹部白色。雌鸟似雄鸟，色暗淡。

形态特征：雄鸟头顶至背暗灰色，枕部有一紫黑色富有金属光泽的斑块；上体其余部分紫黑色富有光泽，肩羽有白点；尾羽黑色具绿色金属光泽，外侧尾羽外翈羽缘棕白色；翅黑褐色有金属光泽，具棕白色斑；头部至下体几为灰白色。雌鸟上体无紫色光泽；枕部无黑色斑块；两翅无绿色光泽；通体暗淡。

生态特征：栖息于低山丘陵和山脚平原，见于树林、灌丛、农田及附近的开阔地。繁殖期外常成群活动，迁徙期间常结大群。多停留在突出物处，直线飞行且快速，振翅频率快且幅度较大。鸣声清脆响亮。主要以昆虫为食，也吃植物果实和种子。5 月进入繁殖期，营巢于树洞和其他建筑物洞穴中。每窝产卵 4～6 枚。

分布：繁殖于俄罗斯远东，越冬于东南亚一带。繁殖于我国北部，迁徙时大部分地区可见。

居留状况：旅鸟，夏候鸟。

292

丝光椋鸟　*Sturnus sericeus*　　　200～232 mm
　　　　　Silky Starling　　　　65～83 g

野外识别特征：头具近白色丝状羽，嘴红色，两翼及尾辉黑，上体余部灰色。飞行时初级飞羽的白斑明显。雌鸟色黯淡。

形态特征：雄鸟头部白色微沾灰色或皮黄色，头部羽毛尖长披散至上颈，立于上胸部；背灰色，颈部较暗，形成一明显的暗色颈环；上体其余部分浅灰色；尾黑色具蓝绿色金属光泽；翅黑色带蓝绿色金属光泽，具白色翅斑；下体灰白色。雌鸟头顶棕白色；上体暗灰色沾褐色；腰部灰色。嘴朱红色，尖端黑色。

生态特征：栖息于海拔 1 000 m 以下的低山丘陵和山脚平原，见于树林、农田、旷野、村落的林缘、空旷之处。一般结成小群。性胆怯，遇惊即飞，鸣声清脆响亮。主要以昆虫为食，尤喜鞘翅目和直翅目昆虫，也吃植物果实和种子。5 月进入繁殖期，营巢于树洞和建筑物洞穴中。

分布：国外仅分布于越南和菲律宾。我国主要分布于长江流域及其以南地区。

居留状况：逃逸留鸟。

293

灰椋鸟　*Sturnus cineraceus*　　200～241 mm
　　　　　White-cheeked Starling　　65～105 g

野外识别特征：头黑，颊白色，腰及尾部末端白色。雌鸟色暗淡。

形态特征：中型鸣禽。全身以灰褐为主；头前、头侧白；头顶、颈黑（老龄个体头顶白色），有矛状羽冠；翅尖长，飞羽具白色羽缘；尾羽短平呈截状，尾上覆羽白色；下体羽、颏尖、尾下覆羽纯白。嘴橙红色；脚橙黄色。强壮，善走。

生态特征：栖息于丘陵地带或平原地区。冬季喜结群在地上奔走啄食，主食植物果实、杂草种子等；夏季繁殖期间主食昆虫。营巢于高大树木主干向阳处或电线杆顶端的洞穴中。卵深鸭蛋绿色。

分布：亚洲东部。我国境内长江以北的东部地区繁殖，南部越冬。

居留状况：旅鸟，冬候鸟，少数为夏候鸟，近年来部分种群成为留鸟。

294

紫翅椋鸟 *Sturnus vulgaris* 　　　　200～220 mm
　　　　　Common Starling 　　　　60～85 g

野外识别特征：闪辉黑、紫、绿色的椋鸟。具不同程度白色点斑。

形态特征：通体几为黑色；上体金属铜绿色或铜紫色；尾和翅黑褐色具暗色羽缘；下体喉部至胸金属绿色沾紫色；胸以下暗金属绿色沾紫红色。冬羽上体有明显的沙皮黄白色斑点；下体具白色斑点，越向后越大。换羽前，上下斑点几消失。嘴夏季黄色，冬季暗褐色。

生态特征：栖息于山地和平原的开阔地带，见于疏林、农田、果园、村落等附近开阔地。喜在地面行走，多成群活动，迁徙期间结成大群。主要以直翅目和鞘翅目昆虫为食，也吃植物果实和种子。5 月进入繁殖期，营巢于树洞或其他建筑物洞穴内。巢呈碗状。每窝产卵 4～7 枚；孵化期 13 天左右；21 天左右出巢。

分布：欧亚大陆。我国主要分布于西部、华北和东南个别地区。

居留状况：旅鸟。

48. 鸦科　Corvidae

中、大型鸣禽。体型较大，翅长超过 120 mm。嘴较粗壮；鼻孔圆形，通常被羽须掩盖；脚、趾粗壮，趾三前一后，中趾和侧趾在基部略有合并。一般为留鸟，营巢于树上、树洞或岩洞间，以枯枝作主要材料。杂食，吃小动物和尸体腐肉，也袭击鸟巢中的雏和卵。本科鸟类全世界计有 23 属，117 种，分布遍及世界各地。我国境内已知有 13 属，29 种。北京地区计有 7 属，11 种。

295

松鸦 *Garrulus glandarius*   300～360 mm
       Eurasian Jay   120～190 g

野外识别特征：全身褐色，具黑色髭纹，翼上具黑色及蓝色镶嵌图案，腰及尾下覆羽白色。

形态特征：中型鸣禽。头顶红褐色，具黑色纵纹；上体葡萄褐色；翅黑色，有白色翅斑，且翅外缘具黑、白、蓝三色相间的横斑，极为鲜亮；尾上覆羽近白色，尾羽黑色；下体浅葡萄黄色；下嘴基部有一卵形黑色块斑；颏喉部近白色；下腹、尾下覆羽纯白。

生态特征：栖息于山区针叶林或混交林中，是山林鸟类。平时成对活动，秋后结群觅食、游荡。鸣声粗野而单调。主食昆虫和野生浆果，在山林中能消灭大量森林害虫，但春播时为害作物种子和成熟谷物，应加防范。4～6 月营巢于高树顶端隐蔽处。巢由枯枝、枯草、苔藓和细根筑成，内垫细草根和残羽等。巢呈杯状。每窝产卵 3～10 枚；通常雌鸟孵卵；孵化期 16～17 天；幼雏经哺育约 19～20 天离巢。

分布：欧亚大陆及非洲西北部地区。在我国分布于东部、南部广大地区以及新疆北部。

居留状况：留鸟。

296

灰喜鹊 *Cyanopica cyanus*　　　　330～418 mm
　　　　Azure-winged Magpie　　　　73～132 g

野外识别特征：头及枕部黑色，翼和尾蓝灰色，尾端白色。

形态特征：大型鸣禽。头颈部均黑色；上体土灰褐色；双翅和尾羽灰蓝色；下体灰白色。嘴、脚均黑。

生态特征：栖息于山区的田野、村庄附近树林中或城近郊区公园、绿地中树木较多的地带。秋冬季常见十余只一群穿梭飞行于林间。一旦受惊，迅速散开。杂食性，喜食人类丢弃的食物，也食昆虫和野生植物果实。繁殖期营巢于树顶端枝杈上。巢用枯枝筑成，杂以纤维、兽毛等作垫。巢呈平台状或浅盘状。5～6 月产卵；每窝 5～9 枚；卵壳灰白，密布褐色斑点；孵化期 15～20 天；幼雏经哺育约 18～20 天离巢。

分布：亚洲东部及欧洲西南部。在我国主要分布于长江中下游及其以北的东部地区。

居留状况：留鸟。

297

红嘴蓝鹊 *Urocissa erythrorhyncha* 510～634 mm
Red-billed Blue Magpie 150～210 g

野外识别特征：上体蓝色，头黑色，嘴和脚红色，尾十分长，外侧尾羽黑色而端白。

形态特征：大型鸣禽。上体暗紫蓝色；头、颈两侧、喉和上胸均黑色；头顶到上背中部有浅紫灰色大斑；翅暗褐色；尾羽长，羽端呈黑白横斑相间状；下体淡蓝灰色。嘴、脚均朱红色。

生态特征：栖息于山区和山麓丘陵地带，也见于村旁耕地树上。常十余只结群。飞翔时呈滑翔方式，展开双翅和尾羽，随风飘荡，一上一下，甚为美丽。体羽鲜艳，常为画家作画题材。鸣声似笛，常连续鸣叫，有时叫声亦粗野而喧闹。性杂食，食物有蠕虫、昆虫、小型爬行类动物、雏鸟、鸟卵、植物种子、野浆果等。繁殖期在 5～7 月。其间成对活动，营巢于树上。巢用枯枝、根须筑成，内垫细根、枯草茎、纤维等物。每窝产卵 3～6 枚；雌雄轮流孵卵。

分布：喜马拉雅山至中国东部，南至中南半岛。在我国主要分布于自华北至西南山区以南、以东的广大地区。

居留状况：留鸟。

298

喜鹊 *Pica pica*　　　　　　　　365～475 mm
　　　　Common Magpie　　　　　180～267 g

野外识别特征：容易辨认的黑白两色的长尾鸟类，两翼及尾黑色闪耀蓝色辉光。

形态特征：大型鸣禽。体羽除两侧肩部各有一大块白斑及腹部为白色外，全身体羽几为黑色，并稍染紫色、铜绿色光泽。凸形尾。

生态特征：在北京为常见鸟类，出没于山脚、林缘、城市公园、田园菜地。除繁殖期多成对活动外，常成3～5只的小群活动，清晨到旷野耕地取食；黄昏栖于高大树木上过夜。秋后常结群在平原地区觅食。性杂食，主要捕食昆虫，亦吃少量谷物，还见有吃雏鸟、鸟卵、蜗牛、野果和杂草种子等。鸣声简单而响亮，常在枝上跳跃或转动身体、翘着尾巴，连续鸣叫2～3声，稍停再叫，它的叫声为人们所喜欢。平原地区早春2月就开始筑巢。巢多置于高大杨树、松、柏顶端，距地面10 m以上。主要用枯枝、枯草、泥土等黏结，巢内垫细枝、碎麻纤维、兽毛、残羽、苔藓和细根碎叶等，巢上加顶盖，在巢侧开1～2个出入口。3月下旬开始产卵；每窝产卵4～8枚；卵蓝绿色缀褐色斑点；主要由雌鸟孵卵；孵化期17～18天；幼雏经哺育约22～30天离巢。喜鹊巢内常见有杜鹃的寄生卵，由巢主喜鹊代孵。它的巢亦为村庄居民所喜爱而加以保护。

分布：欧洲、亚洲、非洲北部和北美洲。我国几全境分布。

居留状况：留鸟。

299

星鸦 *Nucifraga caryocatactes*　　　282～380 mm
　　　Spotted Nutcracker　　　130～200 g

野外识别特征：体型略小的深褐色而密布白色点斑的鸦类。

形态特征：头顶至枕黑褐色，头部其他部位具白色纵短纹；上体其他部位棕褐色，羽毛末端具白色圆形斑点；尾黑褐色具金属光泽，除中央一对尾羽外，其余尾羽具白色端斑，越向外白色端斑越大，最外侧一对尾羽几为白色；翅具小白色点斑；下体棕褐色，具白色羽斑。

生态特征：栖息于山地针叶林或针阔混交林。单独或成对活动，冬季结成 3～5 只小群。一般在枝头树冠层活动，叫声单调粗哑，有贮藏食物的习性，尤喜红松种子。主要以松柏类植物种子为食，也吃其他植物果实种子和昆虫。4 月进入繁殖期，巢一般筑在高大树木枝杈上，以枯草叶茎、松针、地衣等为巢材。孵化期 17 天左右；20 天左右离巢。

分布：古北界北部，朝鲜、日本。我国分布于东北、华北、西北和台湾等地。

居留状况：山区留鸟。

300

红嘴山鸦 *Pyrrhocorax pyrrhocorax* 360~470 mm
Red-billed Chough 210~485 g

野外识别特征：体型略小的黑色鸦类。鲜红色的嘴短而下弯，脚红色。

形态特征：中型鸣禽。全身羽毛黑色具蓝色光泽。嘴细长而稍下曲；鼻孔位置较近于上嘴下缘；嘴和脚均朱红色。

生态特征：栖息于山区。通常结成大群飞翔于山谷间，边飞边叫。鸣声高而尖锐，回旋于山谷中更显响亮。取食野果、杂草种子、昆虫的幼虫和虫卵；也为害部分作物和种子，是益多害少的鸟类。3~7 月结群营巢于海拔约 1 500 m 的悬崖绝壁凹处或裂隙间。巢以枯枝筑成，内垫羊毛、残羽和其他碎片等。每窝产卵 2~7 枚；雌鸟孵卵，孵化期 17~18 天；幼雏经哺育约 36 天离巢。

分布：亚洲，欧洲中部和南部，北非等地。在我国分布于淮河以北的大部分地区。

居留状况：山区留鸟。

301

达乌里寒鸦 *Corvus dauuricus*　　274～350 mm

Daurian Jackdaw　　186～285 g

野外识别特征：嘴短且尖的小型乌鸦。白色斑纹延至胸下，白色区域比白颈鸦大，颊具有银色细纹。亚成鸟全身深色。

形态特征：中型鸣禽。体型较北方其他鸦类为小。成鸟颈圈、胸、腹部均为苍白色；身体余部全呈黑色，并稍缀以紫蓝色光泽。

生态特征：秋、冬季在平原地区常和其他鸦类混群，往往多达数百只。特别在黄昏时边飞边叫，声音尖锐、嘈杂。夜晚栖于城郊树顶端。主食动物尸体、垃圾弃物，对清洁环境有益；但春播时挖食农作物种子和幼苗，且栖于树端时常折断枝条，妨碍树木生长。营巢于树洞或岩洞中。每窝产卵 4～6 枚。

分布：亚洲东部广大地区。在我国西抵新疆东部，西南到四川、云南东南部，南至河南、山东等地繁殖；冬季南迁到华南等地越冬。

居留状况：留鸟，冬候鸟，夏候鸟。

302

秃鼻乌鸦 *Corvus frugilegus*　　410～509 mm
　　　　　　Rook　　　　　　356～495 g

野外识别特征：全身黑色，嘴圆锥形且尖，嘴基灰白色，头顶较拱圆形。

形态特征：通体为黑色具蓝紫色金属光泽；翅和尾具铜绿色金属光泽。额和嘴基裸露，覆以灰白色皮膜。嘴和脚黑色。

生态特征：栖息于低山、丘陵和平原地区，见于农田、村庄附近树林和田野中。成群活动，一般清晨到农田、路边和垃圾堆觅食，晚上沿原路返回栖息地。叫声粗哑单调。杂食，也食腐。2 年性成熟，最早 3 月进入繁殖期，营巢于高大树上顶部横枝上，营群巢，主要以枯枝、草茎叶、苔藓、棉絮、兽毛、羽毛等为巢材。每窝一般产卵 5～6 枚；孵化期 17 天左右；29 天左右出巢。

分布：欧洲至中亚及东亚。我国分布于东北、西北、华南、华东等地。

居留状况：少见留鸟。

303

小嘴乌鸦　*Corvus corone*　　　405～525 mm

Carrion Crow　　　350～650 g

野外识别特征：全黑的大型乌鸦，似大嘴乌鸦，但嘴较薄。额头稍微倾斜。

形态特征：大型鸣禽。全身羽毛辉黑色，微缀蓝紫色金属光泽；嘴长不及头长，嘴较大嘴乌鸦稍短而细弱。

生态特征：冬季到平原地区觅食。杂食性，是自然界环境卫生清扫者，是益多害少的鸟类。常与其他鸦类混群活动，在村落附近田野随时能遇到。性机警，与人保持一定距离。鸣声粗厉。繁殖期在4～7月。营巢于树上或悬崖凹处。巢以枯枝筑成，简陋。每窝产卵4～7枚；雌鸟孵卵，孵化期18～21天；幼雏经哺育约26～35天离巢。

分布：广泛分布于欧亚大陆及非洲北部。在我国北部及四川为繁殖鸟或留鸟；福建、广东、海南为冬候鸟；中部为旅鸟。

居留状况：冬候鸟(11月～翌年4月)，留鸟。

304

大嘴乌鸦 *Corvus macrorhynchos*　440～540 mm
　　　　　Large-billed Crow　411～670 g

野外识别特征： 全黑的大型乌鸦，嘴粗厚，尾圆，头顶更显拱圆形。

形态特征： 大型鸣禽。全身羽毛黑色，具紫绿色金属光泽；嘴粗大，嘴峰弯曲，嘴基处不光秃；后颈羽毛柔软松散如发状。

生态特征： 常见于村庄附近农田，常和其他鸦类混群觅食活动。食性杂，喜在住宅或禽畜舍附近拣食垃圾；当人们耕田翻土时，它跟随后面取食翻出泥土中的昆虫或其他动物；在育雏期能消灭大量害虫，有时也捕鼠；在早春食物缺乏季节它刨食种子，作物成熟期它啄食粮食、瓜果等。总体上说益多害少。性机警，往往和人保持一定距离，一有危险，只要其中某只乌鸦惊鸣，就一哄而散。常边飞边叫，发出"啊—啊—"声，嘶哑粗厉且单调。冬季更和其他鸦类混群，多达百只以上，每天结群早出晚归，通常天黑后才回到高大树木顶端栖息。繁殖期营巢于高大树木顶端。巢材以枯枝为主，混些纤维、杂物，并常用泥土黏结起来。每窝产卵 3～5 枚；雌雄轮流孵卵，孵化期约17～19 天；幼雏经哺育约 21～30 天离巢。

分布： 亚洲东部和南部。我国分布于西北部以外的广大地区，均为留鸟。

居留状况： 留鸟。

305

白颈鸦 NT *Corvus pectoralis*   450～535 mm
Collared Crow   428～520 g

野外识别特征： 体大的亮黑及白色鸦。嘴粗厚，白色的颈及胸带，与达乌里寒鸦相似，但比达乌里寒鸦大，白色区域较达乌里寒鸦小。

形态特征： 大型鸣禽。除了在颈、背到前胸有一道白圈外，全身羽毛呈黑色；上体具紫蓝色光泽。

生态特征： 栖息于平原开阔地区。在农田、河滩、村庄附近的树上，或地上觅食。数量不多，常结3～5只的小群，或与秃鼻乌鸦等鸦类混群活动。性杂食，食物有昆虫、弃物、腐肉等，对清洁环境有益；但亦啄食作物种子，为害果园、菜地。繁殖期为冬末春初。营巢于树上或河流岩石间。巢用枯枝和泥土黏着，内垫枯草、碎叶、破布等。每窝产卵3～7枚。

分布： 主要分布于我国境内。在我国华东、华南为繁殖鸟或留鸟。

居留状况： 偶见留鸟。

49. 河乌科 Cinclidae

近湿地生活的小型鸟类。体羽致密，嘴细而尖，鼻孔有膜覆盖；翅和尾均较短，尾羽 12 枚；跗蹠强健，具靴状鳞。雌雄羽色相似，以黑褐色和灰色为主。游泳和潜水能力较强，甚至能在水底行走，以捕食水中的昆虫、软体动物、甲壳类、鱼虾及小型两栖类。多营巢于水边的岩石洞穴或树根土洞中，巢材以苔藓为主。每窝产卵 3～7 枚。本科鸟类全世界计有 1 属，5 种，主要分布于欧亚大陆和美洲。我国境内已知有 1 属，2 种，为全国性分布。北京地区计有 1 属，1 种。

306

褐河乌 *Cinclus pallasii*   183～240 mm
Brown Dipper   57～137 g

野外识别特征：粗壮的深褐色鸟类，眼睛上下有白色眼睑。幼鸟下体有鳞片纹。

形态特征：通体呈黑褐色或咖啡黑色；翅黑褐色，覆羽深褐色；初级飞羽外翈具深褐色狭缘；尾较短，黑褐色；腹部中央和尾下覆羽浅黑色。眼圈白色，但不易看到。

生态特征：栖息于清澈溪流或河谷沿岸。单独或成对出现，常站立于河边裸露岩石上，头和尾不时上下摆动。善于潜水，水下行走，在水底石头间觅食。飞行快速，扇翅甚快，紧贴水面，一般不做长距离飞行。性胆怯，较畏人。主要以水生昆虫为食，也吃小虾、小鱼等。4月进入繁殖期，营巢于水边石头缝隙中，主要由苔藓构成，加以树叶、树皮纤维和枯草叶茎、兽毛、羽毛等。巢球形侧开口；也有碗状巢，上开口。每窝产卵 4～5 枚；孵化期 15 天；22 天左右出巢。

分布：俄罗斯远东、朝鲜、日本、中亚一带。我国大部地区均有分布。

居留状况：留鸟。

50. 鹪鹩科　Troglodytidae

小型鸣禽。体型细小；喙长直狭窄，尖端稍曲；鼻孔裸出；翅短圆；尾羽短小而柔软；脚稍长而强壮。幼鸟具斑或纵纹。栖息于山区茂密潮湿阴暗的树林灌丛中，冬季迁至平原越冬。性活泼而胆怯，常隐匿于灌丛低矮枝梢处。终年捕昆虫为食。繁殖期间营巢于山区茂密丛林中。巢呈圆屋顶状或圆形深碗状，由干草、细枝、落叶、苔藓构成，侧面开出入口。本科鸟类全世界计有 16 属，79 种，分布遍及世界各地区。我国境内仅有 1 属，1 种。北京地区为留鸟。

307

鹪鹩　*Troglodytes troglodytes*　　　87~110 mm
　　　　Eurasian Wren　　　　　　　　7~13 g

野外识别特征：体型小巧的小鸟。深黄褐的体羽具狭窄黑色横斑及模糊的皮黄色眉纹，尾上翘，嘴细。

形态特征：小型鸣禽。鼻孔裸露；体型细小；翅长不及 60 mm，尾短小；停立时，短尾常高举。上体栗褐色；上背至尾均满布黑褐色密横斑；眉纹及头侧皮黄色；头侧羽具棕黑色小点和棕白色纵纹；翼羽与背羽同色；下体羽栗褐色稍淡；胸密布黑褐色横斑。雌雄性成鸟相类似。

生态特征：在山区河谷溪流附近栖息。性活泼而胆怯，常在岸边茂密灌丛的枝梢上活动。繁殖期在灌丛、枯枝堆、树洞中或岩石裂隙处营巢。由枯草、细枝、枯叶和苔藓精巧编织而成的巢呈球形或圆形深碗状，在侧面开口出入。每窝产卵 4~6 枚；由雌鸟孵卵。以昆虫为食，是消灭大量农林业害虫的益鸟。

分布：北半球温带、亚热带的广大地区。我国几全境分布。

居留状况：留鸟。

51. 岩鹨科 Prunellidae

　　小型鸣禽。体型较麻雀稍大。嘴尖且硬，微具缺刻，嘴基部两侧膨大而中部稍微狭窄；鼻孔大而斜，并为鼻膜遮盖；翅稍圆；尾羽较飞羽短，尾羽端稍凹；后趾爪较长。栖息于较高山区岩石草丛间，或荒漠砾石草地上。夏季捕食昆虫；冬季以草籽、野果为食。本科鸟类全世界仅有1属，计有13种，分布于欧亚大陆。我国境内计有1属，9种。北京地区计有1属，3种。

308

领岩鹨　*Prunella collaris*　　　160～195 mm

　　　Alpine Accentor　　　　30～45 g

野外识别特征：土褐色的岩鹨。胸部具特征性的棕褐色宽带，在胸部至喉部具有很窄的黑色领，喉部灰褐色。背部具纵纹，翼覆羽上有两道白色翅斑，下体浅色，胁部具较不清楚的褐色纵纹。

形态特征：小型鸣禽。头、颈侧和上胸灰褐色；喉灰白色，有黑白相间的横纹；肩、背黄褐色，杂以粗黑纵纹，腰栗色；尾羽黑色，具栗色羽缘，末端白色；飞羽黑褐色，覆羽黑色，末端白色，形成两条白色翼带；腹部、胁部栗色，具白色细纹。嘴黑色，下嘴基黄褐色；脚肉褐色。

生态特征：属高寒山区鸟类。繁殖季节主要栖息于海拔 1 500～5 000 m 的中、高山山顶苔原、草地、裸岩等荒漠寒冷地区，冬季也下到低山和山脚平原地带活动。繁殖期间多单独或成对活动，其他季节则喜成群。主要以鞘翅目和鳞翅目昆虫为食，也吃蜘蛛等其他小型无脊椎动物和越橘、草籽、植物嫩叶等植物性食物。通常营巢在高山苔原岩石缝隙和乱石堆间的石穴中，也有在林缘杜鹃等小灌丛下营巢的。每窝产卵3～5 枚；卵淡蓝色或绿色，光滑无斑。

分布：古北界，喜马拉雅山脉。在我国分布于北部、西部和台湾岛。

居留状况：冬候鸟(10 月～翌年 4 月)

309

棕眉山岩鹨 *Prunella montanella* 133~165 mm
Siberian Accentor 13~18 g

野外识别特征：褐色的岩鹨。具有宽阔的皮黄色的眉纹，在眼后变得尤其宽阔，与灰黑色头顶和脸颊形成鲜明对比。后颈部有灰色的"领"，背部暖棕色具纵纹。喉部至胸部皮黄色，下体颜色慢慢变浅，胁部具棕色纵纹。

形态特征：小型鸣禽。雄鸟头顶黑褐色；背羽棕褐具暗褐纵纹；腰至尾上覆羽灰褐色；尾羽灰褐色；头侧自嘴基经眼上至枕侧有一宽阔棕黄色眉纹；自眼先过眼达于后枕为黑褐色；头顶侧眉上纹黑色；颏、喉至胸为棕黄色；腹以下淡黄，具黑褐色纵纹。雌鸟类似雄鸟，但体羽不如雄鸟鲜艳；体羽为淡灰色，头顶呈灰褐色。

生态特征：栖息于北京山区丘陵地带，在岩石较多的灌丛间活动。迁徙时栖于平原至海拔 600 m 的阔叶林疏林地区及灌丛。树上营巢。每窝产卵 3~5 枚。食物主要为植物种子和昆虫等。

分布：亚洲东部。西伯利亚地区繁殖；朝鲜半岛及中国黄河流域越冬。在我国东北地区为旅鸟，华北地区为冬候鸟。

居留状况：冬候鸟(10 月上旬~翌年 4 月中旬)。

310

褐岩鹨　*Prunella fulvescens*　126～164 mm
　　　　Brown Accentor　　　14～19 g

野外识别特征：没有棕眉山岩鹨那么鲜艳，下体亦很平淡或者略带粉色，胁部的纵纹较稀。眉纹和喉部白色或浅皮黄色，且眉纹较细长。

形态特征：小型鸣禽。头顶暗褐色，眉纹白色；上体淡黑褐色，具黑色纵纹；下体皮黄色，两胁无斑。

生态特征：常见的高原鸟类，主要栖息于海拔 2 500～4 500 m 的高原草地、荒野、农田、牧场。繁殖期间常单独或成对活动，非繁殖期多成群。主要以昆虫为食，也吃蜗牛等其他小型无脊椎动物和植物果实、种子、草籽等植物性食物。营巢于岩石下、土堆旁和灌木丛中。巢呈杯状，主要由枯草和苔藓构成。每窝产卵 4～5 枚；卵淡蓝色。

分布：中亚、东亚和北亚。在我国主要分布于西北和北方，青藏高原。

居留状况：罕见冬候鸟。

52. 鸫科 Turdidae

中、小型鸣禽。体型大小适中。嘴较短健，嘴缘平滑，上嘴前端常具缺刻或具小钩；体羽较丰满柔软，翅尖，较长，善飞翔；跗蹠较长而强健，被靴状鳞片。体羽大多杂色。幼鸟羽毛多具斑纹。多数地面栖息，善奔走。营巢于树上、地面石缝或隐蔽处。巢材多种，巢呈杯状。通常仅秋季换羽一次。本科鸟类全世界计有 59 属，335 种，分布于世界各地。我国境内计有 20 属，94 种。北京地区计有 13 属，34 种。

311

欧亚鸲 *Erithacus rubecula*　　　　122～160 mm
　　　　European Robin　　　　　　16～20 g

野外识别特征：几乎不会被认错的小型歌鸲类，脸部、喉部及整个胸部橘红色，有时做"神经性"弹尾动作。

形态特征：上体橄榄褐色，尾上微缀红色，尾羽暗褐色；翅上灰色，有暗红褐色斑点，飞羽暗褐色；前额、眼先、颊、颏、喉锈橙色；其余下体白色，两胁缀褐色。雌雄相似。

生态特征：栖息于低山丘陵及山脚平原的森林中，也活动于果园、公园。单独或成对出现，地栖性，善跳跃，常在地面奔跑，遇惊常有弯腿、尾上举、压低身体等躲避行为。主要取食在地面活动的昆虫、软体动物等，也吃植物性食物。5月进入繁殖期，雄鸟善于鸣叫，营巢于树根或岩石等缝隙中，巢呈杯状，主要由草茎、叶等构成。一般每窝产卵5～6枚；雌鸟孵化，孵化期14天；13天左右离巢。

分布：国外分布于欧洲、北非、西亚、西伯利亚等地区。在我国分布于新疆喀什等地区。

居留状况：罕见旅鸟。

●○○○○

312
日本歌鸲 *Erithacus akahige* 133～140 mm
Japanese Robin 13～19 g

野外识别特征： 体色鲜艳的歌鸲，上体栗褐色，脸部
到上胸橘红色，雄性在胸部有一黑色横带，逐渐过渡
到下体后变成灰色。

形态特征： 小型鸣禽。雄鸟头至颈部、上胸橙红褐
色；背部暗橙褐色；下胸、胸侧、胁、灰黑色；腹以
下污白色。雌鸟与雄鸟类似，背面羽色较暗；颊部、
颈侧、喉至上胸橙色较浓；下胸羽色较淡。

生态特征： 栖于平地至中海拔树林地带。以甲虫等昆
虫为食。

分布： 亚洲东部。我国东部沿海，北自河北，南至
广东。

居留状况： 罕见旅鸟。

313

红尾歌鸲 *Luscinia sibilans* 120～152 mm
Rufous-tailed Robin 11～18 g

野外识别特征： 歌鸲类中颜色最平淡无奇的，雌雄几乎同色，但是尾棕红色，胸部具有鳞纹是主要特征。

形态特征： 小型鸣禽。雄鸟眼先、颊部黄褐色；眼周淡黄褐色；上体羽橄榄褐色；尾上覆羽棕褐色；尾羽棕栗色；下体颏喉部污灰白色，微沾皮黄色，具暗橄榄褐色的纤细鳞状羽斑缘；胸部皮黄白色；两胁呈橄榄灰褐色；腹部和尾下覆羽污灰白色。雌鸟体羽类似雄鸟，但羽色较暗淡。

生态特征： 栖于林下灌丛间，多单个活动。繁殖期营巢于树上。每窝产卵 5～6 枚。以卷叶蛾等多种害虫为食，属益鸟。

分布： 亚洲东部。在西伯利亚东部繁殖；冬季南迁。我国东部地区有分布。

居留状况： 旅鸟 (5 月中旬～6 月上旬；9 月上旬～10 月中旬)。

314

红喉歌鸲 *Luscinia calliope* 127~174 mm
Siberian Rubythroat 15.5~27 g

野外识别特征： 大型歌鸲，抢眼的白色眉纹和颊纹及黑色的眼先构成独具特色的脸部特征，雄性及部分成年雌性喉部红色。多数雌性和亚成体喉部淡色或者略微沾红色。

形态特征： 小型鸣禽。雄鸟上体纯橄榄褐色；眉纹和颧纹白色；下体颏喉部赤红色，周围两侧缀以黑色狭缘纹，十分鲜明；胸部浅灰褐色；腹部白色。雌鸟体羽近似雄鸟，但颜色较暗淡；下体颏喉部污灰白色，稍沾灰褐色，老龄个体颏喉部微带红色。

生态特征： 善于鸣叫，鸣声动听多变。属地栖鸟类，活动于平原繁茂的灌丛或芦苇间。善于奔跑。喜欢在较潮湿的水域附近地面活动、觅食。繁殖期营巢于茂密灌丛、草丛掩蔽的地面上。巢为椭圆形，上有圆顶覆盖，侧面开口出入。巢由杂草筑成，内铺以纤细枯草。每窝产卵 4~6 枚；雌鸟孵卵。食物主要为昆虫，有时食少量植物碎片。

分布： 亚洲。俄罗斯中部及东部地区繁殖；冬季远迁至我国南方、印度半岛、东南亚地区越冬。我国东部地区都有分布。

居留状况： 旅鸟（4 月下旬~5 月中旬；9 月中旬~10 月上旬）。

315

蓝喉歌鸲 *Luscinia svecica*　　　122～156 mm
　　　　　 Bluethroat　　　　　　 13～20 g

野外识别特征：色彩艳丽的小型歌鸲，独具蓝色和栗色的喉部，眉纹白色。外侧尾羽基部栗红色，端部灰褐色，飞行时清晰可见。

形态特征：小型鸣禽。雄鸟上体自头顶额部至尾上覆羽均呈暗褐色；头顶两侧眉纹黑褐色；下体颏喉部和胸部暗辉蓝色，喉中央具椭圆形栗色块斑；下胸具棕栗色横斑带。雌鸟体羽类似雄鸟，但色极暗淡；眉纹和颊下的颧纹均呈白色；下体颏部淡黄白色。

生态特征：它的鸣声嘹亮动听，并能仿效其他鸟类和许多昆虫的鸣叫声。通常栖息、觅食于潮湿而阴暗的矮灌丛或芦苇丛地面上。性隐蔽而胆怯，喜潜匿于茂密灌丛中；或急速低飞于枝梢上。不时扭动并扩展尾羽。繁殖期5～7月。营巢于灌丛或草丛中地面稍凹处或植物根间。巢用枯草、树叶、细根筑成，内铺以细草和兽毛、残羽等。每窝产卵4～6枚；卵壳呈淡绿色或橄榄褐色；雌鸟孵卵。食物以昆虫为主，偶食少量植物种子，是有益的食虫鸣禽类。

分布：古北界、东洋界、非洲北部及北美阿拉斯加西部。冬季南迁抵非洲北部和印度北部地区越冬。我国各地均有分布。

居留状况：旅鸟(5月上旬～6月中旬)。

316

蓝歌鸲 *Luscinia cyane*   112～145 mm
　　　　Siberian Blue Robin   11.5～19 g

野外识别特征：颜色鲜明的典型歌鸲。雄性上体深蓝色，下体白色，从眼先到体侧，有黑色线分开蓝、白色区；雌性褐色，往往腰部偏蓝；而亚成体雄性的腰部及部分尾羽亦蓝色。

形态特征：小型鸣禽。雄鸟背部铅蓝色；眼先和颊部黑色；颊后部有一条黑色纹沿着颈侧伸至胸侧；下体自颏喉部至尾下覆羽纯白色。雌鸟上体羽橄榄褐色；眼圈淡棕色；下体颏喉部和胸部浅棕白色。

生态特征：繁殖早期，鸣叫声十分动听。栖于茂密而潮湿的灌丛中。性甚隐怯，偶尔能见到其在地面上活动。尾羽常作上下扭动。繁殖期在地面洞穴营巢，十分隐蔽。巢呈深杯状，由枯叶、杂草、蕨类和苔藓等编织而成，内铺细草茎、残羽等。卵呈纯天蓝色或玉蓝色。食物以昆虫为主。

分布：亚洲东部。繁殖于俄罗斯勒拿河流域至阿尔泰山以东的广大地区；冬季南迁至东南亚。我国除新疆和青海外，全国各省区均有分布。

居留状况：旅鸟，夏候鸟(5月下旬～9月下旬)。

317

红胁蓝尾鸲 *Tarsiger cyanurus* 116～144 mm
Red-flanked Bush Robin 11～17 g

野外识别特征：雄鸟上体、尾蓝色，眉纹白色；胁部橘黄色；雌鸟上体灰褐色，但是尾羽蓝色，胁部橘黄色。

形态特征：小型鸣禽。雄鸟上体羽自头顶至背肩部均呈灰蓝色；腰部和尾上覆羽辉蓝色；尾羽蓝色；下体颏喉部和胸部均淡棕白色；两胁呈橙红栗色斑；腹部和尾下覆羽呈纯白色。雌鸟上体羽呈橄榄褐色；腰部和尾上覆羽沾灰蓝色；下体类似雄鸟两胁的橙红色斑较浅淡。幼鸟上体羽棕褐色；下体白色并沾淡褐色。

生态特征：鸣叫声细弱。通常栖息于丘陵地带果园树上，跳跃于树枝杈间，停留栖息时，尾羽常上下不停摆动。繁殖期间营巢于树根间凹处，或地上洞穴中。巢呈杯状，用枯草、碎叶等筑成，再用细根须加固，巢内铺以细草、残羽或兽毛绒等。每窝产卵 3～5 枚；主要由雌鸟孵卵。以昆虫为食，兼食少量植物种子。

分布：东欧及亚洲。繁殖于亚洲北部；冬季南迁至我国南部、印度北部地区、中南半岛等温暖地区越冬。我国除西北部外，全国均有分布。

居留状况：旅鸟或少量冬候鸟(10 月上旬～翌年 5 月上旬)。

318

贺兰山红尾鸲 NT *Phoenicurus alaschanicus*
Alashan Redstart 150～166 mm

18～20 g

野外识别特征：极具特色的红尾鸲，雄鸟头顶、颈背灰色，翅膀黑色，肩部和翅上各有一白斑，余部橘红色，但是下腹色淡。雌鸟与其他红尾鸲相比下体较灰。

形态特征：小型鸣禽。雄鸟头顶、头侧至后颈、上背为灰蓝色，下背、腰、尾上覆羽棕色，尾羽棕褐色；两翅暗褐色，具明显的白色翼斑。下体橙棕色，腹部棕色较淡，近白色。雌鸟头顶至上背灰褐色，腰、尾似雄鸟，下体浅灰褐色，腹部近白。两翼具淡褐色翼带。

生态特征：主要栖息于高山和高原灌丛草地及岩石灌丛中，尤以溪流岸边灌丛较喜欢。活动和觅食多在地上或灌丛中。常单独或成对活动，很少到树上活动和觅食。主要以昆虫为食。

分布：我国特有鸟种，主要分布于宁夏贺兰山、甘肃、青海东部、东北部和柴达木盆地。

居留状况：偶见冬候鸟。

319

赭红尾鸲 *Phoenicurus ochruros*　　127～165 mm
Black Redstart　　14～24 g

野外识别特征：雄性头顶略灰，脸颊、喉部、上胸黑色，翅的颜色亦深，无白色翅斑，下体是红尾鸲的典型橘红色。雌鸟与北红尾鸲雌鸟的区别为无翅斑，脸颊部较褐。

形态特征：小型鸣禽。雄鸟头、胸、上背黑色，下背灰黑色，腰、尾棕栗色，中央尾羽褐色，两翼黑褐色。雌鸟上体和两翼淡褐色，下体浅棕褐色，尾淡棕色，中央尾羽褐色。

生态特征：主要栖息于海拔 2 500～4 500 m 的高山针叶林和林线以上的高山灌丛草地。除繁殖期成对外，平时多单独活动。主要以鞘翅目、鳞翅目、膜翅目昆虫为食，也吃甲壳类、蜘蛛和节肢动物等其他小型无脊椎动物，偶尔也吃植物种子、果实和草籽。通常营巢于林下灌丛或岩边洞穴中，巢材以草根、草茎、草叶和苔藓为主，巢呈杯状。每窝产卵 4～6 枚，卵淡绿色或天蓝色、光滑无斑或仅钝端具少许稀疏的黑褐色斑点。

分布：国外见于欧洲、北非和西亚。在我国主要分布于西部和西南部地区，偶见于河北、山东和海南岛。

居留状况：偶见冬候鸟。

320

北红尾鸲 *Phoenicurus auroreus* 132～157 mm
Daurian Redstart 14～20 g

野外识别特征： 雄鸟头顶灰色，翅上具白色翅斑。雌鸟褐色，翅上亦具翅斑。可能混淆的鸟种包括赭红尾鸲，红腹红尾鸲等，区别见这些鸟种的描述。

形态特征： 小型鸣禽。雄鸟头顶灰白；喉、颊、前颈、上体、翅几为黑色；翅具三角形白色翅斑；下体腰部及尾羽为鲜艳的棕红色，中央尾羽色较深；喙、足黑色。雌鸟通体土褐色；下体色浅淡转为棕黄；翅上三角形翅斑稍小；尾羽和腰部的羽色仍为棕红色。

生态特征： 雄鸟繁殖期有响亮的叫声"嘀嘀嘀嗒嘀嗒—"。雌、雄鸟还可以发出"吱，吱"单调的金属声。有时也发出低哑的"嘎，嘎"声。常栖息于林缘和村落附近。喜停留在低矮的树木或电线上观察地面。飞到地面捕食昆虫，然后飞至另一处低树上停留。并不时按背腹方向抖动尾羽，每回抖动都是从大的抖动幅度迅速转为小的抖动幅度，连续近 10 次。巢置于岩石、土壁、旧房屋的洞穴或牲口棚、工棚的屋檐下。巢材选用枯草、苔藓、细根等，内垫兽毛、鸟羽。每窝产卵 3～6 枚；卵多为淡蓝绿色，并缀以紫褐色斑点。

分布： 亚洲东部。我国除西北部以外的广大地区均有分布。

居留状况： 夏候鸟，旅鸟，冬候鸟。

321

红腹红尾鸲 *Phoenicurus erythrogastrus*

White-winged Redstart　155～190 mm

22～31 g

野外识别特征：雄鸟形态似北红尾鸲但是体型更大，头顶及翼上的白斑更白，且面积更大，下体栗红色更浓。雌鸟似其他红尾鸲雌鸟，但体型更大。

形态特征：小型鸣禽。雄鸟头顶至枕白色，额、头侧、背、肩、翅、颏、喉和胸黑色；翅上有大型白斑；其余上下体均为锈棕色。雌鸟烟灰褐色；腰至尾上覆羽和尾羽棕色；眼有一圈白色；下体浅棕灰色。

生态特征：典型的高山和高原鸟类，夏季主要栖息于海拔 4 000～5 500 m 的高山、高原、灌丛、草甸、裸岩、沟谷、溪流、荒坡，一直到雪线下的流石滩均见有分布。冬季常到海拔 2 000～3 000 m 的亚高山矮曲林和林线上疏林灌丛地带，尤以沟谷和山溪河谷灌丛较常见。多单独活动。主要以甲虫、象鼻虫等昆虫为食，也吃蠕虫等和少量植物果实与种子。繁殖期 6～7 月，多营巢于多岩石的森林上缘灌丛和灌丛苔原地带。巢呈杯状，主要由枯草和苔藓编织而成，多置于岩石下的地洞中或岩石缝隙中。每窝产卵 3～5 枚；卵白色，被有淡棕色或红色斑点。

分布：高加索山脉、中亚、土耳其、喜马拉雅山脉。在我国分布于西北和中部及青藏高原。

居留状况：迷鸟。

322

红尾水鸲 *Rhyacornis fuliginosa* 120～145 mm
Plumbeous Water Redstart 15～23 g

野外识别特征：雄性通体石板灰色，尾羽栗红色。雌鸟上体灰色，下体白色具鳞状纹，尾上覆羽及外侧尾羽基部白色。常在溪流边活动，频繁抖动尾羽。

形态特征：小型鸣禽。雄鸟全身羽毛呈铅灰蓝色，腹部稍淡；尾羽暗栗红色；尾上下覆羽均栗红色；尾羽尖端黑色；双翅飞羽黑褐色或稍淡。雌鸟上体羽淡灰褐色，稍沾染蓝灰色；下体羽淡灰蓝色；尾上覆羽白色；尾羽淡黑褐色，基部白色；尾下覆羽几纯白色。喙和脚近黑色或黑褐色。

生态特征：鸣声嘹亮清脆，常边飞边叫。栖息活动于山川溪涧岸边或岩石间，南方池塘堤岸间也能见到。营巢于山涧溪流旁悬崖岩石缝隙中，巢洞口距地面约5 m。巢材为细枯枝、苔藓、枯草、残羽等。每窝产卵 3～6 枚；卵白色带紫色小点斑。食物为昆虫和植物种子等。

分布：中亚、喜马拉雅山区、印支半岛。我国除西北地区外，全国均有分布。

居留状况：山区留鸟。

323

白顶溪鸲 *Chaimarrornis leucocephalus*

White-capped Water Redstart 158～183 mm

22～37 g

野外识别特征：体型很大的鸲类。头顶白色；上体黑色；下体栗红色，似红腹红尾鸲，但翅上无白斑；尾羽栗红色，尖端黑色。尾羽在停歇时会不停抖动。

形态特征：小型鸣禽。雌雄性成鸟体羽相似；头顶至枕部为纯白色；头部、颈部和背部、下体颏喉部、胸部以及两翼均为辉蓝黑色；腰部、尾上覆羽为深栗红色；尾羽栗红色，端黑色；下体自腹部和尾下覆羽均栗红色，羽基部呈灰黑色。

生态特征：栖息于山区溪涧岩石间，或河岸旁草丛砾石上。飞行快速，常贴近水面边飞边叫。以甲壳类昆虫和多种水生昆虫为食。营巢于沿岸石头下、树根间或岩石缝隙洞穴中。用落叶、枯草、细根和苔藓筑成杯形巢，内铺兽毛、残羽等柔软物质。每窝产卵 3～4 枚；卵淡蓝或蓝绿色，偶尔缀有红褐色斑点。

分布：自亚洲中部帕米尔高原，向东沿喜马拉雅山脉地带至我国中部、南部，南达中南半岛。我国西自西藏，向东至青海、陕西、甘肃、河北以南广大地区均有分布。

居留状况：山区留鸟(门头沟，房山)。

324

白腹短翅鸲 *Hodgsonius phaenicuroides*

White-bellied Redstart 150～185 mm

19～27 g

野外识别特征: 大型的鸲,翅短而尾长。雌雄异色,雄性上体至上胸青蓝色,下体白,翅上有白斑,外侧尾羽基部栗红色;雌性通体褐色。

形态特征: 小型鸣禽。雄鸟整个头、颈、胸和上体暗铅蓝灰色;尾羽蓝黑色,外侧尾羽基部栗色;腹白色。雌鸟上体橄榄褐色;腰至尾上覆羽和尾羽沾棕色;下体颏、喉和腹中部白色,其余下体淡黄褐色。

生态特征: 主要栖息于海拔 1 500～4 000 m 的山地森林和林缘灌丛中。常单独活动。主要以金龟子、甲虫、蟓象、鳞翅目幼虫为食,秋冬季也食少量植物果实和种子。繁殖期 6～8 月,通常营巢于离地不高的灌木低枝上,也在地上高的草丛和灌木丛中营巢。巢呈杯状,主要由枯草茎、草叶、草根等构成,较粗糙。每窝产卵 2～4 枚;卵天蓝色、光滑无斑。

分布: 喜马拉雅山脉、缅甸、印度北部。在我国分布于中部地区。

居留状况: 夏候鸟(5 月下旬～9 月)。

325

黑喉石䳭 *Saxicola torquata* 125～140 mm

Common Stonechat 10～20 g

野外识别特征：黑、白及赤褐色䳭。雄鸟头部及飞羽黑色；背深褐；颈及翼上具粗大的白斑；腰白；胸棕色。雌鸟色较暗而无黑色，下体皮黄，仅翼上具白斑。

形态特征：小型鸣禽。雄鸟上体羽和颏喉部等均为黑色，各羽均缀有棕色羽缘；腰部和尾上覆羽转为白色；尾羽黑色；翅上和尾羽基部有白色块斑；腹面棕色。雌鸟与雄鸟相似，喉部淡棕色；上体变为淡黑褐色，具棕色纹。

生态特征：栖息于灌丛中。喜欢站立于树梢或电线上。食物以昆虫为主，兼食少量杂草种子；常飞到地上或在空中捕食昆虫，又返回原栖息处。每窝产卵3～8枚；雌鸟孵卵。

分布：欧洲、非洲、亚洲各地。我国全境均有分布。

居留状况：旅鸟（4月下旬～6月中旬；8月下旬～10月中旬）。

326

灰林䳭 *Saxicola ferreus* 115～150 mm
Gray Bushchat 10～21 g

野外识别特征：偏灰色的䳭。雄鸟上体灰色斑驳，黑色眼罩与白色的眉纹及喉对比鲜明；具白色翅斑（飞行时可见）。雌鸟棕褐色，下体棕白；颏、喉白色。在同一地点长时间停栖，尾摆动。在地面或于飞行中捕捉昆虫。

形态特征：小型鸣禽。雄鸟上体暗灰色具黑褐色纵纹；眉纹白色，眼先至头侧黑色，喉白色；下体灰白色；两翼黑褐色具白色横斑。雌鸟上体红褐色具黑色纵纹；眼先至头侧棕褐色，喉白色；下体棕白色。

生态特征：主要栖息于海拔 3 000 m 以下的林缘疏林、草坡、灌丛以及沟谷、农田和路边灌丛草地。单独或成对活动。主要以昆虫为食。繁殖期 5～7 月。通常营巢于地上草丛或灌丛中。巢呈杯状，主要由苔藓、细草茎和草根等材料编织而成。每窝产卵 4～5 枚；卵淡蓝色、绿色或蓝白色，被有红褐色斑点。

分布：喜马拉雅山脉及印度北部。在我国主要分布于南部地区。

居留状况：罕见旅鸟。

327

穗鵖 *Oenanthe oenanthe* 124~158 mm

Northern Wheatear 19~30 g

野外识别特征：沙褐色鵖。两翼色深而腰白。雄鸟夏季由头顶至腰灰色，额及眉纹白色，眼先及脸黑色；中央尾羽黑色而基部白，外侧尾羽白色具黑色端斑。雌鸟似雄鸟但色暗，整体偏褐色。常点头和扑翼。飞行快而低，落地前扑翼。

形态特征：小型鸣禽。雄鸟头顶至腰灰色，眉纹白色，眼先至颊部黑色；两翅黑色；尾上覆羽白色，中央尾羽黑色，基部白色，外侧尾羽白色具宽阔的黑色端斑；下体白色。雌鸟上体灰褐色；眉纹皮黄色，眼先至头侧黑褐色；两翅黑褐色；尾羽似雄鸟。

生态特征：叫声"吱，吱，吱"。主要栖息于干旱草原、荒漠和半荒漠地区，尤其喜欢有稀疏植物的、多砾石的开阔草原地带。单独或成对活动。地栖性，多在地上或灌丛中活动和觅食。主要以昆虫为食，也吃少量植物果实与种子。繁殖期5~8月。主要营巢于开阔草原啮齿动物洞中，也在悬崖岩石洞穴中或岩石间营巢。每窝产卵4~7枚；卵天蓝色。

分布：欧洲、非洲、亚洲北部和西南部以及北美东北部。在我国分布于内蒙古东北部，西至新疆。

居留状况：罕见旅鸟。

328

白顶䳭 *Oenanthe pleschanka* 140~170 mm

Pied Wheatear 14~20 g

野外识别特征：雄鸟上体全黑，仅腰、头顶及颈背白色；外侧尾羽基部灰白；下体全白仅颏及喉黑色。雌鸟上体偏褐，眉纹皮黄；外侧尾羽基部白色；颏及喉色深，白色羽尖成鳞状纹；胸偏红，两胁皮黄，臀白。

形态特征：小型鸣禽。尾长的䳭，飞行时尾基部的白色大斑十分明显，嘴、脚均为黑色。雄鸟上体、头侧和喉部黑色，前额、头顶至后颈白色；下体白色；尾白色具黑色端斑，中央一对尾羽黑色，基部白色。雌鸟上体棕褐色，眉纹皮黄，喉部色深；翅暗褐色，羽缘淡色；尾似雄鸟。幼鸟和雌鸟相似，但较斑杂，翅上淡色羽缘较宽。

生态特征：鸣声单调，响亮，声似"chek-chek"。主要栖息于干旱荒漠、半荒漠、荒山、沟谷、林缘灌丛和岩石荒坡等生境中。单独或成对活动，地栖性，多在地上奔跑觅食，也常栖于岩石或灌丛上。主要以甲虫、蝗虫、蚂蚁、鳞翅目幼虫等昆虫为食，也吃少量的植物种子和果实。通常营巢于岩坡、堤坝岩石缝隙或石隙间，巢呈碗状，巢材由枯草茎、草叶、草根构成。每窝产卵 4~7 枚；卵蓝绿色或淡蓝色被红褐色斑点；孵卵由雌雄鸟轮流承担。

分布：在欧亚大陆南部繁殖，冬季迁往阿拉伯半岛和非洲。在我国主要分布于黄河以北地区。

居留状况：偶见旅鸟。

329

白背矶鸫 *Monticola saxatilis*   178～195 mm
     Common Rock Thrush   48～61 g

野外识别特征：雄鸟头灰蓝色；腹部橙色；腰部白色。雌鸟可能与蓝矶鸫雌鸟混淆，但是上体具点状斑。

形态特征：中型鸣禽。雄鸟整个头至背部均为灰蓝色；腰白色；中央尾羽褐色，外侧尾羽棕栗色；两翅黑褐色，飞羽除初级飞羽外均具白色端斑；下体锈棕色。雌鸟全身大致为灰褐色，密布黑色鳞状斑；尾红栗色。

生态特征：主要栖息于有稀疏植物的山地荒坡灌丛和草地。多单独或成对活动，迁徙季节亦见成松散的小群。地栖性，多在地上活动和觅食，主要以昆虫为食，也吃植物果实和种子。繁殖期5～7月，通常营巢于山岩岩壁缝隙间和岩石间。巢呈碗状或杯状，主要由枯草茎、草叶和草根构成。每窝产卵4～6枚；卵淡蓝色或蓝绿色。

分布：欧洲、北非至土耳其及俄罗斯的外贝加尔地区。在我国分布于北方。

居留状况：偶见夏候鸟(5～9月)。

330

白喉矶鸫 *Monticola gularis* 171～190 mm
White-throated Rock Thrush 30～38 g

野外识别特征：颇具特色的矶鸫。雄鸟头顶蓝色，脸部黑色，喉部白色；下体橙色；翅上有白斑。雌鸟上体具鳞纹，而与其他矶鸫雌鸟区别，比虎斑地鸫小。

形态特征：小型鸣禽。雄鸟头部自前额至后颈呈钴翠蓝色，十分鲜艳；下体羽颏喉侧、胸部和两胁均呈鲜艳的深栗色；颏喉部中央具显著白色块斑。雌鸟头顶到后颈呈灰褐色；上体羽橄榄灰褐色；下体具杂斑纹；喉部具白色斑块。

生态特征：栖息于山区阴坡山沟有泉水的潮湿地带。雄鸟具富有音韵的歌声。食物以昆虫为主。繁殖期营巢于靠近山泉附近的岩石洞穴中地面上。巢材选用苔藓、枯草、细枝等，内铺以细草茎和纤维。每窝产卵4～6 枚；雌雄鸟均参加孵卵。

分布：亚洲东部。冬季南迁至东南亚北部地区越冬。在我国东北、华北为繁殖鸟或旅鸟；在华南沿海地区为冬候鸟。

居留状况：夏候鸟(5 月下旬～9 月中旬)，旅鸟(5～6月；9～10 月)。

331

蓝矶鸫 *Monticola solitarius*　182～220 mm
Blue Rock Thrush　45～64 g

野外识别特征：雄性上体灰蓝色；下体及翅下橙色。雌鸟上体灰色带少许蓝色；下体密布褐色横纹。

形态特征：中型鸣禽。雄鸟上体均呈纯蓝色，并具辉亮闪光；尾羽黑褐色；下体喉胸部蓝色；胸部以下均呈暗栗红色。雌鸟上体蓝灰色；下体淡茶黄色，具黑褐色羽端斑纹。幼鸟：雄性上体羽淡灰蓝色；雌性上体羽灰褐色。

生态特征：雄鸟善鸣叫，鸣声动听而富有音韵。繁殖早期常在山顶昂首鸣叫不已，并不断扭动尾羽，颇具风采。栖息于多岩石的山地、山区河流溪涧附近的裸岩或高大树上。食物以昆虫为主，兼食蜘蛛。营巢于山腰岩石缝隙间。用细树枝、树皮、苔藓等筑成碗状巢，内铺细枯草、根须、枯叶和残羽等。每窝产卵 3～6 枚；卵淡蓝色；雌鸟孵卵。

分布：欧洲、亚洲、非洲。在欧亚大陆及非洲北部繁殖；冬季南迁至非洲热带地区、东南亚地区越冬。我国绝大部分地区均有分布。

居留状况：夏候鸟(5 月下旬～9 月上旬)。

332

紫啸鸫 *Myophonus caeruleus* 278～352 mm
Blue Whistling Thrush 145～210 g

野外识别特征: 蓝黑色的大型鸫类，体羽具紫色的金属光泽，在头、颈部及翅上具浅色斑点。常在溪流附近活动。

形态特征: 中型鸣禽。雄鸟全身羽毛均呈深蓝紫色；各羽先端均具闪亮的淡紫色滴状的斑点，十分鲜艳，这些闪亮斑点在下体喉胸部更大而显著；前额基部和眼先呈纯黑色。雌鸟体羽类似雄鸟，稍暗淡，不如雄鸟鲜艳；喙和脚均黑色。

生态特征: 鸣叫声"滴—滴—滴"，连续而洪亮如吹箫。栖息于山区溪流水域附近的岩石灌丛中。在地上活动，跳跃于岩石间觅食，活动隐蔽。亲鸟带领幼鸟活动时，如发现有人，亲鸟一声啸鸣，幼鸟就跟随亲鸟藏匿于灌丛中。杂食性，以昆虫为主，有时也吃野生浆果等植物性食物。繁殖期常在小溪附近的岩石缝隙或树枝分叉处营巢。巢材以苔藓、苇茎、残枯叶为主。巢为杯状，内垫叶片、根须等柔软物质。每窝产卵 3～4 枚；卵多为纯淡绿色，无杂斑，或呈黄绿色具红色细斑；雌雄鸟共同孵卵。

分布: 喜马拉雅山区、中亚和东亚地区。冬季迁徙至中南半岛和印度尼西亚部分岛屿。在我国广泛分布。

居留状况: 夏候鸟(5 月中旬～9 月中旬)。

333

白眉地鸫 *Zoothera sibirica*　　220～240 mm
Siberian Thrush　　68～90 g

野外识别特征：雄性通体灰黑色，但是下体白色，眉纹白，飞行时可见地鸫典型的翅下特征。雌鸟褐色，眉纹白，可能与虎斑地鸫和白喉矶鸫的雌鸟混淆，但是上体缺少鳞纹。

形态特征：中型鸣禽。雄鸟体羽深蓝灰色，下体较淡，各羽具蓝色羽缘；上体较显著；眉为白色；腹部中央、尾下覆羽末端、外侧尾羽端部以及翼下覆羽端部等均为白色。雌鸟上体橄榄褐色；眉纹皮黄色带褐斑；外侧尾羽具白色端斑；腹部中央白色；尾下覆羽橄榄褐色具白色端斑。脚橙黄色。

生态特征：主要活动于林缘草地上，有时亦活动于庄稼地内。以昆虫为主要食物，兼食野浆果、杂草种子等。

分布：亚洲东部。我国东北部地区为繁殖鸟。冬季南迁时旅经华北、华中、华南广大地区。

居留状况：旅鸟（5 月下旬～6 月上旬；9 月中旬～10 月上旬）。

334

虎斑地鸫 *Zoothera dauma* 275～302 mm
Golden Mountain Thrush 124～174 g

野外识别特征：上体橄榄褐色，具有黑色的粗大鳞状纹；下体白色，亦具鳞状纹。飞行中可见飞羽腹面黑白相间。与宝兴歌鸫的区别在于上体亦具鳞状纹，下体非点状纹。

形态特征：中型鸣禽。体型稍大，翅长超过 100 mm。雌雄鸟羽色相似。上体自额至中央尾羽橄榄褐色，各羽具黑色端斑和淡金黄色次端斑；飞羽暗褐色，羽缘淡黄褐色；次级飞羽下面有一道明显的白斑；各尾羽均具白色尾端；颏、喉至尾下覆羽自棕白渐至白色，各羽均具黑色端斑，在胸侧更为显著。

生态特征：栖息于次生林或耕作区。活动很隐蔽，经常潜伏于密林中或在灌丛下面的地上觅食和穿行。食物主要为昆虫和野果，兼食杂草种子。繁殖期在树上营巢。每窝产卵 3～5 枚。

分布：广泛而不规则地分布于亚洲、澳大利亚东部地区，偶见于欧洲的为迷鸟。在我国东北和西南地区为繁殖鸟；台湾为留鸟；在浙江至云南南部越冬。

居留状况：旅鸟(5 月中旬～6 月上旬；9 月中旬～11月上旬)。

335

灰背鸫 *Turdus hortulorum*　　　　201～228 mm
　　　Gray-backed Thrush　　　　　50～73 g

野外识别特征：雄鸟上体灰色，下体及尾下覆羽白色，但是胁部橙色；雌鸟褐色为主，亦具橙色胁部，胸部具黑色点斑。

形态特征：中型鸣禽。雄鸟整个上体微带蓝灰色；颊部缀有橙棕色；下体近白色；胸和两胁暗栗色；翅下覆羽和腋羽为橙栗色。雌鸟与雄鸟相似，上体橄榄灰褐色；两胁部呈橙褐色，但不如雄鸟鲜艳。

生态特征：栖息于河流附近，潮湿而茂密的灌丛地面或路旁次生阔叶林、河谷阔叶林和混交林等地。食物主要是植物种子、野生浆果和果实，也吃昆虫等。

分布：亚洲东部。在西伯利亚东部地区至朝鲜半岛等地繁殖。在我国黑龙江繁殖；迁徙时经过东部沿海各省，至长江以南地区越冬，更南可达中南半岛北部。

居留状况：旅鸟。

336

乌鸫 *Turdus merula*　　　　　　210～296 mm
　　　　Common Blackbird　　　　　55～126 g

野外识别特征：通体黑色的大型鸫类，但是眼圈、嘴黄色。雌鸟黑色较淡，在前胸具纵纹。

形态特征：中型鸣禽。雄鸟通体黑色；嘴和眼周橙黄色；脚黑褐色。雌鸟通体黑褐色沾锈色；下体锈色突出，有不明显的暗色纵纹。

生态特征：主要栖息于不同类型的森林中。常单独或成对活动。多在地上觅食，平时多栖于乔木上。主要以昆虫为食。通常营巢于村镇附近、房前屋后的乔木主干分枝处。巢呈碗状，主要由苔藓、稻草、植物根、茎、叶，并杂以棕丝、猪毛和泥土编织而成。每窝产卵7～9枚；卵淡蓝色，也有近白色，被有赭褐色斑点，钝端较密。

分布：国外见于欧洲、北非、中东、高加索、中亚和西南亚。在我国主要分布于西部、西南部、南部和东南部。

居留状况：逃逸留鸟。

337

褐头鸫 VU *Turdus feae*　　　　202～246 mm
　　　　　　Gray-sided Thrush　　　　58～78 g

野外识别特征：上体微深褐色的鸫；下体灰色，具白色的眉纹和一道翅斑。似白眉鸫，但是下体的颜色为灰色。

形态特征：中型鸣禽。上体草黄褐色；眉纹白色；翅黑褐色；下体淡灰白色。雌鸟较雄鸟羽色暗淡，眉纹不显著，胸及两胁较灰褐。

生态特征：主要栖息于海拔 1 500～2 000 m 的山地森林中，尤以阴暗潮湿的针阔混交林和林缘地带较为常见。单独或成对活动。性胆怯，常藏匿于溪流岸边灌丛和树丛间。主要以昆虫为食。繁殖期 5～7 月，通常营巢于海拔 1 700～1 900 m 的高山灌丛和矮曲林中，巢主要由枯草、苔藓、枯叶碎片和植物纤维以及稀泥、黏土混杂而成。每窝产卵 4 枚；卵淡蓝绿色，密被斑点。

分布：是我国华北地区的特有繁殖鸟种，在我国境内的分布记录有河北、北京、山东、山西、内蒙古中部。在印度东北部、缅甸、泰国西北部和老挝有越冬记录。

居留状况：少见夏候鸟（5 月下旬～8 月下旬，雾灵山、百花山、小龙门）。

338

白眉鸫 *Turdus obscurus*　　　　190～239 mm
　　　　White-browed Thrush　　　48～66 g

野外识别特征：颜色鲜明的鸫类；体色以褐色为主，下体橙色。雌雄均具明显的细长白眉纹，眼下也具一白色的短细纹。雄鸟头、脸部及喉部灰色。雌鸟喉部白色，具有深色纵纹。

形态特征：中型鸣禽。雄鸟头部灰褐色，微沾橄榄色；眼先黑褐色，具显著白色眉纹；上体羽为橄榄褐色；飞羽黑褐色；翅上覆羽暗褐色，羽端缘橄榄褐色；尾羽暗褐色；颏喉部、腹部、尾下覆羽白色；胸、两胁橙黄色。嘴黑褐色，下嘴基部黄褐色；脚黄褐色。雌鸟头颈部褐色较深；颏喉部具灰色纵纹；胸、两胁污棕黄色，不如雄鸟显著。

生态特征：栖于树林灌丛、林缘草地上。以昆虫、软体动物、植物浆果、杂草种子等为食。繁殖期间筑巢于树上。每窝产卵 4～6 枚。

分布：繁殖于西伯利亚北部和我国东北；越冬于东南亚。迁徙时主要旅经我国东部，在我国南方越冬。

居留状况：旅鸟（5 月中旬～6 月上旬；9 月中旬～10 月中旬）。

339

白腹鸫 *Turdus pallidus*
Pale Thrush

206～237 mm
66～81 g

野外识别特征：上体褐色；下体白色；胸、胁部沾浅褐色。雄鸟脸部沾灰色；雌鸟喉部白色具有细纹，而不似赤颈鸫的点斑。

形态特征：中型鸣禽。整个头颈灰褐色，无眉纹；其余上体橄榄褐色；初级飞羽灰褐色；尾灰褐色；颏白色，喉灰色；胸及两胁灰褐色，其余下体白色沾灰。雌鸟较雄鸟羽色淡，喉污白色具暗褐色纵纹。

生态特征：繁殖期间主要栖息于海拔 1 200 m 以下茂密的针阔混交林中，迁徙期间多活动在 1 000 m 以下的低山丘陵地带的林缘、耕地和道边次生林。除繁殖期间单独或成对活动外，其他季节多成群。主要以昆虫为食。繁殖期 5～7 月，通常营巢于林下小树或灌木枝杈上，营巢位置多选在混交林中溪流附近。巢呈碗状，由细树枝、枯草茎、枯草叶、苔藓和泥土构成。每窝产卵 4～6 枚；卵椭圆形，鸭蛋绿色，密布大小不一的锈褐色斑。

分布：繁殖于东北亚，冬季南迁至东南亚。在我国繁殖于东北地区，迁徙经华中至长江以南达广东、海南岛，偶至云南及台湾越冬。

居留状况：旅鸟(3～5 月；9～11 月)。

340

赤颈鸫 *Turdus ruficollis*   210～268 mm
    Red-throated Thrush   80～122 g

野外识别特征：大型鸫类，于冬、春季常见。上体以浅褐色为主，雄性眉纹、脸部、喉部及上胸橙色；雌鸟喉白具黑色点斑，上胸沾橙色，尾羽棕红色。

形态特征：中型鸣禽。雄鸟整个上体及两翼浅灰褐色；尾羽棕色；喉胸部栗红色；胸部以下白色；翅下覆羽及腋羽淡棕栗色。雌鸟上体羽类似雄鸟；喉部污灰白色；胸部灰色，具暗褐色斑，形成胸斑带。嘴黑褐色，下嘴基部黄色。

生态特征：通常栖息于山坡草地、平原灌丛或林缘田间树上。常与斑鸫混群活动。迁徙期主要吃昆虫；冬季主要吃野果和野生植物种子。在树上或地上营巢。每窝产卵 4～7 枚；雌鸟孵卵。

分布：亚洲中部和北部。我国除长江中下游以南地区外，全国均有分布。

居留状况：旅鸟，冬候鸟(11 月上旬～翌年 4 月中旬)。

341

黑喉鸫 *Turdus atrogularis* 213～270 mm
Black-throated Thrush 60～102 g

野外识别特征：从赤颈鸫中分出作为独立种，羽毛的样式似赤颈鸫，但是赤颈鸫的橙色部分在本种中为黑色，且尾羽非棕红色。

形态特征：雄鸟上体橄榄灰色；眼先、颊黑褐色；尾黑褐色，尾端较淡；颏喉部及上胸黑褐色，其余下体白色；两胁灰色，缀暗褐色条纹。雌鸟和雄鸟相似，颏喉部皮黄白色，具黑色纵纹；胸及两胁石板灰色，并具黑斑；腹及尾下白色，缀暗褐色条纹。

生态特征：栖息于山地森林特别是针叶林中，常在林间较为开阔的地带觅食，单独或成对活动，冬季结成小群，一般在林下地面活动。主要以各种昆虫为食，也吃其他软体动物等。5月进入繁殖期，营巢于树的下部及地面上，巢材由枯草的叶、茎等构成，内部混杂细草及泥土。一般每窝产卵5枚左右。

分布：在我国分布于俄罗斯、蒙古、西亚、中亚、东南亚等地区。国内分布于新疆、西藏、青海等地区。

居留状况：偶见旅鸟。

342

红尾鸫 *Turdus naumanni* 204～248 mm
Naumann's Thrush 48～85 g

野外识别特征：原为斑鸫的亚种，现在独立成种。上体浅褐色；胸部、腹部两侧及胁部具棕红色方块纹，但是腹部中部白色；尾羽锈红色，中央尾羽略带深色；眉纹棕红色但脸颊深色。

形态特征：雄鸟上体从额至尾上橄榄褐色；眼先黑色，眉纹淡棕红色；尾上具栗色斑或为棕红色；尾下棕红色，中央一对尾羽黑褐色，外侧尾羽内翈棕褐色，外翈黑褐色，最外侧一对尾羽几为棕红色；翅黑褐色，翅上缀棕红色，飞羽外翈为棕红色；颏、喉棕白色或栗色，具黑褐色斑点一直扩展到整个上胸；喉、胸、两胁棕栗色，羽缘白色；腹白色；雌鸟与雄鸟相似，喉和上胸黑斑较多。

生态特征：栖息于西伯利亚各种森林中，冬季活动于林缘、农田、果园及村镇附近的树林，成对活动，冬季可结成大群。性活跃，叫声尖细，可传递很远。一般在地面活动，不太怕人。主要以昆虫为食。繁殖于西伯利亚森林中，5月进入繁殖期，营巢于水平枝上，也在地面营巢，巢呈杯状，由枯草叶、茎等构成，内壁糊有泥土。一般每窝产卵5～6枚。

分布：国外分布于西伯利亚、朝鲜、日本、蒙古等地区。在我国分布于东北、华北、西南、华东、华南等地。

居留状况：冬候鸟，旅鸟。

343

斑鸫　*Turdus eunomus*　215～257 mm
　　Dusky Thrush　64～88 g

野外识别特征：以黑白为主、有特色的鸫类，头顶到上背黑色，翅膀红褐色；下体白色羽区面积大，胸口由鳞纹构成黑色完整的胸带；腹部两侧及胁部具褐色的方块纹；眉纹白色，颊部黑色。

形态特征：中型鸣禽。雄鸟头的背面黑褐色；后颈和上背为沾棕的橄榄色，各羽中部具栗红色斑或纵纹；尾羽黑褐色；眉纹棕白色；胸部具栗色点斑；腹部纯白；尾羽下面棕红色；腋羽和翅下覆羽棕红色。雌鸟与雄鸟相似，但上体几乎为橄榄褐色。

生态特征：通常与其他鸫类结群活动，穿行于农田旷野的草地上，所以俗称"穿草鸡"。食物主要为昆虫，有时也吃蜘蛛和植物性食物。营巢于树上或地面上。每窝产卵 4～7 枚。

分布：亚洲东部。在西伯利亚东部地区为繁殖鸟；冬季南迁旅经日本和我国北部；长江以南地区为冬候鸟。我国除西藏外，全国均有分布。

居留状况：常见冬候鸟、旅鸟，少数为夏候鸟(10 月～翌年 4 月；1960 年 6 月 4 日～24 日)。

344

宝兴歌鸫 *Turdus mupinensis* 190～244 mm
Chinese Thrush 51～73.5 g

野外识别特征： 褐色为主的鸫类。下体具黑色点斑；耳羽黑色；翅上有两道明显的白色翅斑。可能与虎斑地鸫混淆，但是上体不具鳞纹且下体斑纹不同。

形态特征： 中型鸣禽。上体羽橄榄褐色；眉纹棕白色；耳羽淡棕黄色，各羽具黑色端斑，在耳羽区后缘形成一显著黑色斑块；尾羽暗褐色；下体羽近白色；胸部沾黄；尾下覆羽白色。雌雄鸟相似，雌鸟羽色稍暗淡。

生态特征： 它的鸣叫声嘹亮而动听。栖息在山区海拔1 500 m左右亚高山区混交林中，单只活动。以各种昆虫为食，属益鸟。繁殖期在树杈上营巢。巢以枯树枝作支架，基底部用黏土与杂草的根、茎和苔藓混合筑成，十分坚固；巢内用植物纤维铺垫。卵壳呈淡蓝灰绿色，缀有红褐色和灰蓝褐色斑点。

分布： 为我国特有种。繁殖区仅见于我国河北、陕西、甘肃、四川、云南等地。

居留状况： 夏候鸟（5 月上旬～9 月上旬）。

53. 鹟科 Muscicapidae

小型鸣禽。体型比麻雀稍小。嘴扁平，嘴基部宽阔，上嘴端微具缺刻，嘴峰具脊，嘴须发达；鼻孔被垂羽掩盖；翅多数较尖长，折合时可达尾羽一半；尾羽长短不一；脚细小，趾细弱。体羽颜色多种多样，有些种类羽色鲜艳；幼鸟羽色多具斑点。常栖息于树枝顶端，偶尔突然飞起捕捉空中飞虫。多善鸣叫。营巢于树枝间或灌木丛中、树洞或岩隙中。本科鸟类全世界计有 17 属，116 种，分布遍及东半球。我国境内计有 10 属，37 种。北京地区计有 5 属，13 种。

345

灰纹鹟 *Muscicapa griseisticta*　118～142 mm
Gray-streaked Flycatcher　12～22 g

野外识别特征：颜色偏灰的鹟，下体白色，具有明显的纵纹；头顶亦有细纹；喉部白，具有颊纹；翅上具白色翼斑，翼尖延伸到尾的长度超过尾的 2/3。与乌鹟和北灰鹟的区别见后者的描述。

形态特征：小型鸣禽。上体灰褐色；两翼具明显白色条带；眼先和眼周白色或棕白色，前额基部和两侧白色；下体白色；胸、腹和两胁有明显的黑褐色纵纹，胸部纵纹较细。

生态特征：主要栖息于海拔 1 100～2 200 m 的山地针阔混交林、针叶林和亚高山岳桦矮曲林中。以昆虫为食。繁殖期 6～7 月，通常营巢于针叶林中鱼鳞松和冷杉等树上，巢多置于侧枝枝杈上，巢主要由松萝、苔藓编织而成，每窝产卵通常 4～5 枚；卵淡绿色、光滑无斑，微具光泽；孵卵主要由雌鸟承担。

分布：繁殖于东北亚；越冬于菲律宾和新几内亚。在我国东北为夏候鸟，部分在台湾越冬，其他地区为旅鸟。

居留状况：旅鸟(4 月和 9 月)。

346

乌鹟 *Muscicapa sibirica*　　　　　118～142 mm
Dark-sided Flycatcher　　　　　　9～15 g

野外识别特征：灰褐色的鹟，下体白色，两胁沾灰色；上胸具深黑色的杂斑；喉白，有黑色颊纹，具白色的半颈环；翼尖延伸至尾的 2/3；尾下覆羽常具有黑纹。与灰纹鹟的区别在于前者无白色颈环，胸口的纵纹更明显。与北灰鹟的区别见后者描述。

形态特征：小型鸣禽。上体乌灰褐色；眼先和眼周白色或皮黄白色；两翼黑褐色，大覆羽和三级飞羽羽缘淡棕白色；尾黑褐色；颏、喉污白色，向后延伸至颈侧；胸和两胁具粗阔的乌灰褐色纵纹，界限不清，腹以下白色。

生态特征：主要栖息于海拔 800 m 以上的针阔混交林和针叶林中。除繁殖期成对，其他季节多单独活动。树栖性，很少到地面活动和觅食。主要以昆虫为食，也吃少量植物种子。繁殖期 5～7 月，通常营巢于针阔混交林和针叶林中树上，巢材为灰绿色的松萝或苔藓。每窝产卵 4～5 枚；卵淡绿色；主要由雌鸟孵卵，雄鸟在雌鸟离巢期间亦参与孵卵活动。

分布：繁殖于东北亚及喜马拉雅山脉；冬季迁徙至中国南方和东南亚。在我国东北、甘肃和西南地区为夏候鸟，部分在海南岛、广西和云南越冬。

居留状况：旅鸟(4 月和 9 月)。

347

北灰鹟　*Muscicapa dauurica*　　120~143 mm

Asian Brown Flycatcher　　7~16 g

野外识别特征：颜色单调的鹟。上体灰褐；下体白色；胸侧及两胁沾灰；具白色眼圈；换羽后的鸟具白色翼斑。嘴比乌鹟长且宽，而且无乌鹟的半颈环。翼尖只延至尾的中部而不似乌鹟。

形态特征：小型鸣禽。上体灰褐色；额基、眼先、眼圈白色；两翼具淡色条带；下体白色；胸和两胁苍灰色。

生态特征：主要栖息于落叶阔叶林、针阔混交林和针叶林中。常停息在树冠层中下部侧枝或枝杈上，当有昆虫飞过，则迅速飞起捕捉，然后又飞落到原处。主要以昆虫为食。繁殖期5~7月。通常营巢于森林中乔木树枝杈上，巢主要由枯草茎、草叶、树木韧皮纤维和大量苔藓、地衣等编织而成。每窝产卵4~6枚；卵灰白色、微缀灰绿色，也有呈橄榄灰色的，有时钝端具有不显著的淡褐色斑点。

分布：繁殖于西伯利亚南部，冬季南迁至印度和东南亚。在我国东北地区繁殖，迁徙经华东、华中及台湾，冬季在南方有越冬种群。

居留状况：旅鸟（4月和9月）。

348

白眉姬鹟 *Ficedula zanthopygia*   122～136 mm
Yellow-rumped Flycatcher   10～15 g

野外识别特征：雄性有三种颜色：上体、尾羽黑色；下体鸭蛋黄色；眉纹、翅斑白色。雌性上体灰色略带橄榄绿色；下体亦沾橄榄绿色；腰黄色。

形态特征：小型鸣禽。雄鸟上体大都黑色；腰部鲜黄色；下体鸭蛋黄色；眉纹白色，延伸到眼后下方。雌鸟上体暗黄绿色为主；腰和下体黄色。嘴和脚均呈铅黑色。

生态特征：栖息于山麓丘陵附近果园、树林中，在平原地区较罕见。性胆怯。在北京地区首见于5月上旬，雄鸟站立于树冠顶端突出枯枝上。鸣叫声优美而婉转动听。食昆虫，如蝽象、金龟子等。繁殖期在5～6月。巢置于树洞穴中，洞口一般向阳，距地面高3～7 m。巢呈半球形，用枯草、细根、苔藓、枯叶片、纤维、残羽等柔软物质筑成，结构疏松。每窝产卵4～5枚；卵呈粉黄色，缀淡赭和橙红色点斑。

分布：亚洲东部。北自日本、朝鲜半岛，南抵菲律宾群岛和加里曼丹岛北部地区。在我国境内东北、华北地区，四川盆地为夏候鸟或旅鸟；在华南地区为旅鸟。

居留状况：夏候鸟（5月上旬～9月上旬）。

349

黄眉姬鹟 *Ficedula narcissina*   119～141 mm

Narcissus Flycatcher   10.5～15 g

野外识别特征：雄性形态似白眉姬鹟，但是眉纹、翅上的白色羽区较小。雌性橄榄灰色，相比白眉姬鹟雌鸟腰部缺少黄色。

形态特征：小型鸣禽。眉纹柠檬黄色，繁殖期喉部深橘黄色；上体黑色；下体柠檬黄色至白色；翅上具狭长的白色翅斑。虹膜暗褐色；嘴黑褐色；脚近黑色。

生态特征：指名亚种多繁殖于温带针叶林或针叶-橡树混交林中，海拔可达 1 800 m。琉球亚种可见于海拔 150～200 m 的亚热带阔叶林，繁殖期为 5～7 月。营巢于距地面 1.5～4.5 m 的树桩或朽洞中。每窝产卵 3～5 枚；孵化期为 12～13 天。

分布：亚洲东部。主要繁殖于俄罗斯库页岛，日本北部诸岛和琉球群岛，指名亚种迁徙时经我国东部和南部，越冬于东南亚。

居留状况：偶见旅鸟(5 月和 9 月)。

350

绿背姬鹟 *Ficedula elisae* 117～137 mm
Green-backed Flycatcher 11～13.5 g

野外识别特征：从黄眉姬鹟中分出的新种。雄性上体的橄榄绿色代替了黑色；眼先黄色。白色翅斑亦较前者大。雌鸟似黄眉姬鹟雌鸟。一些第二年雄鸟似雌鸟，但是绿色较浓。

形态特征：小型鸣禽。眉纹柠檬黄色；上体橄榄黄绿色；下体柠檬黄色；翅上具白色翅斑。虹膜暗褐色；嘴黑褐色；脚近黑色。

生态特征：在北京西部山区繁殖时，多见于海拔 1 000～1 400 m 中山地区。以鳞翅目幼虫等昆虫为食。繁殖期在 5～7 月。营巢于树上的旧树洞、树枝间或人工巢箱，每窝产卵 5 枚。

分布：亚洲东部。在我国境内主要繁殖于华北地区。迁徙时经我国中部至东南亚越冬。

居留状况：夏候鸟(5 月下旬～9 月上旬)。

351

鸲姬鹟 *Ficedula mugimaki* 106～135 mm
Mugimaki Flycatcher 11～15 g

野外识别特征：老龄雄鸟上体黑色；白色眉纹止于眼上；翅上有大块白斑；喉部至上胸橙色。雌鸟或者亚成鸟无白色翅斑，区别于雄鸟；上体棕色，区别于北京其他姬鹟雌鸟。

形态特征：小型鸣禽。雄鸟上体黑色；眼后上方具白斑；两翼和尾黑色，翼上具显著白斑；外侧尾羽基部为白色；自颏至上腹锈红色，其余下体白色。雌鸟上体灰褐色；下体颏至上腹浅棕黄色，其余下体白色。

生态特征：主要栖息于海拔 1 000 m 以下的山地和平原湿润森林中。常在树林间做短距离飞行。主要以鞘翅目、鳞翅目和膜翅目等昆虫为食。繁殖期 5～7 月，营巢于针叶树紧靠主干的侧枝枝杈间，距地高 2～11 m。每窝产卵 4～8 枚；卵橄榄绿色，被红褐色斑点。

分布：俄罗斯西伯利亚东南部往东到远东以及朝鲜和日本，越冬于泰国、中南半岛、马来半岛、菲律宾和印度尼西亚等地。在我国繁殖于东北地区，部分在广东、广西和海南岛越冬。

居留状况：旅鸟(4～5 月；9～10 月)。

352

锈胸蓝姬鹟　*Ficedula hodgsonii*　　116~135 mm
　　　　　　　　Slaty-backed Flycatcher　　10~15 g

野外识别特征：雄鸟上体青石灰色；喉部橙红色并延伸到腹部，但颜色逐渐变浅；外侧尾羽基部具白斑。雌鸟无甚特色，但是相比其他姬鹟的雌鸟红褐色较重。

形态特征：小型鸣禽。雄鸟整个上体暗灰蓝色；飞羽黑褐色，羽缘较淡多呈橄榄棕色；尾黑色具窄的蓝色羽缘，外侧尾羽基部白色；颏、喉、胸和两胁亮橙棕色，腹至尾羽渐淡。雌鸟上体橄榄褐色；翼、尾褐色；下体颏、喉、胸浅褐色；胸沾皮黄色；腹和尾下覆羽白色。

生态特征：主要栖息于山地常绿阔叶林、针阔混交林和针叶林中。多在林下灌丛或竹丛间活动和觅食，频繁地从停息的枝头飞到空中捕食飞行性昆虫，偶尔也到地上捕食。主要以昆虫为食。繁殖期4~7月。营巢于林下灌丛中，也在岸边岩石洞穴中营巢。巢材主要是细树枝和禾本科枯草茎、叶。卵淡黄白色。

分布：尼泊尔至中国西部及中南半岛北部。在我国分布于西藏东南部、青海东部、云南、四川、甘肃。

居留状况：偶见迷鸟。

●○○○

353

红喉姬鹟 *Ficedula albicilla*　　120～132 mm
　　　　　Taiga Flycatcher　　　　9～13 g

野外识别特征：繁殖期的雄鸟具明显的红色喉部，红色羽区周围灰色；上体灰褐色；下体白色。非繁殖期雄性和雌性喉部白色，羽色似北灰鹟，但是尾羽黑色，外侧尾羽基部具白色。

形态特征：小型鸣禽。上体羽灰黄褐色；尾羽黑褐色，基部白色，展开尾羽时极易识别；繁殖期间，雄鸟颏喉部橙黄色特别显著。虹膜暗褐色；嘴和脚均为黑色。雌鸟颏喉部白色。

生态特征：栖息于树林、灌丛中。性活泼，但甚畏怯。常停留树冠顶枝上，见昆虫飞过，突然起飞捕猎，然后返回原来栖息的枝上。也常从树枝上飞至地面捕食昆虫。喜食昆虫，消灭大量农林业害虫，如蛾类、金龟子、蝽象、叩头虫等。常发出"吱—"的叫声，同时将尾羽展开。营巢于树上或树洞穴中。巢由枯草茎、苔藓和兽毛编织成深杯状。每窝产卵 4～7 枚。

分布：欧洲东部、亚洲中部。东抵西伯利亚、堪察加半岛繁殖；南迁旅经我国广大地区，在亚洲南部越冬。在广东和海南岛为冬候鸟。

居留状况：旅鸟（5 月上旬～5 月下旬；9 月上旬～9 月下旬）。

354

红胸姬鹟 *Ficedula parva* 110 mm
Red-breasted Flycatcher 5~9 g

野外识别特征：繁殖期的雄鸟喉部和上胸部红色，较红喉姬鹟的明显。冬羽喉部也略带红色。

形态特征：头顶、眼先、颊浅铅灰色；背部深褐色；尾上灰褐色；尾羽黑褐色，外侧尾羽具白斑；翅上深褐色，飞羽尖端具白色羽尖；颏至上胸橘红色；其余下体浅黄白色，微缀黑色细纵纹；两胁黄褐色。上嘴黑色，下嘴灰褐色。

生态特征：栖息于山地森林，冬季可到果园、公园等处的树丛和灌丛，在林间短距离飞行，非常迅捷。经常从停息枝头飞起 2~3 m 捕捉昆虫，然后迅速飞回，也经常在地面取食。主要以昆虫为食，目前在中国没有繁殖记录。

分布：国外主要分布于欧洲大陆、乌拉尔山、高加索及喜马拉雅西部，朝鲜、印度北部等地区。国内目前有 3 个记录，河北乐亭、香港、北京圆明园。

居留状况：罕见旅鸟或迷鸟。

355

白腹蓝姬鹟 *Cyanoptila cyanomelana*　152～164 mm

Blue-and-white Flycatcher　19～29 g

野外识别特征：钴蓝色的大型姬鹟。雄性脸部、喉及上胸黑色，其余下体白色；尾羽基部有白斑。雌鸟灰褐色；下体白色；腰部及尾羽红褐色。

形态特征：小型鸣禽。体型较麻雀稍大；嘴平扁。雄鸟上体羽呈青蓝色；下体颏、喉胸部均蓝青色；腹部白色。雌鸟上体羽橄榄褐色；胸部亦白色。虹膜暗褐色；嘴暗褐色，下嘴基部色浅淡；脚黑色。

生态特征：通常繁殖、栖息于海拔 1 200 m 以上山区针阔混交林或茂密灌丛中。它嗜吃昆虫，能消灭大量农林害虫，是极有益的鸟类，但数量较稀少。营巢于山崖悬岩缝隙间，或峭壁树根基部地上。每窝产卵4～5 枚；由雌鸟孵卵。

分布：亚洲东部。在日本、朝鲜半岛、我国东北和华北地区为繁殖鸟；冬季迁至东南亚地区越冬。我国东部地区广泛分布。

居留状况：夏候鸟或旅鸟(5 月中旬～10 月上旬)。

356

铜蓝鹟 *Eumyias thalassinus*　123～175 mm
　　　　Verditer Flycatcher　13～23 g

野外识别特征：全身闪铜蓝色金属光泽的小型鹟，眼先黑色。繁殖期常站在高大乔木顶端的横枝上鸣唱。

形态特征：雄鸟通体辉铜蓝色，特别是头侧、喉、胸等处颜色更为鲜亮；眼先黑色，延长到眼下方和颊部；飞羽被遮盖的部分暗褐色，外翈羽缘深蓝色；尾下具白色端斑。雌鸟和雄鸟相似，体色较暗；下体多呈灰蓝色，缺少金属光泽；眼先和颊白色，具灰色斑点。嘴、腿黑色。

生态特征：栖息于低山至中山森林及林缘地带，冬季也到山脚平原、村庄、农田及附近的树丛和灌丛活动。不太怕人，经常飞到空中捕捉昆虫，鸣声悦耳。主要以昆虫为食，也吃植物性食物。5 月进入繁殖期，营巢于各种适宜的缝隙和洞中。巢呈杯状，主要由绿色苔藓筑成，每窝产卵 4 枚左右。

分布：国外分布于尼泊尔、印度等喜马拉雅山地区，缅甸等东南亚地区。国内分布于陕西、四川、贵州、云南、湖南、湖北、两广等地区。

居留状况：迷鸟。

●○○○

357

方尾鹟 *Culicicapa ceylonensis* 102～130 mm
Grey-headed Canary Flycatcher 6～11 g

野外识别特征：体羽黄绿色的小型鸣禽。头胸部灰色；眼圈金黄色。鸣声婉转动听。

形态特征：额、头顶至后颈深灰色，头和胸部灰色；背至尾上橄榄绿色；尤以腰部鲜亮，几成纯黄色；尾褐色，羽缘绿黄色；翅上橄榄绿黄色，飞羽深褐色，外翈羽缘黄色，最外 2 枚初级飞羽黄色羽缘较窄，其余飞羽黄色较宽；额、颊、喉、胸灰色；其余下体黄色。

生态特征：栖息于中低山的森林及林灌丛中，也活动于农田、村寨附近的林间。单独或成对活动，也结3～5 只小群，一般在树上活动，飞捕昆虫，鸣声清脆悦耳，有人形容为"快跑快离"。主要以昆虫为食。5 月进入繁殖期，繁殖记录较少，巢材由苔藓构成，每窝产卵 3 枚。

分布：国外分布于印度等东南亚地区。国内分布于陕西、四川、云南、西藏、两湖、两广、香港等地区。

居留状况：迷鸟。

54. 王鹟科　Monarchidae

尾长而羽色鲜艳的小型鸣禽。原为鹟科中的一个亚科,根据形态和分子系统发育证据将本类群提升为一个独立的科。身体细长,嘴较宽且扁。部分物种的雄鸟有多种羽色型。主要栖息于阔叶疏林中,主要以昆虫为食。杯形巢非常精致,外层常以苔藓装饰。多为单配制,少数物种集群繁殖。本科鸟类全世界计有17属,98种,主要分布于亚洲、非洲和太平洋岛屿上。我国境内已知有2属,3种,主要分布于秦岭—淮河以南。北京地区计有1属,1种。

358

寿带 *Terpsiphone paradisi*　　　185～406 mm

Asian Paradise Flycatcher　　18～22.5 g

野外识别特征：不会被认错的栗红色鸣禽，头顶蓝灰色，略有凤头，雄性繁殖期尾长几乎是身体的两倍。雄鸟具白色型，除头部蓝黑色外全为纯白色。

形态特征：小型鸣禽。头部蓝黑色，具羽冠。雄性成鸟中央尾羽延长，幼鸟不延长。白色型雄性成鸟体羽除头部蓝黑色外，全身纯白色，具黑色羽干纹。栗色型雄鸟和雌鸟类似，上体栗色；下体羽白色为主；胸部苍灰色。眼圈、嘴均呈钴蓝色；脚铅灰色。鸣叫时冠羽耸立。

生态特征：鸣声洪亮，声噪而急促，似"急嘎，急嘎"和"谁谁谁，你找谁"。栖息于丘陵地带、山麓灌丛或茂密树林中。飞行缓慢，长形中央尾羽摇曳，美丽多姿。在飞行中捕食飞虫。食物以昆虫为主，占95％，仅食少量植物，是益鸟，应加以保护。在北京山区繁殖期为5～7月，营巢于灌丛树枝杈间。巢距地面1 m左右，呈深杯状，由枯草茎、细根、纤维、树枝编织而成，并在巢外缘敷以地衣、苔藓、蛛网等加固，编织甚精巧。每窝通常产卵3～4枚；卵呈乳白色，具少许紫灰色和浓淡不等的红褐色斑点，钝端更显著；由雌鸟孵卵；经15～16天幼雏出壳。

分布：亚洲东部。北自乌苏里江流域，南抵东南亚。我国分布于东北，华北，甘肃、四川东部，云南及以东的广大地区。

居留状况：夏候鸟，旅鸟。

55. 画眉科 Timaliidae

本科鸟类多种多样。嘴稍强，切缘光滑或上嘴微具缺刻；翅稍曲而短圆形；脚强健，善跳跃；跗蹠稍长，前缘被盾形鳞片，鳞片间界线不明显，趋于消失。多为留鸟。结群活动，栖息于茂密的灌丛中。画眉类多善鸣唱，效鸣能力很强。羽色鲜艳。本科鸟类全世界计有 47 属，263 种，分布于亚洲和非洲。我国境内计有 26 属，126 种。北京地区计有 1 属，2 种，为本地区留鸟。

359

山噪鹛 *Garrulax davidi*　　　　　205～255 mm
Plain Laughingthrush　　　　　50～61 g

野外识别特征：土褐色的噪鹛，羽色平淡无奇，颏部、眼先颜色略深，嘴下弯，象牙黄色。

形态特征：中型鸣禽。全身黑褐色，上体羽灰砂褐色或暗灰褐色；嘴稍向下曲；鼻孔完全被须羽掩盖；嘴在鼻孔处的厚度与其宽度几乎相等。

生态特征：鸣叫声多变化，富于音韵而动听。鸣叫时常振翅展尾，在树枝上跳上跳下，非常活跃。栖息于山地斜坡上的灌丛中。经常成对活动，善于在地面刨食。夏季吃昆虫，辅以少量植物种子、果实；冬季则以植物种子为主。巢呈浅杯状，由枯草叶、茎和细根筑成，巢内铺残羽和细草茎，建于茂密灌丛中。每窝产卵 3 枚左右，卵淡宝石蓝色，卵壳鲜亮而光滑。

分布：我国特有鸟类。本种为我国噪鹛属中分布最北的一个种，分布于西北地区东南部、东北的西南部和华北部分地区。

居留状况：留鸟。

360

画眉 *Garrulax canorus*   195～246 mm
          Hwamei   54～75 g

野外识别特征：褐色的鹛类，头顶和胸部有黑色的细纵纹；眼圈白色并向眼后延伸成眉纹状。

形态特征：中型鸣禽。全身棕褐色；额至上背具宽阔的黑褐色纵纹；眼圈白色，其上缘白色向后延伸成一窄线直至颈侧，状如白眉，故有画眉之称。

生态特征：主要栖息于海拔 1 500 m 以下的低山、丘陵和山脚平原地带的矮树丛和灌木丛中。性胆怯而机敏，善鸣唱。主要以昆虫为食，也吃野生植物果实和种子以及谷粒等农作物。繁殖期 4～7 月，巢多置于灌木上，距地高 0.3～2 m。巢多由树叶、草茎等材料编织而成。每窝产卵 3～5 枚；淡蓝绿色，光滑无斑；卵为椭圆形和卵圆形。

分布：分布于中国、越南和老挝北部。在我国华南和西南地区为留鸟。

居留状况：留鸟（逃逸种），尚未形成繁殖种群。

56. 鸦雀科　Paradoxornithidae

　　小型鸟类，短而粗厚的圆锥形嘴是本科物种的典型特征。嘴端具钩，与鹦鹉的嘴相似。翅短而尾长，多为凸形尾。多集群活动于芦苇或灌丛中，以短距离飞行为主。常发出低弱的单声鸣叫，用于保持群内个体间的通信联系。以昆虫为主要食物来源，也吃植物果实和种子。本科鸟类曾被置于画眉科中，近来的形态学分析和分子系统发育证据支持将其列为独立的一个科。本科鸟类全世界计有 3 属，20 种，主要分布于欧亚大陆和东南亚。我国境内已知有 3 属，20 种，为全国性分布。北京地区计有 2 属，2 种。

361

文须雀 *Panurus biarmicus*   155~185 mm
　　　Bearded Reedling   12~17.5 g

野外识别特征：几乎不会被错认的似鸦雀鸟类，但是嘴比较纤细。雄性头灰色，具黑色髭纹；雌性头顶棕色。雌雄翅上均具白斑。

形态特征：小型鸣禽。体型纤小细长；上体羽为淡赭黄色；在眼下方具黑色髭纹；鼻孔完全被须羽掩盖着；初级飞羽第一枚的长度不及第二枚之半。

生态特征：鸣叫声近似"吱，吱"声，声音细而急促。喜结群栖息于芦苇丛中。经常不停地展翅振尾，动作敏捷，不时地上下蹦跳，甚为活跃。在冬季主要以芦苇种子、杂草籽为食，偶尔还食少量的昆虫。繁殖期间营巢于芦苇丛中。每窝产卵 5~12 枚；由雌、雄鸟轮流孵卵；孵卵期为 12~13 天；幼雏留巢哺育经 9~12 天离巢飞出。

分布：西自欧洲中部和南部，东抵蒙古及我国北部。在我国西北和东北北部地区为繁殖鸟；在东北南部、华北北部为冬候鸟。

居留状况：冬候鸟(10 月中旬~翌年 3 月)。

362

棕头鸦雀 *Paradoxornis webbianus*   119～135 mm
Vinous-throated Parrotbill   7.5～10.5 g

野外识别特征：嘴短粗而尾长的小型雀类。体色以褐色为主，但是头顶和翅外缘的颜色更加鲜艳。常结成小群活动。

形态特征：小型鸣禽。嘴厚短，如鹦鹉嘴；体羽蓬松，上体前部淡棕色，后部橄榄灰褐色；尾羽稍长，凸状尾。虹膜暗褐色；嘴黑褐色，基部黄褐色；脚铅褐色。

生态特征：鸣叫声为"啾，啾，啾，啾……"或急促的"加，加加，加加……"。夏季多在山区小灌木上营巢繁殖；冬季迁至山坡灌丛草地和山麓芦苇丛生的沼泽地区，亦迁到平原地区苗圃中越冬。常结小群隐匿在灌丛荆棘间跳跃。很少远距离飞行，仅作枝间短距离飞行。主要以昆虫、虫卵为食，并辅以少量植物种子。繁殖期为5～7月。巢呈杯状，置于低矮茂密的灌丛间。筑巢材料有枯草茎、细须根等，外围绕以苔藓、蜘蛛网等加固，巢内铺细草、羊毛和残羽等柔软物质。每窝产卵3～5枚；卵壳呈浓淡不等的蓝绿色。

分布：我国见于东北南部、华北和东南各地区，是我国东部广大地区的留鸟。国外仅见于朝鲜及东南亚的北部地区。

居留状况：留鸟。

57. 扇尾莺科 Cisticolidae

　　小型鸣禽，羽色以灰褐色为主，雌雄相似。翅短圆，尾羽形态差异较大，不善长距离飞行。多栖息于灌木和草本生境，习性隐蔽而不易观察。与其他莺科鸟类相比，扇尾莺不擅鸣唱，多以各式展姿飞行进行求偶炫耀。主要食物为昆虫等无脊椎动物。巢多为杯状，也有袋状，筑于地面或接近地面的低矮草丛中，以兽毛、树叶和植物纤维编织而成，外表缀以蜘蛛丝。本科鸟类全世界计有 14 属，111 种，主要分布于非洲和亚洲东部、南部及澳大利亚。我国境内已知有 3 属，10 种。北京地区计有 2 属，2 种。

363

棕扇尾莺 *Cisticola juncidis*　　　91～110 mm
　　　　　Zitting Cisticola　　　　　9～10 g

野外识别特征：体型小、翼短、尾长的莺，背部通常有清晰的花纹。前额扁平；红褐色上体具明显的黑色斑纹及少量平行的白色纵纹；非繁殖期顶冠具黑色纵纹，且纵纹边缘为红褐色和浅黄色。有典型的"zitting"叫声。

形态特征：小型鸣禽。额栗色，具黑斑；头顶黑色，具沙黄色羽缘；上背具宽的黑色纵纹；肩羽外缘灰色，内缘栗棕色；下背、腰和尾上覆羽栗棕色；中央尾羽暗褐色，具棕色宽缘及黑色次端斑；外侧尾羽黑色，具棕绿色边缘；下体除两胁浅棕色外，概呈苍白色。

生态特征：栖于耕地附近或开阔地边的灌丛、草丛间。4～7 月繁殖。巢筑在草丛中，吊囊状，开口于上方侧面。

分布：陕西南部、四川、云南、广东、福建西北部、海南、台湾（留鸟），在南方沿海各省越冬。

居留状况：旅鸟，夏候鸟（5 月中旬～9 月上旬）。

364

山鹛 *Rhopophilus pekinensis*　　160～195 mm
Chinese Hill Warbler　　13.5～21 g

野外识别特征：尾长，体型似莺，但行为却似鹛类。头顶、背部具黑褐色纵纹；眼先、髭纹黑色；喉部白色；下体亦白色，具栗色纵纹。

形态特征：小型鸣禽。嘴稍短粗，常在 15 mm 以下；双翅短圆；两性体羽类似。全身褐色；自额部、头顶到尾上覆羽各羽均贯以黑褐色中央羽干纵纹，甚显著；尾羽较飞羽长，羽端尖形；髭纹暗黑褐色。虹膜黄褐色；嘴角褐色，下嘴基部粉黄色，嘴尖暗褐色；脚灰褐色。

生态特征：善鸣叫，音调多变而动听，但难见其踪迹。有互相对唱的习性，一只发出哨声，另一只附近的个体就会引吭高歌相呼应，此起彼伏，历久而不息。在山区坡地栖息于灌丛或低矮树木间。经常在树枝间敏捷跳跃，性活泼。常作短距离飞行，穿越茂密灌丛。有时 2～3 只聚集成小群，在低矮的近地面枝干上活动。主要以昆虫和虫卵为食，少量食种子。是有益的鸟类之一。营巢于茂密的灌丛枝上。每窝产卵 4～5 枚。

分布：亚洲东部地区。西自天山山脉、经蒙古南部、中国北部，东抵朝鲜半岛。我国境内见于西自新疆，东至中朝边境，南至华北南部，北至东北中部的广大地区。

居留状况：留鸟。

58. 莺科 Sylviinae

小型鸣禽。体型纤细瘦小。嘴细小，上嘴尖或微具缺刻；翅短而圆；脚细弱而长；跗蹠前缘被盾状鳞或靴状鳞。体羽一般纯色。雌雄鸟近似。栖息于多种环境。鸣叫声尖细清晰。农林益鸟。本科鸟类全世界计有 48 属，281 种，分布遍及东半球。我国境内计有 16 属，104 种。北京地区计有 9 属，30 种。

365

鳞头树莺 *Urosphena squameiceps*　　90～98 mm
　　　　　　Asian Stubtail　　　　　　6～11 g

野外识别特征：尾甚短的树莺。具宽阔的眉纹和黑色
贯眼纹；头顶有细鳞纹；叫声似昆虫。

形态特征：小型鸣禽。体型小；体羽黄褐色，稍沾棕
色；头顶具暗色鳞状斑纹；贯眼纹暗褐色；尾羽短，
仅 10 枚，约为翅长之半。虹膜暗褐色；上嘴暗黑褐
色，下嘴黄褐色；脚粉黄褐色。

生态特征：栖于混交林和阔叶林及茂密的矮树灌丛。
食昆虫。在北京西部山区有繁殖。营巢于林下茂密的
灌丛、草丛中，地面巢。每窝产卵 5～7 枚；卵粉
白色。

分布：在俄罗斯东北部，日本，朝鲜半岛和我国东北
东部为繁殖鸟；冬季南迁时旅经我国东部地区和西
南、华南各地，在东南亚北部地区越冬。我国在广
东、海南和台湾为冬候鸟。

居留状况：夏候鸟(5 月下旬～9 月中旬)，旅鸟。

366

远东树莺 *Cettia canturians* 140～180 mm
Manchurian Bush Warbler 22～34 g

野外识别特征： 大型树莺。翅短而尾长，区别于柳莺。上体偏红褐色；喉部白色；下体白色但有褐色纹；眉纹亦白色。叫声十分独特，似"轱辘——粪球"。

形态特征： 体型较大的通体棕色树莺。雌雄羽色相近，皮黄色眉纹从嘴基延伸至颈后侧；贯眼纹棕褐色；前额和头顶偏红；后背等上体呈棕褐色；无翅斑。与日本树莺易混淆，但多棕色，下体两胁及尾下覆羽多为暗皮黄色。

生态特征： 鸣声以低颤音开始，结尾为短促的三音节高音。栖息于海拔 1 500 m 以下山地林缘灌丛，很少进入密林内。常单独和成对活动，生性胆怯。以昆虫为食。通常营巢于灌木底部，呈球形或椭圆形，由枯草的草茎和细草根及树叶构成。

分布： 繁殖于东亚；越冬至印度东北部、中国南方及东南亚。

居留状况： 夏候鸟，繁殖期偶见于北京西部山区海拔 1 500 m 左右的林缘灌丛。

367

短翅树莺 *Cettia diphone*　　　　140～150 mm
　　　　　　Japanese Bush Warbler　　22～34 g

野外识别特征： 与远东树莺形态很相似，但是缺少红褐色。叫声也不同。也有可能是前者的亚种。

形态特征： 中等体型的全橄榄褐色树莺。眉纹皮白黄色；贯眼纹近黑；下体乳白。与远东树莺相比体型较小且较少偏红，下体较白。

生态特征： 鸣声为有节奏的哨音接短促的三音节高音。栖息于 1 100 m 以下低地丘陵和山脚平原地带的林缘、道旁次生林和灌丛中，尤其喜欢林缘道旁次生林和灌丛，在低枝或地面活动和觅食，以捕食昆虫为主。营巢于灌丛根部。

分布： 繁殖于中国东北及日本；越冬于中国东部及台湾。

居留状况： 偶见旅鸟。

368

斑胸短翅莺 *Bradypterus thoracicus* 110～130 mm
Spotted Bush Warbler 8～11 g

野外识别特征：褐色的莺类，但是头顶和两胁偏栗色；喉部、下体白色偏灰；胸部密布点状斑；尾下覆羽白色具深色横斑；眉纹白色。鸣唱似蝉。

形态特征：小型短翅莺。上体赭褐色；头顶偏红褐色；眉纹苍白；下体灰白，前胸有深色点斑，形成胸带；两胁偏褐色；尾下覆羽白色，具黑褐色横斑。两翼短宽。

生态特征：鸣声为连续的"dzzzzr，dzzzzr，dzzzzzr"声，似昆虫。习性隐蔽；北方种群繁殖于海拔 1 300～1 800 m的高山针叶林和林缘疏林灌丛，西南部种群繁殖于海拔 2 000～3 500 m 的中高山针叶林和林缘灌丛；喜在林下灌丛靠近地面和草丛根部活动和觅食。以蚂蚁、昆虫、蜘蛛等为食。营巢于林下枯枝堆、灌丛下部，有时也在芦苇丛和草丛中营巢。巢呈深杯状，主要由枯草茎和草叶构成。

分布：我国西南地区及华北、东北南部。

居留状况：旅鸟，夏候鸟（雾灵山、小龙门有繁殖记录）。

369

中华短翅莺 *Bradypterus tacsanowskius*

120～140 mm

Chinese Bush Warbler   8～14 g

野外识别特征：羽色较少特色，但是具短翅莺特色的尾下覆羽，褐色体羽；头顶与背部羽毛颜色均一；眉纹灰白色且短。与斑胸短翅莺区别在于胸部无点状斑。

形态特征：中等体型的短翅莺。上体褐色；两翅和尾羽较暗；眉纹不明显；下体偏白；颈侧和两胁黄褐色；尾下覆羽淡褐色有浅色端斑；胸无灰色，有时有褐色点斑；翅短宽，第一枚初级飞羽不及第二枚一半长。

生态特征：鸣声为单调重复的"dzeeep, dzeeep, dzeeep"，类似蟋蟀振翅声，繁殖期多在黄昏和晚上鸣叫。性隐蔽，常在灌木丛和草丛基部跳跃，很少暴露在外，很少远距离飞行；夏季主要栖息于干燥的山地树林与稠密灌丛中。营巢于灌丛或草丛中的地上。巢主要由枯草茎构成。

分布：繁殖于西伯利亚南部及东部至中国东北及华中，南至广西、云南、四川及西藏东南部；越冬于东南亚。

居留状况：旅鸟，夏候鸟（雾灵山有繁殖记录）。

370

矛斑蝗莺 *Locustella lanceolata* 120～130 mm
　　　　Lanceolated Warbler 14～17 g

野外识别特征：橄榄褐色的小型蝗莺。上体具纵纹；下体黄白色；两胁棕色，具黑色纵纹；尾下覆羽棕色，亦具黑色纵纹；眉纹白色。

形态特征：小型的蝗莺。上体淡褐色具明显的黑色纵纹；眉纹皮黄色，细且不明显；喉白色；下体黄白色；两胁淡褐色，具褐色纵纹；尾羽暗褐色，具黑色纵纹。

生态特征：鸣声为"churr-churr"及低音"chk"，似鹬斯鸣叫声。性胆怯，很少飞翔，多隐藏于浓密的灌丛和草丛中活动；主要栖息于低山和山脚地带的林缘疏林灌丛和草丛中。营巢于草丛中。巢主要由草茎构成。

分布：繁殖于中国东北；迁徙时见于中国东部及西北部。

居留状况：旅鸟。

371

小蝗莺 *Locustella certhiola*　　　　140～160 mm
　　　　　Rusty-rumped Warbler　　　13～20 g

野外识别特征：棕褐色的蝗莺。头顶黑色，具皮黄色眉纹；下体纵纹较少；尾羽深色。相比矛斑蝗莺个体大，且尾下覆羽无纵纹。

形态特征：中等体型具有纵纹的蝗莺。上体棕色；头顶至后背有显著的黑褐色纵纹；眉纹皮黄；喉至腹部近白色，有的胸部具暗褐色斑点；两胁和尾下覆羽略带黄色；两翼及凸状尾羽呈红褐色，尾羽具近黑褐色次端斑。

生态特征：鸣声为一长串清脆婉转而富有变化的鸣唱，繁殖期雄鸟经常在芦苇丛周围突出的高枝或灌木干枝甚至电线上炫耀鸣唱；其他时候性胆怯，藏匿于灌丛、芦苇和高草丛下部，即使被惊飞，也很快藏入隐蔽处；主要栖息于林缘灌丛、草地和芦苇沼泽地带。以昆虫为食，偶尔也吃少量植物。营巢于浓密草丛中。

分布：在中国广泛分布于东至东北，西至新疆阿勒泰的适宜生境；越冬于长江以南。

居留状况：旅鸟。

372

苍眉蝗莺 *Locustella fasciolata* 170~180 mm
　　　　　　Gray's Warbler 25~34 g

野外识别特征：体型大且缺少纵纹的蝗莺。下体偏灰但是尾下覆羽棕色；脸颊灰色，显得斑驳。可能与东方大苇莺混淆，但是尾形为楔形。

形态特征：体型较大的蝗莺。体色淡，上体橄榄褐；头顶至颈略偏暗；眉纹灰色，贯眼纹色深；脸颊灰；下体灰白色，有灰色或皮黄色胸带；两胁和尾下覆羽棕黄色；尾呈楔形，尾羽偏红褐色。

生态特征：鸣声似"pootee-rootee, pootee-roote"清脆悦耳，常昼夜鸣叫；栖息于低地及沿海低山丘陵和山脚平原的草地及灌丛，在林下快速行走或奔跑，行动隐蔽，极少飞行或暴露在灌丛外，通常靠鸣声来确定它的存在。以昆虫为食。通常营巢于离水不远的茂密灌丛或草丛中，在地面筑巢。

分布：繁殖于东北亚及日本；越冬于中南半岛、菲律宾及几内亚。

居留状况：旅鸟。

373

细纹苇莺 VU *Acrocephalus sorghophilus*
Streaked Reed Warbler　120～130 mm
9～10 g

野外识别特征： 上体黄褐色；上背及头顶具纵纹；眉纹皮黄；黑色侧冠纹较细；下体白色；两胁皮黄。

形态特征： 中等体型的苇莺。上体淡褐色；头顶及上背具黑褐色纵纹；眉纹皮黄色，有细的深色侧冠纹；下背、腰及尾上覆羽栗色；下体白，胸侧及两胁沾黄褐色。本种与黑眉苇莺相似，但黑眉苇莺上体更偏灰，且无纵纹。

生态特征： 主要栖息于湖泊、河流等近水的芦苇丛和草丛，也栖息于稻田、水塘及沿海湿地，常单独活动。主要以昆虫为食。目前尚无确切的繁殖记录。

分布： 据推测可能繁殖于辽宁西部至北京、河北等地。

居留状况： 偶见旅鸟。

374

黑眉苇莺 *Acrocephalus bistriceps* 120～135 mm
Black-browed Reed Warbler 7～10 g

野外识别特征：上体棕褐色，无纵纹；眉纹皮黄且宽阔；黑色侧冠纹很粗；下体白色；两胁皮黄。嘴较细纹苇莺短粗。

形态特征：小型鸣禽。全身羽色为褐色、棕黑色；上体羽暗橄榄棕褐色；淡黄色眉纹上有显著的黑褐色侧冠纹；眼先至眼后有一条淡黑褐色贯眼纹；第二枚飞羽较第六枚飞羽短。虹膜暗褐色；嘴黑褐色；脚暗褐色。

生态特征：栖息于水域附近灌丛或苇塘中。繁殖期在5～6月。嗜食昆虫，是益鸟。营巢于草丛中或芦苇丛中。每窝产卵4～6枚；幼鸟7月上旬离巢学飞。

分布：亚洲东部。繁殖于西伯利亚至日本北海道；越冬于印度、中南半岛等地。我国北自东北地区，南抵长江流域下游为夏候鸟、旅鸟；广东南部有越冬种群。

居留状况：夏候鸟，旅鸟(5月中旬～10月中旬)。

375

远东苇莺 VU *Acrocephalus tangorum* 140 mm
Manchurian Reed Warbler 9～10 g

野外识别特征：橄榄褐色的苇莺。相比其他苇莺，头部独具特色，贯眼纹黑色；眉纹白色；黑色侧冠纹很短，只局限在眼睛上方。

形态特征：中等体型灰褐色苇莺。眉纹白色，有细的黑色贯眼纹和侧冠纹。与黑眉苇莺相似，但头顶有模糊的深色纵纹，且嘴更宽大，下嘴全黄；胸、两胁及尾下覆羽沾棕色。

生态特征：鸣声与黑眉苇莺相似但更复杂多变，有时模仿其他鸟类的叫声。栖息于近湖泊河流的低矮植被及芦苇丛，习性隐秘，常在芦苇丛中穿行。

分布：繁殖于中国东北；越冬于缅甸东南部、泰国西南部及老挝南部。

居留状况：旅鸟，偶见夏候鸟。

376

钝翅苇莺 *Acrocephalus concinens* 120～140 mm
Blunt-winged Warbler 8～10 g

野外识别特征：灰褐色的苇莺。相比其他小型苇莺无黑色的侧冠纹；眉纹白色止于眼；嘴长；翅短圆。

形态特征：中等体型的橄榄褐色苇莺。无纵纹；白色眉纹很短不过眼；无深色侧冠纹；具不明显深褐色贯眼纹；上体橄榄褐色；下体白色；两胁及尾下覆羽沾棕黄色，与稻田苇莺相似，但上体多橄榄色少棕色，两翼及尾较短。

生态特征：鸣声刺耳，除繁殖期常在芦苇和草丛顶端鸣叫外，很少在芦苇和草丛外面活动，习性较隐秘，常在芦苇茎上跳跃、攀爬。主要栖息于芦苇地，也栖于海拔1 200 m以下的低山灌丛和草丛。主要以昆虫为食。通常营巢于靠近水域的芦苇丛、灌丛。巢呈深杯状，固定在离地不高的几株植物茎上，由枯草茎构成。

分布：繁殖于中亚及中国东部；越冬于印度至中国西南一带。

居留状况：旅鸟。

377

东方大苇莺 *Acrocephalus orientalis* 166～198 mm
Oriental Reed Warbler 24～30 g

野外识别特征: 体大的褐色苇莺。显著的皮黄色眉纹;下体白色;上胸具不明显的深色细纹;尾较短且尾端色浅。

形态特征: 小型鸣禽。雄鸟头顶、后颈暗橄榄褐色;腰部棕褐色;其余上体为橄榄棕褐色;飞羽暗褐色;翅上覆羽橄榄棕褐色;第一枚初级飞羽小而细尖,不及第二枚的 1/3;尾羽和尾上覆羽棕褐色;下体污白色,微沾黄色;胸部具淡灰褐色细纵纹。雌鸟与雄鸟相似,仅羽色稍暗淡。幼鸟上体羽棕黄褐色;下体浅棕黄色。

生态特征: 代表鸣叫声为"呱呱唧,呱呱唧……"。栖于湖泊、沼泽湿地、芦苇塘等处,以昆虫、蜗牛或水生植物种子等为食。营巢于茂密芦苇丛中。巢筑于3～5 根连接在一起的芦苇秆上,呈深杯状。每窝产卵 3～6 枚;卵蓝绿色,缀暗褐色或紫褐色斑点。

分布: 繁殖于西伯利亚东南部;越冬于亚洲东南部。我国除西藏、青海外,各地均有分布。

居留状况: 夏候鸟(5 月中旬～9 月下旬)。

378

厚嘴苇莺 *Acrocephalus aedon* 180～200 mm
Thick-billed Warbler 17～32 g

野外识别特征：棕色的苇莺。相比东方大苇莺，几无眉纹；喙短粗；初级飞羽长于次级飞羽的部分相对较短。

形态特征：体大；嘴短粗。眼先及眼周皮黄色，似逗号；几乎无眉纹；上体橄榄褐或棕色，整个后背从头顶至尾羽基本同色；下体白。

生态特征：鸣声响亮清脆，以双音节"喳喳"开始，转而为婉转的哨音，有时能模仿其他鸟鸣。主要栖息于海拔 800 m 以下的森林、林地及灌丛；习性隐蔽、警觉，多在浓密灌木丛中活动和觅食，繁殖季节常在灌木高枝和小树顶端鸣唱。以昆虫为食。迁徙时多在林缘、路旁绿化带及灌丛出现。区别于其他苇莺，更偏好在树上活动。营巢于有老龄树木的灌丛中，极为隐蔽。巢呈杯状或碗状。

分布：繁殖于内蒙古中部至东北；越冬于中国南部及中南半岛。

居留状况：旅鸟。

379

褐柳莺 *Phylloscopus fuscatus* 　　105～124 mm
　　　　　Dusky Warbler 　　　　　　7～12 g

野外识别特征：体型中等偏小的褐色型柳莺。颜色单一；身体上缺少抢眼的纹饰；但头部比较有特色。身体和翅膀显得短圆。

形态特征：小型鸣禽。上体羽呈橄榄褐色；腹面近白沾棕色；眉纹前端白色，后端带棕色；贯眼纹暗褐色。虹膜暗褐色；上嘴黑褐色，下嘴橙黄色，嘴尖端暗褐色；脚淡褐色。

生态特征：鸣叫声近似"嘎叭，嘎叭"，因而得名"嘎叭嘴"，也有动听的歌声。在北京平原地区通常栖息于低矮灌丛、林缘草地、村庄附近的果林中，常上下跳跃于树枝间。数量较多，为常见鸟。喜食昆虫和虫卵，是益鸟。繁殖期在5～7月。巢筑于河畔苇丛深处或灌丛中。巢呈球形，出入口位于巢侧；巢由枯草茎叶、苔藓筑成，内衬以残羽等。每窝产卵5～6枚。

分布：亚洲东部。繁殖于俄罗斯东北部、蒙古、喜马拉雅地区以及我国东北、西南地区；越冬于我国南部和东南亚地区。

居留状况：常见旅鸟(5～6月；9～10月)。

380

棕眉柳莺　*Phylloscopus armandii*　110~130 mm
　　　　　　　Yellow-streaked Warbler　　11~12 g

野外识别特征：中等偏大的褐色型柳莺，但羽毛偏橄榄色。体色和身体的比例均似巨嘴柳莺，但棕眉柳莺的喙不如巨嘴柳莺粗壮，端部较尖；胸部有细的纵斑；下体的颜色单一，胁部和尾下覆羽颜色不如巨嘴柳莺鲜艳。

形态特征：橄榄褐色柳莺。皮黄色眉纹长而显著；暗褐色眼先及贯眼纹与米黄色眼先呈对比；上体橄榄褐色，有的偏灰；两翅和尾羽暗褐色，外翈羽缘与背同色，无翅斑；下体羽色白，羽轴为淡黄色，整体看白色胸前带细小黄色纵斑；两胁和尾下覆羽皮黄。

生态特征：鸣声独特，主要栖息于中山带的针叶林和阔叶林及林缘，也栖于有灌丛的草甸，在灌木丛和地面活动和觅食。

分布：繁殖于我国北部、中部至四川北部、青海东部和西藏东部；越冬于云南南部及西部、广西及缅甸北部。

居留状况：夏候鸟，旅鸟。

381

巨嘴柳莺 *Phylloscopus schwarzi* 110~140 mm

Radde's Warbler 10~16 g

野外识别特征: 中等偏大的褐色型柳莺,但是局部的一些羽毛为橄榄色。头部显得较大;嘴型粗壮而钝;身体浑圆而敦实。相比褐柳莺和棕眉柳莺,嘴更加粗壮。

形态特征: 体型较大的淡褐色柳莺。嘴短粗,嘴形厚。眉纹前黄后白,延伸至枕后,前端界限模糊;贯眼纹深褐;上体橄榄褐色无翅斑;下体污白;两胁黄褐,有的较暗;尾下覆羽黄褐。

生态特征: 鸣声为短促悦耳的低音,以颤音结尾;主要栖息于海拔 1 400 m 以下的低山丘陵和山脚平原地带的针阔混交林,性胆小机警,活动于林下灌丛并于地面取食。以昆虫为食。营巢于灌丛中地面或灌木较低位置。

分布: 繁殖于中国东北大小兴安岭,迁徙路过华北、华中地区;越冬于缅甸、泰国和中南半岛。

居留状况: 旅鸟。

382

黄腰柳莺　*Phylloscopus proregulus*　80～105 mm
　　　　　　 Pallas's Leaf Warbler　　 5～7.5 g

野外识别特征：小型的黄绿色柳莺。三级飞羽的边缘浅黄色加上抢眼的柠檬黄色的腰部，与许多类似色型的柳莺区分开。

形态特征：小型鸣禽。体型纤小。上体羽橄榄绿色；腰部黄色横斑甚明显；头顶羽色稍暗，头顶中央常具淡黄绿色的冠纹；翅上两道黄绿色横斑显著；下体苍白色，并稍沾黄绿色。虹膜暗褐色；上嘴黑褐色，下嘴基部淡黄褐色；脚淡褐色。

生态特征：鸣叫声洪亮，似"吱，吱，吱油"或"嘀—唯，嘀—唯"等很多音节。栖息于阔叶林或针叶林中。经常与其他柳莺混群活动。通常在树枝顶端来回穿梭跳跃，动作活泼。为常见的鸟类，数量亦较多。它嗜吃昆虫，能消灭大量害虫，是典型益鸟。每年5～7月繁殖。营巢于树枝上。巢呈圆球形，在巢侧部开口，筑巢材料有地衣、苔藓、树皮纤维、枯草等。每窝产卵3～6枚。

分布：亚洲大部。北自俄罗斯，南达喜马拉雅山区。在我国北部和西南等地区为繁殖鸟；冬季南迁，在我国长江以南，以及印度、中南半岛等地越冬。

居留状况：旅鸟(4月中旬～5月下旬，8月下旬～10月下旬)。

383

云南柳莺 *Phylloscopus yunnanensis* 90～100 mm

Chinese Leaf Warbler 5～7 g

野外识别特征：具有黄腰的柳莺，但是相比黄腰柳莺，其在眉纹、顶冠纹、翅斑、腰部的黄色都不鲜艳；绿色部分也偏灰。叫声为一长串单调的"tsiridi"，繁殖期较容易通过声音识别。

形态特征：小型的橄榄色柳莺。眉纹长而白；贯眼纹色暗，延伸至耳覆羽；头顶色暗，有浅色顶贯纹至枕后，前端顶贯纹模糊；上体橄榄色；腰色浅，覆羽色暗，尖端色淡形成两道浅色翅斑，其中第一道翅斑较不明显；下体白沾淡黄色；两胁和胸侧有时沾不明显灰色。

生态特征：鸣声为单调重复的"嘎吱，嘎吱"声，常常在高树顶端鸣唱，长达数分钟不断。栖息于海拔2 600 m以下的针阔混交林，典型的柳莺习性。筑巢于浓密灌丛中有苔藓的地面。

分布：中国特有种。繁殖地从青海东部至东北；越冬于长江以南地区。

居留状况：夏候鸟，旅鸟。

384

黄眉柳莺 *Phylloscopus inornatus*　　99～110 mm
　　　　　　Yellow-browed Warbler　　　5～9 g

野外识别特征：小型的黄绿色柳莺。眉纹黄色；三级飞羽的边缘浅黄色但是无黄色的腰部；头顶常常具有黄白色的顶冠纹，但是不如黄腰柳莺清晰和鲜明；白色为主的眉纹有时略带黄色；具两道翅斑。

形态特征：小型鸣禽。体型纤小。上体羽呈橄榄绿色；头顶部色泽稍暗，中央具一道不甚显现的黄绿色冠纹；眉纹淡黄绿色；眼先向后有一道褐色贯眼纹并延伸达枕部；翅上具两道黄白色的翅斑；下体羽近白色。嘴暗褐色；脚淡棕褐色。幼鸟翅斑明显而宽阔。

生态特征：常栖息于混交林或阔叶林内。常3～5只结成小群活动，搜食昆虫和虫卵，能消灭大量害虫，是典型的农林益鸟。

分布：亚洲大部。夏季于西自西伯利亚，南抵阿富汗东北部、喜马拉雅西北部和我国东北、西北、西南部等地繁殖；冬季南迁至我国南部及印度、中南半岛等地越冬。

居留状况：旅鸟(4月下旬～5月；9月中旬～10月中旬)。

385

淡眉柳莺 *Phylloscopus humei*   110 mm

             Hume's Leaf Warbler   5～8 g

野外识别特征： 与黄眉柳莺相似，头部黄绿色较淡而灰色较重；头顶亦具有黄白色的弥散状顶冠纹，但是不如黄腰柳莺清晰和鲜明；与黄眉柳莺相比，虽然三级飞羽具有浅色的羽缘，但是通常较窄，有时旧羽个体的浅色羽缘因为磨损而缺失。两道翅斑之间的深色区域灰色而非黑色。

形态特征： 体型较小的橄榄绿色柳莺。上体橄榄绿，腰部与上背同色；头顶偏褐色，有不明显的黄白色顶冠纹；两翅和尾暗褐色，有两道翅斑，第一道翅斑很不明显；尾羽外缘橄榄色；浅色眉纹细而长；下体黄白色。

生态特征： 鸣声为重复似麻雀的喳喳声，接降调的"zweeeeee"。栖息于海拔 1 000～4 000 m 的针叶林，性活泼，常在树枝和灌木上跳跃，有时也到地面取食。营巢于松针覆盖的地面或苔藓覆盖下的缝隙中，巢的开口很小不易发现，有时甚至将巢址选在公路的路边。

分布： 繁殖于中亚和我国西北、华中、华北；越冬于我国南方，东南亚及印度。

居留状况： 夏候鸟(雾灵山)，旅鸟。

386

极北柳莺 *Phylloscopus borealis*　　105~128 mm
Arctic Warbler　　6~12 g

野外识别特征： 大型的柳莺。显得头大、体长、尾短；初级飞羽长出三级飞羽的部分较长；上嘴黑色，下嘴橙色，嘴尖处有黑斑，为显著特征。

形态特征： 小型鸣禽。上体羽暗橄榄灰绿色；头顶无冠纹；黄白色眉纹甚显著；暗色贯眼纹自眼先达枕部；耳羽有不明显杂斑；下体羽近白色，稍沾黄绿色。第 1 枚初级飞羽短小而尖锐，不及 11 mm，第 6 枚初级飞羽外翈不具缺刻。虹膜暗褐色；上嘴黑褐色，下嘴橙黄色。

生态特征： 在迁徙期，常栖息于北京的低山丘陵地带、平原地区的树林中或低矮灌丛间。动作活泼、敏捷。常跳跃于柳树枝间搜食昆虫和虫卵，是极其有益的鸟类。营巢于地面。巢呈皿形，巢材为枯草、针叶、细根、地衣、苔藓和兽毛。每窝产卵 4~7 枚。

分布： 欧亚大陆和北美阿拉斯加。西自北欧，东抵阿拉斯加，南抵蒙古、黑龙江和乌苏里江流域的广大地区为繁殖鸟；冬季南迁旅经我国东部，为旅鸟；在福建、台湾地区及东南亚越冬。

居留状况： 旅鸟（4 月下旬~5 月下旬；8 月上旬~9 月上旬）。

387

双斑绿柳莺 *Phylloscopus plumbeitarsus*

Two-barred Warbler   110～120 mm

7～11 g

野外识别特征：大于黄眉柳莺却小于极北柳莺，身体各部分的特色也似乎介于这两者之间。黄白色的眉纹长而抢眼，很多个体的眉纹向前延伸至鼻孔处，从头的正面观时可以见到两侧的眉纹交接在一起；两道黄白色的翅斑十分抢眼。

形态特征：中等体型的橄榄绿色柳莺。上体橄榄绿；头顶稍暗，具显著白色长眉纹，无顶纹；具两道明显的黄白色翅斑；下体白，有时颈部略沾淡黄色；腰偏绿，两胁沾灰黄色；尾下覆羽灰黄绿色。

生态特征：栖息于针阔混交林及白桦林，多在树冠层活动。性活跃，常在树枝间跳跃取食。以昆虫为食。通常营巢于林中溪流岸边山坡上或岩石缝隙中。

分布：繁殖于我国东北；越冬于我国南方、泰国及印度。

居留状况：旅鸟。

388

淡脚柳莺 *Phylloscopus tenellipes* 110～120 mm
Pale-legged Leaf Warbler 10～13 g

野外识别特征： 绿色为主但是灰色味较重的柳莺，特别是头顶和背部对比明显。具有皮黄色的细长眉纹和两道翅斑；上嘴和下嘴略深色，但是尖端浅色；脚肉色。叫声为金属音质的"tinc"。

形态特征： 中等体型的橄榄褐色柳莺。上体橄榄褐色；腰和尾上覆羽沾棕褐色；两道皮黄色翅斑，第一道翅斑不甚明显；细长的皮黄色眉纹从嘴基直达颈后；贯眼纹暗橄榄褐色；嘴较大，浅粉色腿很显眼；下体白；两胁淡黄色沾灰。

生态特征： 鸣声似蝉鸣的"吱吱"叫，然后戛然而止，叫声为悦耳的有金属音质的"tinc"声。栖息于海拔1 700 m以下茂密林下植被中，以河流两侧森林中较为常见，性活泼，经常来回跳跃，尾常向下摆。主要以蛾类幼虫为食，也捕食其他昆虫。喜营巢于阴暗潮湿的河谷溪流的岸边土崖或树根下。

分布： 繁殖于中国东北大小兴安岭及长白山一带；越冬于缅甸、中南半岛及马来半岛。

居留状况： 旅鸟。

389

冕柳莺 *Phylloscopus coronatus* 110～120 mm
Eastern Crowned Warbler 6～11 g

野外识别特征：头部是本种比较有特色的区域；整体以橄榄绿色为主，比上体的颜色略深；长而宽阔的黄白色顶冠纹十分抢眼，但与头部其余部分的界限不明显；眉纹黄白色。本种鸣唱为十分有特点的 3～4 个音节的"chiiu～chiiu vee"，前两声较为平缓，最后一声相对较高。

形态特征：中等体型的橄榄绿色柳莺。上体橄榄绿色；头顶暗，有黄白色眉纹和顶冠纹，有时冠纹不完整而端不明显；飞羽外缘淡黄色，有一道翅斑；下体白；两胁略沾不明显黄色；尾下覆羽淡黄色或柠檬黄。嘴大，下嘴全黄。

生态特征：鸣声为特有响亮的"架架吉"。栖息于海拔 2 000 m 以下的针阔混交林、阔叶林带，多在树冠层活动。性活泼，常在树枝间跳跃，或从一棵树飞向另一棵树。以昆虫为食。营巢于山坡或岩石缝隙或凹陷处。

分布：繁殖于东北、河北及四川；越冬于中南半岛、马来西亚及印度尼西亚。

居留状况：夏候鸟，旅鸟。

390

冠纹柳莺 *Phylloscopus reguloides*　　102～117 mm
Blyth's Leaf Warbler　　　　　　7～11 g

野外识别特征： 中型且颜色艳丽的绿色柳莺。具明显的黄色顶冠纹、眉纹和两道翅斑；下体白色为主但沾黄色；尾下覆羽黄色更浓。上嘴深色，下嘴浅色。繁殖期雄性会鼓动双翅，鸣声为一长串高频的金属声。

形态特征： 小型鸣禽。体型较小。头顶黄绿色，冠纹甚显著，侧冠纹较暗；上体羽橄榄绿色；下体羽白色微沾黄色；翅上具两道横斑。虹膜暗褐色；上嘴暗褐色，下嘴淡黄褐色；脚呈褐色。

生态特征： 在北京地区有繁殖。常见与其他柳莺混群，在树林灌丛中跳跃。巢置于地面凹处，或树洞、墙缝中。主要以昆虫为食，亦兼食少量植物种子。巢呈深杯状，几乎全部由苔藓类植物组成，稍混有草茎细枝。每年 5～6 月产卵，每窝产卵 4～5 枚。

分布： 亚洲东部。自克什米尔地区至我国东部繁殖；冬季至中南半岛越冬。在我国境内多见于西南部和南部地区，北抵华北中部。

居留状况： 夏候鸟(5 月中旬～9 月)，旅鸟。

391

比氏鹟莺 *Seicercus valentini*   95～115 mm

Bianchi's Warbler   5～9 g

野外识别特征：绿色偏黄的莺。具宽而绿灰色的顶纹及黑色侧冠纹；常具黄色眼圈；翅上有一道翅斑。叫声婉转。本种的相似物种多在中国西南分布，在本地区不会被认错。

形态特征：小型鸣禽。上体黄绿色；头顶冠纹显著，灰绿色，两侧冠纹深黑色并一直延伸到后枕部；头侧暗黄绿色；眼周鲜黄色；翅上的翅斑显著；尾羽暗色，最外侧两对尾羽内侧大都白色；下体鲜黄色；两胁沾暗橄榄色。

生态特征：繁殖期间主要栖息于海拔 1 000～3 000 m 的山地常绿或落叶阔叶林中。主要以昆虫为食。通常营巢于林下灌丛中或距地面不高的灌丛与草丛上。每窝产卵 3～4 枚。

分布：主要在我国中部和西南部繁殖；在泰国西北部和老挝北部越冬。

居留状况：旅鸟（小龙门）。

392

斑背大尾莺 NT *Megalurus pryeri* 130～140 mm

Marsh Grassbird 19～28 g

野外识别特征：黄褐色的莺类。头顶到背部密布黑色纵纹；眉纹白色，不明显；尾为楔形且长。与其他蝗莺的区别在于胸口无纵纹，下体较白及两胁黄褐色。

形态特征：小型莺类。上体皮黄褐色，布满深色粗纵纹；前额和腰纵纹不明显或无黑色纵纹；眉纹白色，短且界限不明显；耳羽和颈侧皮黄褐色；尾长且宽，呈楔形；下体偏白；两胁及尾下覆羽淡黄褐色。

生态特征：时常在空中炫耀鸣唱。主要栖息于靠近湖泊、河流湿地的大面积芦苇滩和长草滩地。性警觉，善藏匿，受惊后不远飞，飞行几米后即钻入芦苇中，常在地面跳跃。繁殖情况不明，在芦苇丛或高草丛中营巢。

分布：繁殖于我国东北及河北、山东沿海；越冬于长江中下游的湖北和江西。

居留状况：偶见旅鸟。

393

白喉林莺 *Sylvia curruca* 130～140 mm
Lesser Whitethroat 11～13 g

野外识别特征：体色以棕褐色为主的小型林莺，但与灰色的头部形成对比，耳羽灰褐色亦是本种的特征。喉部、下体白色，两胁沾棕。尾羽与背颜色相同，外侧尾羽白色。

形态特征：体型较小的林莺。上体棕褐色；头顶较灰淡，耳羽及颊色深，与周边颜色成对比；两翅偏褐色，飞羽及尾羽暗褐色羽缘较淡；喉白色；其余下体白沾灰色；胸侧及两胁沾棕黄色。

生态特征：主要栖息于开阔的灌丛草坡，生境多样，包括平原、湖泊、河流、荒漠半荒漠等地的浓密灌丛，性活泼好动，但多在灌丛遮蔽处跳跃，有时也在地面奔跑。主要以昆虫为食。主要营巢于茂密的灌丛枝叶间。

分布：在国内主要繁殖于新疆、内蒙古、东北北部一带；越冬至印度及西亚。

居留状况：迷鸟。

●○○○○

394

横斑林莺 *Sylvia nisoria*　　　　140～162 mm
　　　　　　　Barred Warbler　　　　22～27 g

野外识别特征：看上去敦实的大型林莺。成年雄鸟喉部、腹部一直至尾下覆羽白色，具有黑色的横纹故得其名。雌鸟及第一年雄鸟上体褐色微浓，下体的横斑较雄鸟稀疏且不完整。

形态特征：体型较大而壮实的林莺。上体淡灰色，羽尖端具白色尖端；下体白，羽末段具深灰色月牙斑，形成鳞状横斑；两翅灰褐色，具两道白色翅斑；耳羽及颊灰色，眼部黄色很显著。

生态特征：主要栖息于近河流和湖泊的灌丛，也见于海拔高度到 1 800 m 的树林灌丛，较少进入森林；性隐蔽，在灌丛中跳跃，炫耀时也上到树冠层，但很少暴露在外。主要以昆虫为食，也吃植物果实、浆果等。营巢于灌木侧枝，巢呈深杯状。

分布：国内分布于新疆天山以北至阿勒泰地区；越冬至东非。

居留状况：迷鸟。

●○○○

◉⊖

59. 戴菊科　Regulidae

　　体型与柳莺相似的小型鸣禽，原来为鹟科莺亚科中的一个属，近来基于分子生物学证据将本类群提升为一个独立的科并得到广泛认同。嘴短而尖细，头顶具黄色或红色的鲜艳冠羽，但平时多隐而不见。多数种类具粗而显著的黑色侧冠纹。初级飞羽10枚，尾羽浅凹形，12枚。背部多为橄榄绿色，腹部为黄色至灰白色。多栖息于海拔较高的针叶林，常集小群活动，性活泼，大多数种类的鸣声以短促的鸣叫为主。主要食物来源为昆虫或植物种子。杯状巢，多筑于针叶树的中、上层。卵白色，每窝产卵3~4枚。本科鸟类全世界计有1属，6种，分布于美洲和欧亚大陆。我国境内已知有1属，2种。北京地区计有1属，1种。

395

戴菊 *Regulus regulus* 92～105 mm
Goldcrest 5～6 g

野外识别特征：体小似柳莺，但是头顶的黄色羽毛和黑色侧冠纹加上眼周的白色，使其不易与柳莺混淆，常混入鸟群，在林冠或中层活动。

形态特征：小型鸣禽。体型纤小；嘴细尖。头顶上具鲜艳的金黄色冠羽，雄鸟的冠羽中央橘红色；上体橄榄色；翅上具两道明显的白色翅斑。虹膜暗褐色；嘴黑褐色；脚暗褐色。

生态特征：鸣叫声尖细而清晰，叫声像"仔仔花儿"。嗜食虫，能消灭大量害虫和虫卵，是极有益的鸟类。栖息于针叶树林中。营窝于针叶树上。每巢产卵4～6枚。由雌鸟孵卵，孵化期14～17天；育雏期16～21天。

分布：戴菊是典型的古北界鸟类，分布于欧亚大陆温带地区；南抵地中海、喜马拉雅山脉地区。在我国新疆西部、东北东部、西南地区为繁殖鸟；经东部广大地区至华东和华南沿海越冬。

居留状况：旅鸟，冬候鸟（10月上旬～翌年4月上旬）。

60. 绣眼鸟科　Zosteropidae

　　小型鸣禽。体型小巧。体羽近乎纯绿色；眼周围具一圈白色绒羽，故名绣眼鸟。嘴小，嘴峰向下弯曲；舌能伸缩，舌尖有两簇角质纤维，适于伸入花中觅食；翅圆而长；尾羽短，成平尾状。雌雄成鸟羽色相似。喜群栖于林缘垦耕地带。本科鸟类全世界计有 14 属，94 种，分布在亚洲、非洲、大洋洲。我国境内有 1 属，4 种。北京地区计有 1 属，2 种。

396

红胁绣眼鸟 *Zosterops erythropleurus* 108~118 mm
　　　　　　　　Chestnut-flanked White-eye 9~12 g

野外识别特征：似暗绿绣眼鸟，但上体颜色较淡，两胁具栗色(有时不明显)。

形态特征：小型鸣禽。雄鸟上体黄绿色；眼周有白色绒状短羽形成的眼圈；眼先黑褐色；尾羽及飞羽暗褐色；颏喉部和尾下覆羽亮黄色；两胁具明显的栗红色。脚铅灰色。雌鸟似雄鸟，但两胁栗红色较浅淡且小。

生态特征：鸣声与暗绿绣眼鸟接近。常栖于平原和中低山的树林及果园。喜食昆虫和成熟的果实。恋群性强。停息于树上时，个体之间常互相用嘴为对方颏喉部挠痒。

分布：亚洲东部。在我国东北和华北地区为繁殖鸟；西南部越冬。

居留状况：旅鸟，夏候鸟(5 月中旬~10 月中旬)。

397

暗绿绣眼鸟 *Zosterops japonicus* 105～110 mm
Japanese White-eye 7～9 g

野外识别特征：上体鲜亮的橄榄绿色；具明显的白色眼圈和黄色的喉及臀部；下体灰白。

形态特征：小型鸣禽。雄鸟上体草绿色；眼周有白色绒状短羽形成眼圈；眼先黑褐色；尾羽和飞羽多为暗褐色；下体颏、喉和上胸及尾下黄白色。脚铅灰色。雌鸟似雄鸟。

生态特征：常发出"唧，唧—"的明亮叫声，也能叫出低婉轻柔的动听歌声，有时发出芦笛般的连续短颤音。成群栖于中低山及平原的树林间。食物以小型昆虫和野生浆果为主。巢用细草编成杯状，挂于树枝上。

分布：亚洲东南部。在我国华北及以南地区广泛分布。

居留状况：旅鸟，夏候鸟(5 月中旬～9 月中旬)。

61. 攀雀科　Remizidae

小型鸣禽。体型比麻雀要纤小。嘴尖锥状；翅端圆形或尖形；尾羽呈方形或稍凹。常把身体向下倒悬于树枝上，头部向下，善攀缘树干啄食树皮缝隙中的昆虫。巢呈囊状，悬挂于树枝末梢端。本科鸟类全世界计有5属，13种。主要分布于亚洲、欧洲和非洲。我国境内计有2属，3种。北京地区计有1属，1种。

398

中华攀雀 *Remiz consobrinus*　　　100~115 mm

　　　　　　Chinese Penduline Tit　　　8~11 g

野外识别特征：似伯劳的缩小版。顶冠灰色；脸罩黑色；背棕色；尾凹形。雌鸟似雄鸟但色暗，脸罩略呈浅棕色。

形态特征：小型鸣禽。雄鸟头顶至后颈灰色；眉纹白色；前额及贯眼纹连同耳羽黑色；颊白色；背棕红色；下背、腰及尾上覆羽浅沙褐色；尾及飞羽暗褐色；翅上有一道棕白色翅斑；下体均为浅淡的沙棕色。上嘴黑褐色，下嘴灰褐色；脚灰黑色。雌鸟似雄鸟，体羽较为浅淡；头顶灰色部分被棕灰色代替。

生态特征：鸣声纤细。集群栖息于近水边的树丛或苇丛之中，常将身体倒挂于树枝或芦苇上。啄食昆虫、虫卵和柳树嫩芽。新疆曾采到中华攀雀巢，全部用羊绒毛精细编为囊状巢，状如烧瓶。

分布：欧亚大陆。在我国北部为繁殖鸟；越冬于长江中下游地区；华北及东北南部为旅鸟。

居留状况：旅鸟，少量冬候鸟。

62. 长尾山雀科

体型非常小的鸣禽。嘴短而粗厚，长而凸形的尾是本科鸟类的典型特征。翅短而圆，体羽蓬松，雌雄羽色相似。多集小群活动于林下植被发达的山地森林中，栖息地以针阔混交林和阔叶林为主。食物多为昆虫和植物种子。营巢于树上，为口袋状，开口于侧上方。有些物种具有合作繁殖行为。本科鸟类全世界计有 3 属，10 种，主要分布于欧亚大陆和北美洲。我国境内已知有 1 属，6 种，除西北地区外都有分布。北京地区计有 1 属，3 种。

399

银喉长尾山雀 *Aegithalos caudatus* 130～170 mm
　　　　　　　Long-tailed Tit　　　　　6～9 g

野外识别特征：具有宽的黑眉纹；翼上图纹褐色及黑色；细小的嘴黑色；黑色尾甚长；下体沾粉色。

形态特征：小型鸣禽。雄鸟头顶至后枕两侧黑色；中央冠纹污白色；前额、眼先、颊部与颈侧污灰白色；浅色羽毛均微沾葡萄酒粉红色；背肩部、腰和尾上覆羽均灰蓝色；尾呈凸形，尾羽黑褐色，最外侧三对尾羽具白色楔状端斑；飞羽和翅上覆羽均黑褐色；下体颏喉部污白色，喉部中央具一银灰色块斑；胸部淡棕黄色；腹部、两胁到尾下覆羽均为浅葡萄粉红色。

生态特征：鸣声细弱，如"嘶，嘶，嘶"，连续鸣叫。栖于中低山林地及灌丛，秋冬迁到平原和低山。常结十几只的群体在树枝间寻找昆虫。可倒挂在枝头啄食虫蛹、虫卵，也食一些植物种子。繁殖较早，4月初可见初飞的幼鸟。巢呈球形，悬于枝间，巢口位于巢的侧上方。每窝产卵6～8枚；卵白色，缀红褐色斑点。雌鸟孵化约13天；育雏15天；幼鸟随亲鸟游荡取食。

分布：欧亚大陆，南抵地中海沿岸。我国境内分布于华北、青海、四川东部、云南西北部及长江流域北部等地区。

居留状况：留鸟。

400

北长尾山雀 *Aegithalos caudatus*   122～162 mm
                      Northern Long-tailed Tit   7～11 g

野外识别特征：头白而体黑的小型长尾山雀，胸腹部白色，尾长与身长近似。原为银喉长尾山雀的亚种，近来基于形态、分布和分子证据提升为独立物种。

形态特征：头部纯白色；上背黑色，肩、下背、腰葡萄红色，羽尖白色；尾黑色，外侧三对尾羽外翈白色，羽端具楔形白斑；飞羽大部褐色，初级飞羽外翈，仅端部白色，基部黑色；外侧次级飞羽外翈具白色羽缘，内侧次级飞羽内外翈均具较宽的白色羽缘；下体白色；腹和两胁沾淡葡萄红色；尾下暗葡萄红色。

生态特征：栖息于山地针叶林和阔叶混交林中，秋冬季可到平原和果园中，常集小群活动，也集松散大群，常与其他山雀、棕头鸦雀等混群。性较活泼，行动敏捷，不停穿梭在枝叶间。主要以昆虫为食，也吃蜗牛等小型无脊椎动物以及少量植物性食物。4月进入繁殖期。通常筑巢在背风林内，巢多置于乔木的枝杈间，呈椭圆形，巢材由用苔藓、地衣、树皮、羽毛等编织而成，内垫有兽毛等，隐蔽。每窝约产卵10枚。孵化期为13～16天。

分布：国外广泛分布于欧洲和亚洲。国内主要分布于东北及华北北部地区。

居留状况：冬候鸟，旅鸟。

401

红头长尾山雀 *Aegithalos concinnus*　90～116 mm
　　　　　　　　Black-throated Tit　　　4～8 g

野外识别特征：体色鲜艳的长尾山雀。头部特征鲜明：头顶栗红色，脸部和喉部黑色，颊部白色，不易与其他种类混淆。

形态特征：小型鸣禽。头顶至后颈栗红色，具宽的黑色贯眼纹；上体灰蓝色；外侧尾羽具楔形白斑；下体白色；喉部具黑色块斑；胸带栗红色；两胁栗色。

生态特征：主要栖息于山地森林和灌木林间，是我国南方常见的一种山林鸟类。性活泼，常不停地在枝叶间跳跃或来回飞翔觅食。主要以鞘翅目和鳞翅目昆虫为食。繁殖期2～6月，营巢于柏树上。每窝产卵5～8枚；卵白色。

分布：国外分布于喜马拉雅山区，中南半岛北部。在我国分布于西藏南部、西南、华中、华南、东南及台湾。

居留状况：逃逸留鸟。

63. 山雀科　Paridae

　　体型比麻雀小。嘴短而强，略呈圆锥状；鼻孔被鼻须覆盖；翅稍短而圆；尾羽呈圆形或略呈叉形尾；跗蹠强健，趾较强壮，善于攀悬在树枝头上。动作灵活，跳跃穿梭于树枝或灌丛中。飞翔能力较差。繁殖期间营巢于树洞或岩石缝隙穴中。主要捕食昆虫及其虫卵，为农林益鸟。本科鸟类全世界计有 3 属，55种，分布遍及除大洋洲、南美洲外的世界各地。我国境内计有 4 属，22 种。北京地区计有 1 属，5 种。

402

沼泽山雀 *Parus palustris* 100～125 mm
Marsh Tit 7～12 g

野外识别特征： 头顶及颏闪辉黑色；上体偏褐色或橄榄色；下体近白；两胁皮黄，无翼斑。与褐头山雀相比，通常无浅色翼纹。

形态特征： 小型鸣禽。雄鸟自前额、头顶至后颈为带有金属光泽的黑色；颊部、耳羽至颈侧为白色；上体灰褐色；尾羽及飞羽暗褐色；下体颏喉部中央有一黑色块斑；下体余部污白色；两胁浅灰棕色。

生态特征： 常发出"仔仔，仔仔……"的叫声，也常仿效大山雀"仔仔呵"的叫声，标志叫声为"仔仔红儿"，春季雄鸟站在枝头发出"啾啾啾啾……"的响亮的领域歌声。嗜食昆虫。栖于近水的平原、低山及中山地带；活动于阔叶林及混交林。建巢于旧啄木鸟洞或天然树洞。每窝产 4～8 枚卵；卵白色，缀紫褐色斑点。

分布： 欧亚大陆。我国分布于东北、华北及黄河、长江流域。

居留状况： 留鸟。

403

褐头山雀 *Parus songarus* 110~132 mm
Songar Tit 8~12 g

野外识别特征：头顶及颏棕褐色；上体褐灰；下体近白；两胁皮黄。与沼泽山雀易混淆，但一般具浅色翼纹；黑色顶冠较大而少光泽；头较大；翅缘白色。

形态特征：小型鸣禽。雄鸟自前额、头顶至枕部及后颈为暗褐色，无金属光泽；眼先、颊部、耳羽及颈侧形成白色块斑；上体淡灰褐色；尾羽及飞羽均暗褐色；下体颏喉部有大块褐黑色斑；下体浅灰白色。雌鸟与雄鸟相似。嘴黑褐色；脚铅灰色。

生态特征：雄鸟常发出"仔背儿背儿"的叫声，标志叫声为"仔仔哈哈哈"，后三音声哑而低，可区别于其他山雀。栖息在海拔1 000~1 600 m的中山地带，活动于阔叶林及针叶林间。秋冬可到低山及平原游荡取食。嗜吃森林害虫，是益鸟。4~6月繁殖。建巢于高大树木的树洞中，距地面3~10 m。巢材多是苔藓和兽毛。每窝产卵6~10枚；卵粉白色，缀以紫褐色斑点。在繁殖地用人工巢箱招引可取得良好效果。

分布：亚洲北部。我国分布于东北、华北、西北、西南和新疆北部等地。

居留状况：留鸟。

404

煤山雀 *Parus ater*   98～110 mm
Coal Tit   6～8 g

野外识别特征：头顶、颈侧、喉部及上胸黑色；上体灰色或橄榄灰色；翼上具两道白色翼斑；颈背部有大块白斑；两胁或有皮黄色。

形态特征：小型鸣禽。雄鸟头黑色，中央形成尖形羽斑；头侧、脸颊、耳羽和颈侧形成白色斑块；后颈中央也有一白斑；头顶其余部分均为辉蓝黑色；上体为暗蓝灰色；尾羽和飞羽黑褐色；大覆羽、中覆羽羽端白色；两胁灰色。嘴黑色；脚铅灰色。雌鸟似雄鸟。

生态特征：典型叫声是三声一度的"仔仔背"，另有多种叫声会混同于其他山雀。多栖于海拔 1 000 m 以上的中山地带，出没于针叶林或针阔混交林；冬季在平原低处活动。主要食蜷象、尺蠖、甲虫等，是典型的森林益鸟。繁殖于 5～6 月。选择天然树洞和墙洞造巢。巢用苔藓和兽毛筑成。多由雌鸟孵卵。

分布：亚洲、欧洲、非洲广大地区。我国分布于新疆、东北、华北、华南、西南等地。

居留状况：留鸟，冬候鸟，夏候鸟。

405

黄腹山雀 *Parus venustulus* 88～108 mm
Yellow-bellied Tit 9～12.5 g

野外识别特征：下体黄色；翼上具两排白色点斑；嘴甚短。雄鸟头及胸兜黑色；颊斑及颈后点斑白色；上体蓝灰；腰银白。雌鸟似雄鸟，但色黯淡。

形态特征：小型鸣禽。雄鸟头顶、后颈到上背均为黑色，并具蓝黑色金属光泽；颊部、耳羽至颈侧有长三角形白斑，后颈中央有一白斑；下背和肩蓝灰色；腰部颜色略浅；尾羽黑色，最外侧一对尾羽外翈近基部白色，其余外侧尾羽外翈中段白色；飞羽黑褐色；中覆羽、大覆羽具黄白色羽端点斑；下体颏、喉和胸黑色；下胸、腹及尾下覆羽亮黄色；两胁黄绿色。尾短；嘴黑色；脚铅灰色。雌鸟通体橄榄绿色；脸颊斑灰白色；翅斑黄绿色。幼鸟似雌鸟，但绿色和黄色部分略鲜艳。

生态特征：雄鸟常发出"仔仔点，仔仔仔"的叫声，歌声多种，有"仔根儿，仔根儿"和"仔嘎仔根儿，仔嘎仔根儿"等。栖息于山地森林，春秋可及平原。喜食昆虫，是典型的森林益鸟。巢筑于海拔1 000 m的中山地带。常在林间略开阔处掘土洞为巢，用苔藓、羊毛及植物花序作为巢材。每窝产卵4～6枚；卵粉白色，缀以褐色斑点。

分布：中国特有种类。主要分布于我国东部、南部和西南部。

居留状况：夏候鸟或旅鸟（4月下旬～10月中旬），少量冬候鸟。

406

大山雀 *Parus major* 125～153 mm

Great Tit 13～17 g

野外识别特征： 头及喉辉黑色；脸侧白斑明显；上体灰色；翼上具一道醒目的白色条纹；下体白色，一道黑色带沿胸中央而下。

形态特征： 小型鸣禽。雄鸟从前额、头顶至枕部为黑色，具蓝色金属光泽；颊部、耳羽具显著白斑；上体背部及肩羽橄榄绿色；腰灰蓝色；中央一对尾羽灰蓝色，最外侧尾羽纯白色，次外侧尾羽有白色楔状斑，其余尾羽黑褐色；飞羽黑褐色；大覆羽形成一道白色翅斑；上胸至腹部白色，中央从颏部至尾基贯以宽阔的黑色带斑，甚为显著。嘴黑色；脚铅灰色。

生态特征： 经常发出“仔仔哈哈”“仔哏儿”等叫声。特有叫声为“仔仔黑儿，仔仔黑儿”。从平原至低山及海拔1 600 m的中山地带均有分布。活动于乔木、灌丛和地面。捕食昆虫能力很强，是著名的农林益鸟，人工巢箱招引效果明显。巢址多样，树洞、土洞、石洞以至电线杆孔、地面石头缝隙中均可。巢材为苔藓及兽毛。每年繁殖 2～3 窝；每窝产卵 6～10 枚；卵粉白色并具紫棕色的斑点。

分布： 亚洲东南部、欧洲大部和非洲西部等地。我国广泛分布。

居留状况： 留鸟。

●●●○

●

64. 鸭科 Sittidae

小型鸣禽。体羽蓬松而稀散，羽枝柔软；嘴直且强壮，多数凿状；鼻孔多覆以鼻羽或有鼻须垂悬；翅较尖长；尾羽短小柔软，呈方形或略圆形；跗蹠后缘被盾状鳞片，后趾发达，爪钩长且尖锐。一般在山林栖息，或栖息于岩壁土坡。善攀缘，可头朝下在树干上攀缘。营巢于树洞或岩壁缝隙中，并多数有用泥土涂抹洞口的习性。是农林益鸟。本科鸟类全世界计有1属，24种，广泛分布于欧亚大陆、北美洲、南美洲北部、澳大利亚等地。我国境内计有1属，11种。北京地区计有1属，2种。

407

普通鸻 *Sitta europaea*   112～142 mm

Eurasian Nuthatch   15～17 g

野外识别特征：上体蓝灰；贯眼纹黑色；喉白；下体灰白色；两胁浓栗色。

形态特征：小型鸣禽。嘴尖直，形似啄木鸟。雄鸟上体从前额至尾基部包括中央尾羽均为灰蓝色；眉纹白色；黑色贯眼纹一直延伸到肩部；颊、颈侧、颏、喉部与胸腹部均为肉桂棕色或污皮黄色；两胁栗色十分显著；尾下覆羽白色，羽缘栗色；尾短，外侧尾羽黑褐色，最外侧一对尾羽外翈中间具斜向白斑，其余外侧尾羽各具白色次端斑。雌鸟与雄鸟相似，体色稍浅淡。

生态特征：叫声响亮"加加加加—"，但音调无大变化。栖息于山地、老龄森林。善于在树枝、树干上攀缘，寻找食物。常头朝下在树干上攀爬。4～5月上旬开始营巢繁殖。常利用旧啄木鸟洞筑巢。洞口和洞中的缝隙处用泥土涂抹，洞口直径仅留 2.5 cm。巢内常垫棘皮桦的树皮。每窝产卵 6～8 枚；卵粉白色，密布紫褐色斑点。孵化期 17 天；育雏期 17～18 天。亲鸟在育雏期捕捉昆虫多达万只。

分布：欧亚大陆。我国广泛分布于东北、华北、华东、西南、华南等地。北回归线以南少见。

居留状况：留鸟。

408

黑头鸭 *Sitta villosa*　　　　　　96～116 mm

Chinese Nuthatch　　　　　6～11 g

野外识别特征：小型鸭类。具白色眉纹和黑色贯眼纹；上体余部淡蓝灰色；喉及脸侧偏白；下体余部灰黄或黄褐色。雄鸟顶冠黑色；雌鸟顶冠黑褐色。

形态特征：小型鸣禽。雄鸟头顶、枕至后颈亮黑色；眼先、眼后和耳羽黑褐色；背至尾灰蓝色；脸颊、头侧、颏、喉污白色；其余下体灰棕色或浅棕黄色。雌鸟头顶黑褐色；眉纹污白色；上体较雄鸟稍淡；下体亦较雄鸟淡，为淡棕黄色。

生态特征：主要栖息于山地针叶林和针阔混交林中。性活泼，行动敏捷，能沿树干垂直向上或向下攀爬，也能沿树干做螺旋形的上下攀缘，可边攀行边啄木，啄取树皮缝隙和表层中的昆虫。主要以昆虫为食。繁殖期5～7月，营巢于环境开阔、阳光充足和富有老龄树木的针叶林和以针叶树为主的混交林中，树洞巢。每窝产卵4～9枚；卵白色，有朱红色斑点。

分布：中国北方及东北的特有种，边缘分布于朝鲜、乌苏里流域及库页岛。

居留状况：留鸟。

65. 旋壁雀科 Tichidromidae

本科为单型科，仅有 1 属，1 种，分布于欧亚大陆。广布于我国，在北京为留鸟。科的特征详见种的描述。

409

红翅旋壁雀 *Tichodroma muraria* 120～178 mm
Wallcreeper 15～23 g

野外识别特征：全身灰色；尾短而嘴长；翅上具醒目的绯红色斑纹。飞羽黑色；外侧尾羽末端白色。繁殖期脸及喉部黑色；非繁殖期成鸟喉偏白，头顶及脸颊沾褐色。

形态特征：小型鸣禽。冬、夏羽色略有不同。喙细长，略向下弯。冬羽头顶至背、肩灰色；腰和尾上覆羽深灰色；尾黑色具白色端斑；眼周白色；翅上中、小覆羽胭红色，内侧大覆羽黑褐色，飞羽黑色，羽端略具白斑；颏、喉白色；其余下体深灰色。夏羽颏、喉黑色；下体灰黑色，其余与冬羽相似。

生态特征：高山山地鸟类。主要栖息于高山悬崖峭壁和陡坡上，也见于平原山地。常沿岩壁做短距离飞行，两翅扇动缓慢，飞行呈波浪式前进，沿着岩壁活动和觅食，觅食时常展开两翅，身体紧贴于岩壁，然后将细长而下曲的嘴伸进岩壁缝隙中取食昆虫，并不时地扇动两翅，以维持身体平衡。主要以昆虫为食，也吃少量蜘蛛和其他无脊椎动物。繁殖期4月下旬～7月。营巢于悬崖峭壁岩石缝隙中；巢主要由苔藓、草根、草茎等构成。每窝产卵通常4～5枚；卵白色、被有红褐色斑点。

分布：欧洲中部、东部和南部，中亚、印度北部、中国及蒙古南部。见于我国西部、中部及北部；越冬鸟见于华南及华东的大部地区。

居留状况：留鸟。

66. 旋木雀科 Certhiidae

　　小型森林鸟类。细长而向下弯曲的嘴是本科鸟类的典型特征。翅短圆，初级飞羽 10 枚；尾羽长而坚硬，成楔形，为其在树干上攀缘提供支点；跗蹠后缘侧扁，光滑无鳞；脚趾为攀趾型，后爪较后趾为长，且弯曲。以昆虫为主要食物来源，在树干上攀爬觅食。多栖息于高海拔的山地针阔混交林中。本科鸟类全世界计有 2 属，7 种，主要分布于欧亚大陆、非洲和北美。我国境内已知有 1 属，5 种，主要分布于北方和西南地区。北京地区计有 1 属，1 种。

410

欧亚旋木雀 *Certhia familiaris* 105～146 mm

Eurasian Treecreeper 6.6～9 g

野外识别特征： 褐色斑驳的旋木雀。下体白色，仅两胁略沾棕色且尾上覆羽棕色；胸部偏白。

形态特征： 小型鸣禽。额、头顶至背棕褐色，各羽均具白色羽干纹；腰和尾上覆羽棕红色；眉纹棕白色向后延伸至枕部；翼黑褐色，具棕白色斑；尾羽黑褐色，外翈羽缘和羽干淡棕色；下体白色，下腹、两胁和尾下覆羽沾灰。嘴黑色，下嘴乳白色。

生态特征： 主要栖息于山地针叶林、针阔混交林、阔叶林和次生林。沿树干呈螺旋状攀缘，以寻觅树皮中的昆虫，栖息时用利爪和坚硬的尾羽支撑身体。主要以昆虫为食。繁殖期 4～6 月。巢多筑于大的树皮缝隙、裂隙和树洞中，主要由苔藓、树皮等植物性纤维和蛛丝、羽毛黏结编织而成。每窝产卵 4～6 枚；卵乳白色，钝端密被赤褐色斑点。

分布： 欧亚大陆、喜马拉雅山脉至中国北方、西伯利亚及日本。见于我国西北、中部、西藏南部及西南。

居留状况： 冬候鸟，旅鸟。

●○○○

67. 雀科　Passeridae

小型鸣禽，原称为文鸟科，因本科包含雀形目的模式物种，故更名为雀科。嘴短粗，呈圆锥状，嘴缘平滑，嘴闭合时上、下嘴边缘彼此紧贴；角质腭两侧纵棱的后端左右合并，形成"U"形或"V"形；鼻孔位置接近或进入额线内；尾羽狭长而端尖，呈楔状尾。多数结群栖息。营群巢生活，巢呈曲瓶状；或营巢于树洞内。以谷物或其他植物种子为食，繁殖期吃昆虫。本科鸟类全世界计有 4 属，35 种，分布几遍世界各地。我国境内已知有 5 属，13 种，遍布全国。北京地区计有 2 属，3 种。

411

山麻雀　*Passer rutilans*　　　　　113～140 mm
　　　　　Russet Sparrow　　　　　　　15～29 g

野外识别特征： 似麻雀。雄鸟顶冠及上体为鲜艳的栗色；上背具纯黑色纵纹；喉黑，无颊斑。雌鸟色暗，具黑色贯眼纹及奶油色的长眉纹。

形态特征： 小型鸣禽。雄鸟从额、头顶到背、腰为栗红色，上背具黑色条纹；尾暗褐色具土黄色羽缘，中央尾羽边缘稍红；初级和次级飞羽黑色，具宽阔的栗黄色羽缘，初级飞羽外翈基部有两道棕白色横斑；眼先和眼后黑色；颊、头侧白色；颏和喉部中央黑色；其余下体灰白色。雌鸟上体沙褐色；上背具棕褐与黑色斑纹；腰栗红色；眼先和贯眼纹褐色，一直向后延伸至颈侧；眉纹皮黄白色；颊、头侧、颏、喉皮黄色；其余下体淡灰棕色。

生态特征： 栖息于海拔 1 500 m 以下的中山丘陵和山脚平原地带的各类森林及灌丛中。性喜结群。主要以植物性食物和昆虫为食。繁殖期 4～8 月。营巢于山坡岩壁天然洞穴中，也筑巢在房檐下和墙壁洞穴中。巢主要由枯草叶、草茎和细枝构成。每窝产卵 4～6 枚；浅灰色，被有褐色斑点，尤以钝端较密。

分布： 广泛分布于欧亚大陆。见于我国西藏高原东部及华北、华中、华南和华东。

居留状况： 留鸟，部分夏候鸟。

412

麻雀 *Passer montanus* 114～152 mm
Eurasian Tree Sparrow 19～25 g

野外识别特征：体羽斑驳的小型雀鸟。成鸟脸部有黑色颊斑，幼鸟颊斑不明显。

形态特征：小型鸣禽。雄鸟自前额、头顶至枕部及后颈为栗红色；眼周及眼先黑色；脸颊污白色；耳羽后缘黑色；上体羽棕褐色，背部、肩部有栗色点斑及黑褐色粗斑纹；尾暗褐色；飞羽栗褐色；翅上覆羽栗褐色并形成两条细长的翅斑；下体颏喉为黑色；喉侧、胸和腹污白色；两胁呈茶褐色。雌鸟似雄鸟，很难区分。幼鸟羽色苍淡，较多砂褐色，少栗色；上体黑纹不显；耳羽后缘黑斑不显著。

生态特征：麻雀喜鸣叫但声音嘈杂不悦耳。常在清晨和傍晚集群在树木枝叶茂密之处长时间群鸣。栖息于城乡广大地区的树林、农田及灌草丛处，但无居民区的山野却不见。秋冬季可结成数千只的大群在农田、草地取食。每年繁殖 2～3 窝，每窝产卵 4～6 枚。营巢窝多选在屋檐下、墙洞和树洞，大量占用人工巢箱。育雏期主要捕食昆虫，其他季节多食谷物、草籽及人类丢弃的饭食。该种由于数量可观，生态学上应十分关注。

分布：欧亚大陆，现种群有所扩散。我国全境均有分布。

居留状况：留鸟。

413

石雀 *Petronia petronia*　　　127～160 mm
Rock Sparrow　　　25～35 g

野外识别特征： 全身黄褐色；头部图纹甚为特别，具深色的侧冠纹；眉纹色浅，眼后有深色条纹；嘴短而厚。

形态特征： 小型鸣禽。前额和头顶两侧暗褐色，头顶中央淡色（个别个体不存在）；眉纹淡皮黄色且显著；贯眼纹暗色；后颈淡褐色；背、肩、淡褐色，羽缘皮黄色具暗褐色纵纹；腰和尾上覆羽亦为淡褐色，具不明显的淡色羽缘；飞羽具白斑形成的两色横斑；颊和耳覆羽褐色；下体白色沾褐，胸侧和两胁具暗褐色纵纹；喉部有一黄色斑。

生态特征： 主要栖息于海拔 2 000～3 000 m 的高原、裸露的荒山、悬崖、峭壁、岩石荒坡和有稀疏灌木生长的荒漠及半荒漠地区。善于在地上急速奔跑，飞行力也甚强，鸣声多变。主要以草叶、浆果、种子、叶芽等植物性食物为食，也吃蝗虫、甲虫等动物性食物。繁殖期 5～7 月。营巢于悬崖和岩壁洞穴中，以临近水边的悬崖峭壁最常见。巢主要由草茎、草根、植物纤维等构成。每窝产卵 4～7 枚，多为 5～6 枚；卵白色、赭色或绿褐色，被有褐色斑点。

分布： 古北界南部至中东、中亚和中国北方及蒙古。在我国见于西至新疆西北部的天山，东至北京及内蒙古呼伦贝尔地区。

居留状况： 冬候鸟。

68. 燕雀科　Fringillidae

体型与麻雀相似的小型鸣禽。原称为雀科，因本科的模式属为燕雀属而更名为燕雀科。嘴较强厚，粗短呈圆锥形，嘴缘平滑；鼻孔通常为皮膜或羽须所遮盖；初级飞羽 10 枚，但第一枚初级飞羽多退化或缺失，仅能见 9 枚；尾羽 12 枚；跗蹠前侧具盾状鳞，后侧为长条形鳞片。雌雄鸟的羽色常有区别，幼鸟羽毛类似雌鸟。在各种生境中广泛分布，主要以植物为食，繁殖期大量捕捉昆虫。杯状巢，晚成雏。本科鸟类全世界计有 20 属，135 种，分布于除澳大利亚以外的各个地区。我国境内已知有 16 属，57 种，广布于全国。北京地区计有 8 属，16 种。

414

苍头燕雀 *Fringilla coelebs*　　143～158 mm
　　　　　　Chaffinch　　　　　16～25 g

野外识别特征： 繁殖期雄鸟顶冠及颈背蓝灰色；上背栗色；脸及胸偏栗红色；具醒目的白色肩块及翼斑。雌鸟及幼鸟色暗而多灰色。与燕雀的区别在腰偏绿，肩纹较白。

形态特征： 小型鸣禽。雄鸟头顶至后颈蓝灰色；背栗褐色；腰黄绿色；尾苍灰色；翼黑色，具明显的白色肩斑和翼带；眼先、眉区、颊栗红色；颏、喉、胸和两胁亦为淡栗红色，腹至尾下白色。雌鸟头顶至背暗栗褐色；腰、尾、翼上颜色同雄鸟；头侧和耳羽赭褐色具细的白色羽干纹；颏、喉和上胸灰褐色，下胸和两胁烟褐色；腹中部污白色；尾下覆羽白色。

生态特征： 栖息于阔叶林、针阔混交林、针叶林和次生林等各类森林地带。主要以昆虫和植物果实与种子为食。繁殖期 5～7 月，营巢于树上，巢由草叶、草茎、须根等材料构成，外层常常有苔藓和地衣，将巢加以伪装。每窝产卵 4～7 枚；卵淡蓝绿色被有粉紫色斑点。

分布： 欧洲、北非至西亚。在我国北方大部地区越冬。

居留状况： 少见冬候鸟(10～11 月至翌年 2～3 月)。

415

燕雀 *Fringilla montifringilla*　141～170 mm
Brambling　　　　　　　　　　　　19～25.5 g

野外识别特征：雄性成鸟头及颈背黑色，背近黑；腹部白；两翼及叉形的尾黑色，有醒目的白色肩羽和棕色的翼斑，且初级飞羽基部具白色点斑。非繁殖期的雄鸟与雌鸟相似。

形态特征：小型鸣禽。雄鸟上体自头顶、头侧、后颈至上背均为黑色，并具黑蓝色金属光泽；背部具黄褐色羽斑缘；下背、腰及尾上覆羽白色；尾羽黑色，最外侧尾羽外翈基段白色，内翈中段缀棕灰色斑；飞羽黑褐色，羽缘沾黄白色狭缘；下体自颏喉部至胸部呈黄色；两胁淡棕色，并有黑色斑点。非繁殖期，雄鸟上体黑色羽区多具棕黄色羽缘。雌鸟似非繁殖期的雄鸟，通体黑色更少，且羽色苍淡。

生态特征：雄鸟常发出"喳—"的明亮叫声，鸣声不动听。常集数百只的大群活动于山区或平原。喜在树上啄食嫩芽、种子，也常下地取食草籽和谷物。

分布：欧亚大陆及非洲北部。我国分布于东部各地及新疆西部，为旅鸟和冬候鸟。

居留状况：旅鸟，冬候鸟（10 月中旬～翌年 4 月下旬）。

416

粉红腹岭雀 *Leucosticte arctoa* 150～182 mm
Asian Rosy Finch 25～34 g

野外识别特征： 体大；全身深色；翼上及胁部沾粉色。

形态特征： 小型鸣禽。雄鸟额和头顶前部、眼先、颊和耳羽黑褐色，具灰黑鳞状斑；头顶后部、眼后缘的头顶两侧至后颈棕褐色；背、肩淡棕褐色具显著的黑褐色纵纹；腰灰褐色；尾黑褐色，具窄的棕色羽缘；两翼黑褐色具粉红色羽缘；下体颏、喉、胸灰褐色具银灰色端斑，尤以胸部灰白色斑点较显著并微沾粉红色；腹和两胁灰褐色，渲染玫瑰红色。雌鸟和雄鸟相似，但上下体粉红色少而不显著。

生态特征： 栖息于海拔 1 200～1 900 m 或更高的山顶苔原、灌丛、草地和有稀疏植物生长的裸露岩石地上和岩坡上。停息时多站在地上或岩石上，在地面奔跑迅速。主要以野生植物种子为食，也吃灌木果实和种子，此外还吃部分昆虫和小型无脊椎动物。繁殖期 6～7 月，通常营巢于岩壁缝隙和岩石间。每窝产卵通常 3～4 枚；卵白色。

分布： 东北亚从阿尔泰山至西伯利亚及日本，北美。在我国繁殖于新疆、内蒙古和东北。

居留状况： 冬候鸟（10～11 月至翌年 2～3 月）。

417

普通朱雀 *Carpodacus erythrinus*   155～165 mm
          Common Rosefinch   20～25 g

野外识别特征：雄鸟头、胸、腰红色，雌鸟多灰褐色，翅上具两道翅斑。

形态特征：小型鸣禽。雄鸟头部、颊、喉、胸及腰为暗朱红色；耳羽褐色并染以粉红色；飞羽暗黑褐色，外羽缘土褐色；尾羽暗褐色；腹部污白色。雌鸟上体暗橄榄绿褐色，并有深色斑纹；下体颊、喉和胸部黄灰褐色，并有暗色纵纹；余部污灰白色。未成熟个体十分像雌鸟，喉胸部的暗色纵纹较多。

生态特征：春季雄鸟发出似吹口哨的歌声如"佛—家—吾—伟—家"，声音嘹亮并有节奏。栖于平原的树林或河川的灌丛，也常出现在公园中。喜结成小群在树顶上活动，食植物的种子、浆果和嫩芽。

分布：欧亚大陆。在我国中部、西部和东北地区繁殖；在长江以南越冬。

居留状况：旅鸟(5 月中旬～6 月上旬；8 月下旬～10 月中旬)。

418

红眉朱雀 *Carpodacus pulcherrimus* 132～156 mm
Beautiful Rosefinch 15～26 g

野外识别特征：雄鸟上体棕褐色；下体粉红；具红色宽眉纹。

形态特征：小型鸣禽。雄鸟前额、眉纹、颊、耳羽玫瑰粉红色，具暗色细纹；头顶至背灰褐色具黑褐色纵纹；腰玫瑰红色；翼、尾暗褐色；下体玫瑰红色，腹部中央偏白，胸侧和体侧具暗色纵纹。雌鸟上体灰褐色具宽的黑褐色纵纹；下体淡黄色具黑褐色纵纹；眉纹黄褐色，宽而不明显。

生态特征：主要栖息于海拔 1 200～4 000 m 的山地灌丛和小树丛。冬季成群活动。主要以草籽为食，也吃果实、浆果、嫩芽和农作物种子等植物性食物。繁殖期 5～8 月，营巢于灌丛中和小树上。巢由枯草茎、草叶、细根和树木韧皮纤维构成。每窝产卵 3～6 枚；卵蓝色，钝端被有稀疏的黑色斑点。

分布：喜马拉雅山脉及我国西南、华中和华北。

居留状况：留鸟。

419

北朱雀 *Carpodacus roseus* 155～179 mm

Pallas's Rosefinch 25～30 g

野外识别特征：雄鸟易认，雌鸟比普通朱雀红色重。

形态特征：小型鸣禽。雄鸟体色似普通朱雀；额、头顶、喉银白色，羽缘粉红色；翅上覆羽具两道白色翅斑。雌鸟全身淡棕褐色；额、胸和腰杂以粉红色羽毛（是区别于其他雌朱雀的关键特征）；通体密布纵纹。

生态特征：常栖息于林缘地带。喜在地面取食各种植物种子。

分布：西伯利亚中部和东部地区、朝鲜、日本北部。我国境内见于东北、华北、江苏、甘肃、陕西等地，为旅鸟，冬候鸟。

居留状况：冬候鸟（10 月中旬～翌年 3 月）。

420

红交嘴雀 *Loxia curvirostra* 166～175 mm
Red Crossbill 29～32 g

野外识别特征： 上下交错的嘴特征明显；无白翅交嘴雀的白色翅斑。

形态特征： 小型鸣禽。上下嘴先端交叉；尾羽端呈凹形。雄鸟全身羽毛呈不很鲜艳的绛红色；翅和尾羽黑褐色。雌鸟通体橄榄灰色；腰部色浅；胸微带黄绿色；翅及尾黑褐色。

生态特征： 喜结群活动于针叶林中。主食松籽，也食嫩芽、草籽等。巢置于松树的密叶中。每窝产卵 2～5 枚；雌鸟孵化为主；育雏期长达 24 天。

分布： 欧洲、亚洲北部。我国见于东北、华北、西南、江苏、新疆等地。

居留状况： 冬候鸟(10 月上旬～翌年 3 月)。

421

白翅交嘴雀 *Loxia leucoptera* 148～170 mm
White-winged Crossbill 21～35 g

野外识别特征：雌雄皆具上下交错的嘴及两道白色翅斑。

形态特征：小型鸣禽。嘴粗大，嘴尖相互交叉。雄鸟上体为玫瑰红色；两翅和尾黑色，中覆羽和大覆羽具宽阔的白色端斑，在翅上形成两道显著的白色翅斑；下体颜色较浅，腹部之后近白色。雌鸟上体橄榄黄色具宽的黑灰色纵纹；腰柠檬黄色；两翅和尾黑褐色具细窄的橄榄绿灰色或黄白色羽缘；在翅上形成两道明显的白色翅斑；下体污灰白色；下胸和两胁缀橄榄黄色，有时在喉、胸部和两胁还有不明显的暗灰褐色细纹。

生态特征：栖息于针叶林、特别是落叶松林中，也出现于以针叶树为主的针阔混交林中。非繁殖期常 3～5只、10 余只一群在高大的松树上活动。主要以针叶树的种子为食，也吃嫩芽、嫩叶、花蕊、草籽、浆果和少量昆虫。繁殖期 4～7 月，常营巢于落叶松侧枝上。巢由细的松枝和须根构成。每窝产卵 3～5 枚，卵淡蓝色被有黑褐色斑点。

分布：北美洲及欧亚大陆的温带森林；越冬南迁。在我国繁殖于黑龙江的小兴安岭，越冬时南迁至东北南部和华北北部。

居留状况：冬候鸟(10～11 月至翌年 2～3 月)。

422

白腰朱顶雀 *Carduelis flammea* 120～140 mm
Common Redpoll 9～14.5 g

野外识别特征：与极北朱顶雀类似，但体色偏灰褐，多褐色纵纹。雄鸟繁殖期脸侧至胸部显粉红色。

形态特征：小型鸣禽。雄鸟通体灰褐色；额顶具朱红色块斑；眼先、前额基部、颏均暗黑褐色；眉纹白色；耳羽和颊部淡褐色；上体及胁部有暗褐色纵条纹；腰灰白色略带红色；喉及上胸粉红色；翅上具两道白斑；尾羽黑褐。尾呈浅凹形。雌鸟似雄鸟，但喉及上胸无粉红色而是棕黄白色。

生态特征：栖息于低山或丘陵地带树林中。喜食植物种子。

分布：欧洲、亚洲、非洲北部。我国分布于自东北至长江以北的东部沿海各省和新疆天山。

居留状况：旅鸟，冬候鸟(11月上旬～翌年3月)。

423

极北朱顶雀 *Carduelis hornemanni* 118~146 mm
Arctic Redpoll 10~15 g

野外识别特征：喙短粗，头顶有红色斑点，额黑；翼近黑；体色偏灰白，纵纹少且浅；腰腹部近白色。雄鸟胸部略偏粉红色；雌鸟胸、背部略发黄。

形态特征：小型鸣禽。上体灰白色；额和头顶前部朱红色，极为醒目；头顶至背、肩各羽中央暗色，在上体形成暗色纵纹；下背和腰纯白色；翼、尾羽黑褐色，羽缘灰白色，翅具两道白色翅斑；眼先黑色，眼周、耳羽和颊近白色；额黑色；其余下体白色；喉、胸微沾粉红色，胸侧和两胁微具黑色纵纹。

生态特征：繁殖期栖息于北极苔原灌丛。非繁殖期栖息于低山丘陵和山脚平原草地的白桦林、杨树林等次生阔叶林和林缘灌丛及河谷柳树丛和农田地边树上。冬季常集成大的觅食群。主要以赤杨、桦树等种子和草籽为食，也吃各种灌木果实、种子和植物嫩芽。繁殖期6~8月，营巢于柳灌丛和小树上、岩壁缝隙和岩石间。巢由草茎、茎叶、细枝等材料构成。每窝产卵4~6枚；卵淡蓝色被有褐色斑点。

分布：繁殖于全北界的苔原冻土带，部分鸟冬季迁至南方。在我国多越冬于内蒙古东部呼伦贝尔至新疆天山之间的地区。

居留状况：偶见冬候鸟(11月至翌年2~3月)。

424

黄雀 *Carduelis spinus*　　　　　109～120 mm
Eurasian Siskin　　　　　　　　　9.5～15 g

野外识别特征： 喙短小；翼上具醒目的黑色及黄色条纹。雄鸟顶冠及颏黑色；头侧、腰及尾羽基部亮黄色。雌鸟色暗而多纵纹。幼鸟似雌鸟，色淡，较偏橄榄褐色；翼斑多橘黄色。

形态特征： 小型鸣禽。雄鸟通体黄绿色；头顶和喉部各有一黑色块斑；颊和耳羽橄榄绿色；眉纹黄色；腰、颈、胸均为黄色；胁部有黑褐色纵纹；飞羽和尾羽黑色；翅上有两道鲜黄色翅斑；外侧尾羽基部鲜黄色。嘴和脚灰褐色。雌鸟体羽的黄绿色较雄鸟浅淡；无黑色的头顶和下颏；下体的褐黑色纵纹明显较多。

生态特征： 叫声清脆，雄鸟的鸣唱复杂多变，并能仿效喜鹊、灰喜鹊、朱顶雀等多种鸟叫声。是北京地区著名的笼养鸟。栖息于平原或山麓林间及果园。有极强的集群性，常结成几只至几十只大群活动。常边飞边鸣叫，鸣声柔和动听。喜食草籽和嫩芽，有时也啄食蚜虫等。

分布： 欧洲、亚洲。繁殖于我国东北地区；南迁至长江中下游和东南沿海地区越冬。

居留状况： 旅鸟及少量冬候鸟(9 月下旬～5 月中旬)。

425

金翅雀　*Carduelis sinica*　　　　122～145 mm
　　　　　Oriental Greenfinch　　　15～21 g

野外识别特征：头灰黄色；上体黄褐色；翼黑色而具黄斑；尾下黄色。

形态特征：小型鸣禽。雄鸟体色主要为黄绿色；眼周和眼先黑褐色；头、颈、喉近褐灰色，仅眉纹、前额、颊侧微沾黄绿色；背部暗栗褐色；尾羽基部黄色，端部黑色；下体多为黄色。嘴和脚浅肉色。雌鸟与雄鸟相似，色稍浅淡。

生态特征：雄鸟常发出"吟，吟，吟，吟……"的叫声，也能发出音叉般连续的颤音。栖于平原及山地森林。5～6月营巢于松、杉或果树上。巢呈杯状。一般每窝产卵4枚；卵近绿白色；卵重1.5 g。喜食草籽和谷物，育雏时食昆虫。

分布：亚洲东部。我国东部广大地区均有分布，为留鸟。

居留状况：留鸟。

426

锡嘴雀 *Coccothraustes coccothraustes* 160～197 mm
Hawfinch 51～61 g

野外识别特征：喙粗大，亮银色；头大、颈短粗；具明显的白色宽肩斑；尾较短。成鸟具狭窄的黑色眼罩；两翼闪耀蓝灰色；初级飞羽上端弯而尖；尾暖褐色而略凹，尾端白色狭窄，外侧尾羽具黑色次端斑；两翼内外面均具有明显的黑白色图案。雌雄同色。

形态特征：小型鸣禽。嘴粗大圆厚，呈铅灰蓝色。雄鸟额部、头顶、枕部、头侧及颊部均为棕黄色；眼先和颏喉部黑色；颈有一灰色宽带伸至喉侧部；背羽棕褐色；腰转为浅棕黄色；胸、腹浅棕微沾肉桂色；尾黑色，中央尾羽基段黑色，端部白色；外侧尾羽外翈黑栗色，内翈基段黑栗色，末段有白斑。飞羽黑色具蓝紫色金属光泽；内侧初级飞羽和外侧次级飞羽端呈方形，站立时可见一道明显的白翅斑；飞行时，可见两道白色翅斑。雌鸟似雄鸟，但体色浅淡；头为灰色。

生态特征：常发出"叮，叮"单调的叫声，繁殖期才有复杂的鸣唱声。常结小群飞行，游荡于平原和低山林地。喜食桧柏、葵花籽等，也食杂草籽。

分布：欧亚大陆。我国东北部为繁殖区；在东部和中部越冬。

居留状况：旅鸟，冬候鸟（10 月中旬～翌年 3 月下旬）。

427

黑尾蜡嘴雀 *Eophona migratoria*　　185～205 mm
　　　　　　　Yellow-billed Grosbeak　　41～55 g

野外识别特征：雄鸟与黑头蜡嘴雀的区别在于黑色头罩区域更大；两胁橙黄色；翼尖白色。

形态特征：雄鸟头黑色并具金属光泽；后颈、背部及腰灰褐色；尾羽黑色，略呈凹形；翅黑色，初级、次级及三级飞羽末端白色，形成白色翅尖；下体浅褐；胁部棕红色。嘴粗大厚实，色蜡黄；脚黄褐色。雌鸟头部颜色与上体相同；飞羽和尾羽色稍浅。

生态特征：雄鸟繁殖期间有响亮悦耳的歌声。常见于林缘和开阔的稀疏林地。5～6 月繁殖。每窝产卵 3～4 枚。以昆虫哺育雏鸟，通常取食植物种子、浆果等植物性食物。

分布：亚洲东部。繁殖于我国东北部和长江流域地区；越冬于南方。

居留状况：夏候鸟(3 月中旬～10 月上旬)，旅鸟，近年部分种群成为留鸟。

428

黑头蜡嘴雀 *Eophona personata*   205～231 mm
　　　　　Japanese Grosbeak   45～67 g

野外识别特征：雄鸟与黑尾蜡嘴雀的区别在于整体颜色更淡；黑色头罩区域小；两胁无橙色；翼尖黑。

形态特征：嘴粗大强厚，呈蜡黄色。雄鸟前额、头顶、眼先及眼周黑色并具辉蓝色金属光泽；头侧、颈侧及上体几为纯灰色；尾黑色呈凹形；翅黑色，初级飞羽中段具白色斑块，形成明显的白色翅斑；下体灰色稍浅；腰部和两胁沾淡棕皮黄色。脚粉褐色。雌鸟很似雄鸟，仅羽色稍浅。

生态特征：繁殖期间叫声响亮动听。栖息于山地森林，取食植物种子及草籽。

分布：在亚洲东北部包括我国东北部繁殖；在我国南部越冬。

居留状况：旅鸟（4 月，11 月）。

429

长尾雀 *Uragus sibiricus*　　　　　140～152 mm
　　　　　Long-tailed Rosefinch　　　13～14 g

野外识别特征：无论雌雄，均具两道较宽的白色翅斑；尾长而外侧尾羽白色。

形态特征：小型鸣禽。嘴形似灰雀。雄鸟全身暗玫瑰红色；头顶、枕后、头侧、喉、上胸具淡粉白色条纹；翅及尾羽黑褐色；飞羽羽缘白色，具两道白翅斑；尾羽明显长于飞羽，最外侧三对尾羽具楔状白斑。雌鸟通体灰褐色，具暗色条纹；上体色稍深。

生态特征：鸣声为颤抖的哨音，似"比—呦—恩—"。栖于山间河谷旁的矮树、灌丛中或较低的沼泽地带。多食植物种子，兼食昆虫。

分布：亚洲北部。主要在西伯利亚南部地区繁殖。我国主要分布于东北、华北北部、西南和新疆北部等地区。

居留状况：冬候鸟(11月中旬～翌年2月上旬)。

69. 鹀科　Emberizidae

体型与麻雀相似的小型鸣禽，多在地面和低矮的灌丛中活动。本科鸟类羽色变异较大，但背部常具纵条纹；外侧尾羽多为白色；初级飞羽 10 枚，但第一枚初级飞羽多退化或缺失，仅能见 9 枚；尾羽 12 枚。雌雄鸟羽色相似。主要以杂草种子或谷物为食，繁殖期间捕获昆虫哺育幼雏。营巢于地上或树上。巢通常呈杯状。雏鸟晚成性。本科鸟类全世界计有 72 属，321 种，分布在世界各地。我国境内已知有 6 属，31 种，遍布全国。北京地区计有 2 属，19 种。

430

黄鹀 *Emberiza citrinella*   160～200 mm
Yellowhammer   26.5～34.5 g

野外识别特征：雄鸟易认，部分雌鸟似白头鹀，但胸腹沾黄色，二者有杂交现象。

形态特征：小型鸣禽。雄鸟头黄色常杂有灰绿色羽端；眉纹黄色；贯眼纹黑褐色；后颈和颈侧灰褐色而缀橄榄色；背、肩棕灰褐色具显著的黑褐色纵纹；腰和尾上覆羽栗色；尾黑褐色，羽缘淡灰色，外侧尾羽具白斑；翅上覆羽褐色或黑褐色、尖端栗色，初级飞羽黑色，羽缘黄色；颏、喉、胸等下体黄色，喉侧常有一些棕栗色或黑色斑点。雌鸟和雄鸟相似，下体淡黄色；上体褐灰色具黑色纵纹；头部黄色不及雄鸟黄和鲜亮、缀有更多绿色；胸和两胁的栗色纵纹亦较雄鸟少且不及雄鸟鲜亮。

生态特征：栖息于有稀疏树木的山地和平原地带的疏林中。主要以草籽、果实、嫩叶等植物性食物为食，繁殖期间也吃部分昆虫。繁殖期主要在5～7月。巢由枯草茎叶等构成。每窝产卵4～5枚；卵白色，有的被粉红色、蓝色斑纹。

分布：欧洲至西伯利亚及蒙古北部。在我国分布于新疆西部天山和北京等地。

居留状况：偶见迷鸟(1979年9月10日)。

431

白头鹀 *Emberiza leucocephalos*　　155～190 mm
　　　　　Pine Bunting　　　　　　25～31 g

野外识别特征： 大型鹀。雄鸟头部黄色；下体黄色，具栗色纹，易认。

形态特征： 雄鸟头顶在繁殖期有一大块白斑；侧冠纹、贯眼纹黑色；眉纹、眼周、颏及喉栗色；脸颊白色；上体及胸棕色，并有深褐色纵斑，胸部具一半月形白斑；最外侧两对尾羽内翈具大型楔状白斑；外侧尾羽外翈具白色边缘；腹近白色。雌鸟不具白色头顶；有土棕色眉纹；全身大致为浅棕褐色，并具黑褐色纵条纹。

生态特征： 栖于丘陵及平原，冬季结大群在农田或草丛中觅食。喜食草籽和谷物。

分布： 亚洲广大地区。在我国繁殖于东北北部、内蒙古东北部、新疆西部、青海、甘肃西北部；冬季迁至我国东部和中部的黄河以北地区越冬。

居留状况： 旅鸟，冬候鸟（10 月下旬～翌年 3 月下旬）。

432

灰眉岩鹀　*Emberiza godlewskii*　　146～174 mm
　　　　　　　Godlewski's Bunting　　15～20 g

野外识别特征：体型较大。头灰色；侧冠纹、贯眼纹棕色；颊纹黑色；眉纹灰色。

形态特征：雄鸟头灰色；眼先和颚纹黑色；侧冠纹和贯眼纹栗色；在贯眼纹和下颊之间有栗色弧形条带；眉纹灰色；前胸、颈灰色；上体棕褐色，各羽具黑褐色羽干纵纹；下体淡栗红色，与灰色前胸颜色分界不显；尾羽和飞羽黑褐色；外侧两对尾羽具楔状白斑，飞行时极明显。雌鸟体色似雄鸟，但颜色稍暗淡。

生态特征：雄鸟在繁殖期有固定的领域歌声。常出没于山地林缘灌丛，于地面取食。喜食草籽和昆虫。巢置于低矮灌丛或草丛，有时也建在针叶树上。每窝产3～5枚卵；卵色淡青，近钝端有紫棕色块斑和游丝状花纹；孵卵期和育雏期均为12天左右。在此期间，天敌或人走进巢区，亲鸟常跳出巢做跛形运动，形如受伤，把天敌引开后飞行逃离。

分布：欧洲南部、非洲北部、亚洲中部和东部。我国境内分布于自东北至华中的广大地区。

居留状况：山区留鸟。

433

三道眉草鹀　*Emberiza cioides*　　155~178 mm
　　　　　　　　Meadow Bunting　　18~21 g

野外识别特征： 体型较大。头部花纹显眼；下体红棕色而无纵纹。

形态特征： 雄鸟体色似灰眉岩鹀，但头顶为栗红色；眉纹、颊纹白色；眼先、耳羽、颚纹黑色；颈、颏、喉灰色；胸部栗红色界限十分明显；最外侧两枚尾羽具白色楔状斑。雌鸟羽色较雄鸟暗淡，头部的黑色条纹被棕色替代。

生态特征： 雄鸟在繁殖期有响亮的叫声，往往站在固定的灌丛枝头连续不断地鸣叫。夏季在中、低山地带的林缘灌丛繁殖；冬季到低山和平原的灌、草丛及农田取食。食物以草籽和昆虫为主。巢建于地面草丛中或灌丛基部。巢呈杯状。一般每窝产卵 4 枚；卵色多为淡青色，也有的为灰白色，近钝端具深褐色粗细不等的条状、丝状斑纹；孵卵期和育雏期均为 12 天左右。

分布： 亚洲中部和东部地区。我国主要分布在北方及长江中下游的广大地区。

居留状况： 山区留鸟。

434

栗斑腹鹀 VU *Emberiza jankowskii* 145～167 mm
Jankowski's Bunting 19～25 g

野外识别特征： 与三道眉草鹀相似，但是体羽的栗红色较深，且雄鸟腹部具显著的栗红色斑块。白色翅斑较显著。

形态特征： 雄鸟额至颈红棕色；眉纹灰白色；眼先和颊纹深褐色；背、肩棕栗色，具显著中央纹和浅色羽缘；下背至尾上砖红色；中央一对尾羽淡红褐色，其余尾羽黑色，最外侧两对尾羽具楔状白斑；翅黑褐色，初级飞羽羽缘淡色，内侧飞羽羽缘浅棕色；颊、颏、喉污白色；胸、腹灰白色，腹中央有一大的深栗色斑；两胁浅棕黄色；尾下皮黄色。嘴暗褐色，下嘴基部黄白色。雌鸟羽色较淡，上胸有不明显的胸带。

生态特征： 栖息于山脚平原地带的灌丛和草丛中，特别是干旱草原和荒漠沙地上的灌木丛。单独或成对活动，冬季可结小群。经常在灌草丛之间穿飞。主要以各种草籽为食，繁殖期也吃昆虫。4月末进入繁殖期，营巢于地面灌草丛或矮枝上。巢呈碗状。一般每窝产卵4枚左右；孵化期12天；10天左右出巢。

分布： 国外分布于俄罗斯远东及朝鲜北部。国内分布于东北、内蒙古东北部、北戴河等地区。

居留状况： 1980年以前有罕见冬候鸟记录。

435

红颈苇鹀 NT *Emberiza yessoensis* 126～150 mm
Ochre-rumped Bunting 12～21.5 g

野外识别特征: 腰偏红以区别于芦鹀和苇鹀。

形态特征: 雄鸟夏羽头和喉黑色,有的具有不明显的白色眉纹;背至腰和尾上覆羽栗红色,背上具黑色粗纵纹;两翼黑褐色,具浅色羽缘,小覆羽灰色;中央尾羽淡栗色,外侧两对尾羽具楔形白斑,其余尾羽黑色;颈侧及下体白色;两胁沾黄褐色。冬羽头部黑色和栗色纵纹交杂;眉纹、耳羽黑色;颏、喉部皮黄色。雌鸟和雄鸟冬羽相似,但羽色较暗淡,头具黑褐色并具皮黄色或锈栗色纵纹;颊和耳羽下缘有皮黄色斑纹;眉纹黄白色;冠纹黑色;其余和雄鸟相似。

生态特征: 栖息于低山灌丛草地和有稀疏灌木的湿生草甸及蒿草塔头草甸,尤喜溪流、河谷、湖泊、海岸附近的灌丛、草地和芦苇沼泽。主要以各种草籽和谷粒为食,繁殖期间也吃部分昆虫。繁殖期5～7月,营巢于以蒿草和小叶樟为主的湿生草甸和蒿草塔头草甸中,巢多置于草丛或靠近苔草和水蒿基部的地上,主要由细的枯草茎叶构成。每窝产卵5～6枚;卵污白色被有黄褐色斑点。

分布: 繁殖于日本、中国东北及西伯利亚的极东南部;越冬至日本沿海、朝鲜及中国东部。在我国繁殖于东北地区;越冬于江苏及福建沿海;经东部地区迁徙。

居留状况: 旅鸟(3月;10月)。

436

白眉鹀　*Emberiza tristrami*　　　　145～152 mm

　　　　　Tristram's Bunting　　　　16～18 g

野外识别特征：具白色的冠纹、眉纹、颊纹；脸后具小白斑；腰红色。

形态特征：雄鸟头黑色；中央冠纹、眉纹、颊纹均为白色；上体似麻雀，最外侧两对尾羽具大型楔状白斑；胸部和两胁为棕褐色；其余下体污白色。雌鸟体色较浅淡；头部为褐色；冠纹、眉纹、颊纹均棕白色。

生态特征：喜在沟谷、林缘、林间空地和灌草丛活动，仅在迁徙时成小群。雄鸟鸣叫婉转动听。栖于低山丘陵地带的林下灌丛。喜食草籽及少量昆虫。繁殖期为5～8月，营巢于灌丛下的地面或树丛中。每窝产卵4～6枚。

分布：亚洲东北部地区。在黑龙江及乌苏里江流域繁殖；冬季迁至我国南部、老挝和缅甸等地越冬。

居留状况：旅鸟(5～6月；9月中旬～10月中旬)。

437

栗耳鹀 *Emberiza fucata*   130～173 mm
Chestnut-eared Bunting   16～27 g

野外识别特征：雄鸟脸颊栗红色；黑色颊纹延伸至前胸成胸带；喉及上胸白色，下有棕色胸带。

形态特征：雄鸟头顶至后颈灰色具黑色细纹；脸颊栗色，其上有一小白斑；颚纹黑色；背、肩栗色具宽阔黑色纵纹，下背和腰淡栗色；尾黑褐色，最外侧一对尾羽具长的楔状白斑；两翼黑褐色，具灰褐色羽缘；上胸有一黑色"U"形斑围绕在喉部，在黑色横带下有一条栗红色横带横跨胸部；其余下体皮黄白色；两胁缀皮黄或砖红色、具淡黑褐色羽干纹。雌鸟和雄鸟相似；但上体较褐而少栗色，冬羽均具淡皮黄褐色羽缘；胸部黑色斑点较小而少，有时仅有一条栗色胸带。

生态特征：栖息于低山、丘陵、平原、河谷、沼泽等开阔地带。繁殖期间主要以昆虫为食。非繁殖期则主要以灌木果实和种子等植物性食物为食，秋冬季节也吃谷子、高粱等农作物。繁殖期5～8月，营巢于林缘或林间路边有稀疏灌木的沼泽草甸中。巢外壁由禾本科枯草茎和枯叶构成，内壁为莎草科草茎、须根和苔藓。每窝产卵4～6枚；卵淡灰色、灰青色，其上密被褐色小斑点，尤以钝端较密。

分布：喜马拉雅山脉西段至中国、蒙古东部及西伯利亚东部；越冬至朝鲜、日本南部及印度支那北部。常见于我国东北、华中、西南地区；越冬在台湾及海南岛，候鸟途经华北大部。

居留状况：旅鸟(2～4月；9～11月)。

438

小鹀 *Emberiza pusilla*　　　　　　115～150 mm
　　　　Little Bunting　　　　　　　　 12～16 g

野外识别特征：体型较小。颊部红色；下体白色而具黑色纵纹。

形态特征：雄鸟头顶栗红色；侧冠纹黑色；眉纹、眼先棕白；眼后纹和耳羽边缘棕黑色；颊部红棕色；上体似麻雀，但斑点较小；最外侧两对尾羽具楔状白斑；下体污灰白色；喉侧、胸部和两胁均具黑褐色纵纹。雌鸟与雄鸟羽色相似，仅色稍浅淡。

生态特征：雄鸟在繁殖期间可发出如滴水般的低柔歌声。平时雌、雄鸟均能发出"滋，滋"的单调叫声。栖于山麓、丘陵或平原的灌、草丛及林下空地。喜食草籽，常与其他鹀类混群。

分布：亚洲东部。繁殖在我国以北的地区；在我国东南大部地区越冬。

居留状况：旅鸟，冬候鸟(9月下旬～翌年5月中旬)。

439

黄眉鹀 *Emberiza chrysophrys* 130～166 mm
Yellow-browed Bunting 15～24.5 g

野外识别特征：具白色眉纹，前端黄色。

形态特征：雄鸟额、头顶、枕、后颈和头侧黑色；顶冠纹白色；眉纹前端沾黄，后变为白色；背、肩棕褐色并具黑褐色羽干；下背、腰和尾上覆羽棕红色；尾黑褐色，外侧尾羽具楔状白斑；翼黑褐色，羽缘棕色；翅上具两道白色翅斑；下体白色或污白色；胸和两胁具黑色纵纹；喉侧具小的黑色条纹和斑点；胸侧有时微沾黄褐色。雌鸟和雄鸟相似；但头褐色；耳羽淡褐色；上体黑色，纵纹亦较雄鸟多；下体微沾灰色，纵纹较稀少。

生态特征：繁殖期栖息于西伯利亚泰加林地区的灌丛、草地和溪流沿岸及小块松树林和杨桦林中；迁徙期和冬季栖息在低山丘陵和平原地带的混交林和阔叶林中。主要以草籽等植物性食物为食，也吃少量昆虫。繁殖期 6～7 月，营巢于树上。巢由枯草茎叶构成。一般每窝产卵 4 枚；卵灰白色，被有铅灰色和黑褐色斑点。

分布：繁殖于俄罗斯贝加尔湖以北，越冬在中国南方。在我国分布于黑龙江至长江中下游和东南沿海，西至四川东部和贵州东部。

居留状况：旅鸟(3～5 月；8～10 月)。

440

田鹀 *Emberiza rustica*   127～165 mm

Rustic Bunting   15～22 g

野外识别特征： 无论雌雄，上胸都具红色斑块，且两胁具红色纵纹；耳后具小白斑。

形态特征： 雄鸟夏羽头顶、眼先、耳羽黑色，具黑色羽冠；背至尾上覆羽栗红色，背部具黑褐色纵纹；尾羽黑褐色，最外侧两对尾羽具楔状白斑；翼黑褐色具棕白色和栗黄色两道翅斑；喉侧具黑褐色斑点；颏、喉、颈侧白色；胸具一宽的栗色或栗红色横带；两胁栗色；其余下体和尾下覆羽白色。雌鸟和雄鸟大致相似，但头顶黑色变为沙褐色或黄褐色，具黑色纵纹；胸部栗红色横带杂有较多白色；背较雄鸟暗淡；体侧栗色不及雄鸟鲜亮。

生态特征： 主要栖息于低山、丘陵和山脚平原等开阔地带的灌丛与草丛中。主要以各种杂草种子、植物嫩芽、灌木浆果等植物性食物为食，也吃鞘翅目、鳞翅目等昆虫、昆虫幼虫和蜘蛛等无脊椎动物。繁殖期5～7月，营巢于枯草丛中。巢由枯草茎叶等材料构成。每窝产卵4～6枚；卵灰色、铅灰色，被有小的暗色斑点。

分布： 繁殖于欧亚大陆北部；越冬至我国东部省份及新疆西部。

居留状况： 旅鸟(1～4月；8～11月)，冬候鸟。

441

黄喉鹀 *Emberiza elegans* 134～155 mm
Yellow-throated Bunting 11～24 g

野外识别特征：喉部和枕部具黄色；贯眼纹黑色。

形态特征：雄鸟头顶、贯眼纹和胸带黑色；眉纹连同后枕、喉部具明亮的黄色；上体似多数鹀类，以土棕色为主，并具深褐色纵条纹；下体白色；中央尾羽灰色；外侧尾羽黑色，最外侧两对尾羽末端具楔状白斑。雌鸟体羽颜色近似雄鸟，但头顶和贯眼纹是栗棕色；没有黄色的喉和黑色胸带。

生态特征：常发出"滋滋"的单调叫声，并将羽冠竖起。雄鸟在繁殖期常发出连续而急促的"嘀嘀嘟嘟"的尖细叫声。喜在山地森林、灌草丛及农田活动。主食草籽，也食昆虫。巢筑在较为阴湿的山地林缘灌丛或地面的草丛里。每窝产卵 4～5 枚；卵灰白色，近钝端有褐色斑点。

分布：亚洲东部地区。我国东北及西南地区有繁殖；南部为越冬地；东部广大地区在迁徙季节可见。

居留状况：夏候鸟，冬候鸟及旅鸟。

442

黄胸鹀 EN *Emberiza aureola*   145～160 mm
                       Yellow-breasted Bunting   24～31 g

野外识别特征：雄鸟不会被认错；雌鸟亦具白色翅斑。

形态特征：雄鸟繁殖期头顶至背部栗红色；脸近黑色；翅上有一大块白斑；腹部硫黄色；上胸具栗色胸带。非繁殖期，不具黑脸和栗色胸带；外侧两对尾羽具白色楔状斑。雌鸟上体棕褐色且色较暗；腹部黄色较浅。

生态特征：雄鸟春季有响亮的叫声。喜在平原开阔地集群活动，结成从几只至上百只的大群。尤其爱在稻田和芦苇丛中取食作物及草籽。

分布：欧亚大陆。我国境内繁殖于东北和新疆北部；越冬于南方；大部分地区在迁徙时可见。

居留状况：旅鸟(5～6 月；8～10 月)。

443

栗鹀 *Emberiza rutila*　　　　　　138～152 mm
Chestnut Bunting　　　　　　20～22 g

野外识别特征： 雄性成鸟具栗红色头背部及黄色下体；外侧尾羽非白色以区别于本区域内其他常见鹀。

形态特征： 雄鸟上体羽和下体颏喉部栗红色；胸腹部亮黄色；尾羽黑褐色，最外侧尾羽无白斑；胁部灰褐色，并具暗色条纹。雄鸟的冬羽头背部羽缘呈淡褐色，使上体出现鳞状斑纹；胸部常有一条不鲜艳的栗红色胸带。雌鸟上体羽棕色并具褐色纵纹；下体淡黄色；胁部也具暗色纵纹；另外，还具有黑褐色颚纹，可区别于黄胸鹀雌鸟。虹膜暗褐色；上嘴暗褐色，下嘴色浅。

生态特征： 繁殖期雄鸟发出响亮的鸣声，音似"料料黑，料料黑"。常出现在平原及低山林间空地。可与其他鹀类混群活动。喜食榆实、柳芽、草籽和昆虫。

分布： 亚洲东部。在西伯利亚东部、蒙古北部、鄂霍次克海沿岸繁殖；在我国南部地区和东南亚地区越冬。

居留状况： 旅鸟（5月下旬～6月上旬；8月下旬～10月中旬）。

444

褐头鹀 *Emberiza bruniceps*   150～184 mm
Brown-headed Bunting   20～29 g

野外识别特征：体型大的鹀。雄鸟易认；雌鸟下体较干净，头部亦少花纹。

形态特征：雄鸟夏羽头和上胸栗色，头顶沾黄；背肩橄榄黄色，具黑褐色纵纹；腰亮黄色，尾上覆羽橄榄绿黄色，尾褐色羽缘灰色，最外侧一枚尾羽大部为淡褐色无白色斑；翼褐色，具两道淡色翅斑；下胸和其余下体亮黄色。冬羽与夏羽相似，但背较褐，黑色纵纹较宽；头和喉、胸具灰褐色羽缘。雌鸟头顶和上体沙褐色，具暗色纵纹；腰和尾上覆羽淡黄色；下体皮黄色；腹和尾下覆羽沾更多黄色。

生态特征：栖息于低山丘陵和开阔平原地带的各种灌丛和草丛中。以草籽、谷粒、农作物种子等植物性食物为食，尤其喜食谷物，繁殖期间也吃部分昆虫。繁殖期5～7月，在灌木丛上或干草丛中营巢，距地高10～80 cm。巢主要由草茎和草叶构成。每窝产卵3～6枚；卵白色或淡绿色，被有红褐色斑点。

分布：中亚，越冬至印度。在我国繁殖于新疆阿尔泰山和天山；迷鸟至北京及香港。

居留状况：偶见迷鸟。

445

灰头鹀 *Emberiza spodocephala*　　148~161 mm
　　　　　Black-faced Bunting　　14~26 g

野外识别特征： 有多个亚种分布于北京。雄鸟易认；雌鸟与黄胸鹀的区别在于翅斑不明显。

形态特征： 雄鸟头部、颈和胸均为石板灰色；上体褐色似麻雀；尾羽深褐色，最外侧两对尾羽具大型楔状白斑；下体多少带有硫黄色，随亚种不同而有差异。脚肉色。雌鸟无灰色，头部羽色和上体相同；喉部和下体接近，并多有棕色纵斑纹。

生态特征： 也具有鹀类一般的"滋滋"单调叫声。雄鸟能鸣唱出轻柔动听的歌声。活动于稻田、苇塘等沼泽湿地。喜食草籽和昆虫。

分布： 亚洲东部。自阿尔泰山脉至西伯利亚东部、朝鲜、日本及东南亚北部地区。我国东北及中部部分地区为繁殖区；长江以南为越冬区；华北地区为旅鸟。

居留状况： 旅鸟(4月上旬~5月中旬；9月下旬~10月中旬)。

446

苇鹀 *Emberiza pallasi*　　　　126～151 mm

　　Pallas's Bunting　　　　　　11～16 g

野外识别特征：非繁殖羽与芦鹀相似，区别在于嘴不如后者厚实；肩羽具灰色斑块；下嘴色浅。

形态特征：雄鸟繁殖期头黑色，具白色颈环；白色髭纹延伸至颈部，似芦鹀；上体沙褐色，背部具黑色纵纹；小覆羽灰色在翼上形成灰斑；非繁殖期头部沙褐色，喉至上胸中央杂有黑色。雌鸟头沙褐色，具深色的细纵纹；颚纹黑褐色。

生态特征：栖息于低海拔丘陵及平原地带的农田、草地或芦苇沼泽中。主要以草籽、芦苇种子、植物嫩芽、浆果等为食。每窝产卵 4～5 枚；卵粉红色，被有斑点。

分布：繁殖于西伯利亚东部和中部；越冬于蒙古、中亚、天山和朝鲜等地。在我国分布于内蒙古、东北、华北和西北等地；在长江下游等地越冬。

居留状况：旅鸟(3～4 月；10 月～11 月)，冬候鸟。

447

芦鹀　*Emberiza schoeniclus*　　　162～165 mm
Reed Bunting　　　　　　　　18～20 g

野外识别特征：非繁殖羽与苇鹀易混，区别在于更厚实的嘴，且上下嘴都为深色。

形态特征：雄鸟繁殖期头黑色；白色颊纹直达颈部；体色似麻雀；最外侧一对尾羽近污白色。嘴黑褐色；跗蹠和脚黑褐色。非繁殖期间，头部仅留有少量黑色，多变为褐色；有棕白色的眉纹和颊纹。雌鸟羽色近似非繁殖期雄鸟；头部保留的黑色更少；颏部也变为棕白色。

生态特征：栖于平原的沼泽苇丛中。喜食草籽。营巢于芦苇或灌丛中。每窝产卵 4～7 枚。

分布：欧亚大陆北部地区。繁殖于西伯利亚，少数亚种在我国东北和西北地区繁殖；越冬于我国西北部和东南部；其他大部分地区为旅鸟。

居留状况：旅鸟(3～4 月；10 月上旬～11 月中旬)。

448

铁爪鹀 *Calcarius lapponicus*　　　140~178 mm
　　　　　Lapland Longspur　　　　　20~34 g

野外识别特征： 脚黑色而区别于本区域内其他鹀。

形态特征： 雄鸟夏羽头顶、脸颊、颏、喉和上胸黑色，并延伸至两胁形成纵斑；宽的白色眉纹从眼后延伸到耳后，并与颈侧的白色带斑相连，后颈有一亮栗色翎环；背至尾上覆羽黑色，具皮黄色纵斑；翼和尾黑色，具淡色羽缘；其余下体白色。雄鸟冬羽似雌鸟夏羽，但喉及上胸较褐，胸部具斑点形成的胸环。雌鸟头顶暗褐色具淡皮黄色纵纹，有一宽的皮黄色眉纹，后颈无栗红色领环；上体皮黄色，具黑色纵纹；颏、喉和上胸羽基黑色；两胁具黑褐色纵纹。

生态特征： 繁殖期栖息于北极苔原灌丛和草地，冬季和迁徙期栖息于平原草地、沼泽、农田和旷野等无林的开阔地带。主要以草籽、谷粒等植物种子和果实为食，也吃昆虫，特别是繁殖期间吃的昆虫较多。繁殖期 6~7 月，营巢于苔原地上有灌木隐蔽的土丘或草丛下的凹坑内。巢主要由枯草茎、叶构成。每窝产卵 4~6 枚；卵褐色，被有黑褐色斑点。

分布： 国外繁殖于环北极的苔原和森林苔原带；越冬于欧洲、蒙古、朝鲜、日本以及美国。在我国分布于黑龙江、内蒙古至长江中下游地区。

居留状况： 旅鸟(2~3 月；10~12 月)，冬候鸟。

主要参考文献

CLEMENTS J F, SCHULENBERG T S, ILIFF M J, et al. The Clements checklist of birds of the world: Version 6. 4[M]. Downloaded from http://www. birds. cornell. edu/clementschecklist/Clements% 206. 4. xls/view, 2009.

ALSTROM P, OLSSON U. The Golden - spectacled Warbler: a complex of sibling species, including a previously undescribed species[J]. Ibis, 1999, 141 (4): 545-568.

ALSTROM P, OLSSON U. Golden - spectacled Warbler systematics[J]. Ibis, 2000, 142(3): 495-500.

BIRD LIFE INTERNATIONAL. Threatened Birds of Asia: The BirdLife International Red Data Book [M]. Cambridge: BirdLife International, 2001.

DEL HOYO J, ELLIOTT A, CHRISTIE D A. Handbook of the Birds of the World: Vol. 11. Old World Flycatchers to Old World Warblers[M]. Barcelona: Lynx Edicions, 2006.

DICKINSON E. The Howard and Moore Complete Checklist of the Birds of the World[M]. 3rd edition. London: Christopher Helm, 2003.

KING B F. The *Hierococcyx fugax*, Hodgson's Hawk Cuckoo, complex[J]. Bulletin of the British Ornithologists' Club, 2002,122(1):74-80.

KING B F. Species limits in the Brown Boobook *Ninox scutulata* complex[J]. Bulletin of the British Ornithologists' Club, 2002,122(4): 250-257.

KÖNIG C, WEICK F. Owls of the World[M]. 2nd Edition. London：Christopher Helm，2008.

MARTENS J. *Phylloscopus yunnanensis* La Touche，1922，Alstromlaubsänger[J]. Atlas der Verbreitung Palaearktischer Vögel，2000，19：1-3.

OLSSON U，ALSTRÖM P，ERICSON P G P，et al. Non‐monophyletic taxa and cryptic species‐evidence from a molecular phylogeny of leaf‐warblers (*Phylloscopus*，Aves)[J]. Molecular Phylogenetics and Evolution，2005，36：261-276.

PÄCKERT M.，BLUME C，SUN Y H，et al. Acoustic differentiation reflects mitochondrial lineages in Blyth's leaf warbler and white‐tailed leaf warbler complexes (Aves：*Phylloscopus reguloides*，*Phylloscopus davisoni*)[J]. Biological Journal of the Linnean Society，2009，96：584-600.

ZHANG Y Y，WANG N，ZHANG J，et al. Acoustic distinct of Narcissus Flycatcher complex[J]. Acta Zoologica Sinica，2006，52(4)：648-654.

北京观鸟会. 北京鸟类名录 (2011 年版)[R]. 北京：北京观鸟会，2011.

蔡其侃. 北京鸟类志. 北京：北京出版社，1987.

陈服官，罗时有，郑光美，等. 中国动物志·鸟纲(第九卷 雀形目：太平鸟科—岩鹨科)[M]. 北京：科学出版社，1998.

方扬，关翔宇，柴文菡. 北京市鸟类新纪录——灰瓣蹼鹬[J]. 四川动物，2011(3)：381.

傅桐牛，宋瑜钧，高玮等. 中国动物志·鸟纲(第十四卷 雀形目：文鸟科—雀科)[M]. 北京：科学出版社，1997.

高峰，刘力宇，唐国梁，等. 北京鸟类新纪录——斑头鸺鹠[J]. 动物学杂志，2008，43(3)：160.

李桂垣，郑宝赉，刘光佐. 中国动物志·鸟纲(第十三卷 雀形目：山雀科—绣眼鸟科)[M]. 北京：科学出版社，1982.

李晓京,薄文浩,武森,等. 北京市鸟类新记录——山麻雀[J]. 动物学研究,2004,25(6):490.

刘阳,张正旺. 4 种水鸟途径北京的新记录[J]. 动物学杂志,2005(2):105.

谭耀匡,关贯勋. 中国动物志·鸟纲(第七卷 夜鹰目,雨燕目,咬鹃目,佛法僧目,鴷形目)[M]. 北京:科学出版社,2003.

闻丞,韩冬,孙驰. 北京 2 种猛禽新分布记录[J]. 动物学杂志,2012,47(5):142.

约翰·马敬能,卡·菲利普斯,何芬奇. 中国鸟类野外手册[M]. 长沙:湖南教育出版社,2000.

张荣祖. 中国动物地理[M]. 北京:科学出版社,1999.

张正旺,毕中霖,王宁,等. 北京 2 种鸟类的新分布记录[J]. 北京师范大学学报:自然科学版,2003,39(4):541-542.

赵欣如. 北京鸟类图鉴[M]. 第一版. 北京:中国林业出版社,1999.

赵正阶. 中国鸟类志(上卷·非雀形目)[M]. 长春:吉林科学技术出版社,1995.

赵正阶. 中国鸟类志(下卷·雀形目)[M]. 长春:吉林科学技术出版社,2001.

郑宝赉. 中国动物志·鸟纲(第八卷 雀形目:阔嘴鸟科—和平鸟科)[M]. 北京:科学出版社,1985.

郑光美,王岐山. 中国濒危动物红皮书(鸟类)[M]. 北京:科学出版社,1998.

郑光美. 中国鸟类分类与分布名录[M]. 第二版. 北京:科学出版社,2011.

郑作新,龙泽虞,卢汰春. 中国动物志·鸟纲(第十卷 雀形目:鹟科:鸫亚科)[M]. 北京:科学出版社,1995.

郑作新,龙泽虞,郑宝赉. 中国动物志·鸟纲(第十一卷 雀形目:鹟科:画眉亚科)[M]. 北京:科学出版社,1987.

郑作新,冼耀华,关贯勋. 中国动物志·鸟纲(第六卷鸽形目—鸮形目）[M]. 北京：科学出版社，1991.

郑作新，郑光美，张孚允，等. 中国动物志·鸟纲（第一卷 潜鸟目—鹳形目）[M]. 北京：科学出版社，1997.

郑作新. 中国鸟类种与亚种分类名录大全[M]. 北京：科学出版社，2000.

郑作新. 中国动物志·鸟纲（第四卷 鸡形目）[M]. 北京：科学出版社，1978.

郑作新. 中国动物志·鸟纲（第二卷 雁形目）[M]. 北京：科学出版社，1979.

朱雷，崔月，洪宛萍，等. 北京 4 种鸟类分布新纪录[J]. 动物学杂志，2011，46(2)：146-147.

学名索引

中文名索引

英文名索引

附录

世界自然保护联盟(International Union for Conservation of Nature,简称 IUCN)制定的 9 个物种保护级别

1 绝灭(EX, Extinct)

2 野外绝灭(EW, Extinct in the Wild)

3 极危(CR, Critically Endangered)

4 濒危(EN, Endangered)

5 易危(VU, Vulnerable)

6 近危(NT, Near Threatened)

7 无危(LC, Least Concern)

8 数据缺乏(DD, Data Deficient)

9 未评估(NE, Not Evaluated)

北京地区观鸟地点简介

观鸟地点		位置所处区、县	主要鸟种	适宜季节	距北京城区的距离
	小龙门林场	门头沟	雉鸡（褐马鸡） 猛禽 杜鹃 鸣禽 山鹛 山噪鹛 黑头鹎	全年	120千米
	百花山	门头沟	雉鸡 猛禽 鸣禽 杜鹃	全年	120千米
	松山	延庆	鸠鸽 雉鸡 猛禽 褐马鸡	全年	140千米
山地	喇叭沟门	怀柔	猛禽 鸠鸽 雉鸡 鸣禽	全年	160千米
	驼峰岭	怀柔	雉鸡 鸠鸽 蓝鹊 山雀 鸦	全年	60千米
	雾灵山	密云	雉鸡 星鸦 猛禽 卷尾 山雀 鸠鸽 星鸦 褐头鸫	春、夏、秋	160千米
	沟崖	昌平	鹟鹟 鸦 鹊 山雀 啄木鸟	春、夏、秋	40千米
	小西山（金山、鹫峰）	海淀	鹊 蓝鹊 山雀 黄鹂 伯劳 山鹛 山噪鹛	春、夏、秋	40千米

观鸟地点		位置所处区、县	主要鸟种	适宜季节	距北京城区的距离
平原	东湖林	大兴	麻雀 鸦鹊 燕 雉鸡 雀 鸦鹊 歌鸲 鸽 鹭	春、秋	20千米
	张家湾	通州	麻雀 鸦鹊 燕 雀 鸦鹊 歌鸲 苇莺 鸫	春、秋	30千米
水域	不老屯	密云水库北岸	鸭雁 鹭鸥 天鹅 鹤 麦鸡 鹃鹛 鹊 鹡鸰 雀 猛禽	春、秋、冬	120千米
	汉石桥	顺义	鸭雁 鸻鹬 鹃鹛 鹭 麻雀 鹊 鹡鸰 燕	春、秋	30千米
	白河峡谷	怀柔	鸭雁 鹤鸰 鹬 山鹛 鸦 山噪鹛 鹌 苇莺 鹀	春、秋	125千米
	怀柔水库	怀柔	鸭雁 鹭 鹃鹛 天鹅 海雕 山鹂	春、秋	60千米
	官厅水库	延庆	鸭雁 鹭 鹃鹛 骨顶鸡 天鹅 鸥 鸻鹬 猛禽	春、秋、冬	120千米
	野鸭湖	延庆	鸭雁 鹤 鸻鹬 鸥 天鹅 鹭 猛禽 沙鸡 毛腿沙鸡 大鸨	春、秋、冬	120千米
	沙河水库	昌平	鸭雁 天鹅 鸻鹬 鹭 鱼狗 鸥 鸻 鹀 猛禽	春、秋、冬	25千米
	金海湖	平谷	鸭雁 鸥 鹃鹛 鹭 海雕	春、秋	120千米
	麋鹿苑	大兴	鸭雁 鹭 鸥 鹤 鹃鹛 鸻鹬 猛禽	春、秋	15千米

观鸟地点		位置所处区、县	主要鸟种	适宜季节	距北京城区的距离
水域	十渡（拒马河）	房山	鸭 鹳 鹊 鸦 山雀 鸦 石鸡 白顶溪鸲 红翅旋壁雀 鹞 鹬	春、秋、冬	70千米
	高堂水库	门头沟	鸭 鹊 鸦 啄木鸟 山雀 鸦 隼	春、秋	80千米
城市公园	颐和园	海淀	鸭 鹛鹨 鹭 鹊 鸦 斑鸠 啄木鸟 鸟 燕 雨燕 黄鹂	春、夏、秋	10千米
	圆明园	海淀	鸭 鹛鹨 鹭 鹊 鸦 鸦 杜鹃 啄木鸟 鸟 燕 黄鹂	春、夏、秋	8千米
	北京植物园（樱桃沟）	海淀	鹊 鸦 黑头鸫 山鹛 山噪鹛 鸦 鸦 雀 雨燕 黄鹂 蓝矶鸫	全年	15千米
	香山	海淀	雀 鹊 山雀 啄木鸟 燕 隼	春、夏、秋	15千米
	天坛公园	崇文	雨燕 鹊 燕 绣眼 山雀 鸦	春、秋、冬	城区
	百望山	海淀	鹰 隼 山雀 鸦 山鹛 山噪鹛	春、秋	15千米
	奥林匹克森林公园	朝阳	鸭 鹛鹨 鹭 苇莺 鸦 猛禽 鹊 山雀 柳莺 麻雀 燕	春、秋	城区

北京地区观鸟地点示意图

松山

野鸭湖

沟崖

十三陵水库

沙河水库

黄草梁

小西山

百望山

圆明

东灵山

颐和园

小龙门林场

玉渊潭

百花山

上方山

麋鹿

拒马河（六渡）

半壁店森

喇叭沟门

白河峡谷

雾灵山

云蒙山

不老屯

驼峰岭

雁栖湖

柔水库

京东大峡谷

金海湖

汉石桥

云

东关

野外观鸟的准备工作

到野外去观察和识别鸟类是一件探索性的工作，为能取得较好的观察效果，观鸟之前应做好如下准备：

着装：穿接近自然环境色的长裤、长褂，衣裤上应有合用的口袋。有前檐的帽子可挡光和护眼。鞋要轻便合脚，最好是高勒儿皮鞋或户外运动鞋，去湿地环境可以穿雨靴。户外用品专业店有不少可选择的观鸟用品。

望远镜：7～10倍的双筒望远镜适合各种生境的观鸟活动，特别适合近距离的观察使用。15～60倍的单筒望远镜配合三脚架适合观看水禽和固定目标。

笔记本：准备一个便于携带的无格子的笔记本，在观察过程中用图和文字记录有关内容，对训练眼力、积累资料和日后总结都很有帮助。记录时常使用铅笔，以防着水。"中国观鸟"网站设计推广的观鸟记录本很适合野外使用。

鸟类图鉴：选择一本便于携带的适合观鸟地区的鸟类图鉴或指南。

照相机与长焦镜头：35 mm 的单镜头反光照相机适合野外使用，配合大于 300 mm 的长焦镜头才能拍摄鸟类。使用长焦镜头时要用三脚架。

其他器材：根据个人需要可准备摄像机、采声设备、全球卫星定位系统(GPS)等。

野外识别鸟类的方法

当你刚刚涉足野外识别鸟类的活动时，无论你是专业人员还是业余者，都会感觉很困难。其实，这并不奇怪，因为你缺少经验的积累和方法的训练。只要你坚持做下去，很快就能从外行变成内行。野外识别鸟类确有方法可循。归结起来，主要从两大方面入手：一是注意鸟类的形态，包括大小、体态、羽色、喙形、足形、翅形、尾形等；二是注意鸟类的行为，包括栖止姿势、飞行曲线、攀缘动态、鸣叫规律等。从栖息地的类型看，湿地和森林往往是鸟类数量和种类最丰富的地方。为了观察和研究上的方便，开始观鸟不一定对遇到的鸟都准确地认到种，而应该先去判断属于哪种生态类群，继而分清楚属于哪个目或科。时间长了，随着经验的不断积累，对于目和科大致能够一目了然，这时候再去区分属和种。

我国的现存鸟类可以划分出六大生态类群。

游禽：趾间具蹼，尾脂腺发达，善游泳或潜水。

涉禽：具喙长、颈长、后肢长的三长特征。适于涉水生活。

陆禽：翅短圆，后肢强壮，善奔走，喙弓形，便于啄食。

猛禽：喙、爪锐利具钩，猎食性或食肉性、食腐性，雌多大于雄。

攀禽：足趾发生多种变化，适于攀缘。

鸣禽：种类多，分布广，鸣叫器官发达，善鸣叫。

在野外识别时，一定要对相似种进行比较，不厌其烦地查阅鸟类图鉴，并勤于在笔记本上绘图和记录（包括绘图、文字和拍照、摄像等），回驻地后再多方查阅资料。如能去博物馆或研究单位查对标本，更是迅速提高识别能力的有效方法。

如果经常跟随有经验的人员观鸟，观鸟的水平将会有明显的提高。因为许多问题可以通过商量、讨论及时解决。锲而不舍是成功的捷径。

此外，需牢记：尽量减少和避免对野生鸟类的干扰是参加野外观鸟活动时应一直遵循的行为准则。

数字观鸟

不知不觉,我们已经走进了数字时代。时代的发展与变化使观鸟者或多或少都在使用数字技术参与观鸟活动。无论是研究者还是爱好者都不能摆脱随处可见的数字技术。

数字时代使人们的行为方式发生改变,人们需要快捷地获取信息和传播信息,最大限度地实现信息共享。

不少鸟友外出观鸟时,除了携带传统的望远镜、鸟类图鉴和记录本外,还要携带数码相机、数码摄像机、录音笔、GPS、笔记本电脑和方便随时上网查询学习的智能手机、移动平板电脑等。

这些不经意的变化让我们看到观鸟这一具有 200 多年历史的活动正在发生着历史性改变:户外观鸟活动离不了使用手机的数字通信联络;数码相机可以方便地拍摄鸟类及环境的照片;数码摄像机能够记录鸟类的动态影像;录音笔随时录制鸟类叫声和自然声;GPS 可以为步行观鸟者和自驾车观鸟者定位导航,也可准确记录鸟类的分布地点;笔记本电脑可以及时处理各类数字设备采集的信息资料,还可以上网查阅资料、发布和传播信息,把当天拍摄、录制的鸟类图片、视像、声音等第一时间传给相关人员或是发布在互联网上。10 多年来,各国、各地观鸟网站应运而生,它围绕着传统且现代的观鸟活动,发布信息、展示图片、鸟类查询、资料检索、组织活动、互动交流等,真是无所不能。它使鸟友们缩短了国家与地区的距离,方便与快捷地得到相关信息,最大限度地实现了人们的信息共享。对及时了解鸟类的动态,有针对性地开展鸟类的追踪观察、研究和保护产生巨大作用。可谓传统观鸟已发展为数字观鸟。

我们相信，智慧的人们将进一步利用数字技术改进观察鸟类、记录鸟类以及普及观鸟活动的新方法。

今天，当我们进入数字时代，信息技术引领和带动着我们发展着观鸟活动，这不能不说是观鸟者和观鸟活动的巨大幸运！而观鸟者们在使用数字技术的同时，更看重的是分享鸟类自然信息和分享观鸟快乐的愉悦心境。尊重自然的观鸟理念将使中国的观鸟活动持续健康发展。

鸟类的摄影、摄像及录音常识

在今天，观察与研究鸟类离不开对鸟类的摄影、摄像和录音。这些记录自然的科技手段可以及时有效地对鸟类的形态、行为和生态做真实记录。大量的图片、影像与声音资料有力地推动了鸟类的观察、研究与保护。

鸟类摄影的器材首选 135 专业或准专业单镜头反光相机并配 300 mm、400 mm 或更长焦段的镜头。另需配置专业三脚架以保证拍摄时相机和镜头的稳定。使用小型数码相机和单筒望远镜目镜组接（有三脚架支撑）也可以拍摄到好的鸟类照片，但缺点是拍摄成功率较低，不易拍运动中的个体。如果只使用小型数码相机拍摄鸟类，一般情况下不能得到好照片，但可以拍摄一些鸟类生活的景观与生境和一般记录性鸟类照片。

鸟类摄像首选 3CCD 小型硬盘摄像机，配置带有摄像云台的三脚架。特别需要时也可将摄像机连接在单筒望远镜的目镜上拍摄超远距离的鸟类。一般情况下摄像机一定要装在三脚架上拍摄，以求得到稳定的视像画面。

鸟鸣录音目前最好采用小型专业硬盘数字录音机，如果有条件应另配置指向性话筒。野外采声很有讲究，仅靠精良设备不够，要靠对设备的深入理解和合理使用。高档的录音笔也可录制较好的鸟声。

鸟名中的生僻字
（按第一字笔画数排序）

一至五画

3　勺[杓]sháo（芍）

3　兀鹫 wù-jiù（误救）

4　刈 yì（意）

六至十画

6　凫 fú（服）

6　曳 yè（夜）

7　鸠 jiū（究）

8　鸢 yuān（冤）

9　鸨 bǎo（保）

9　鳾 shī（师）

10　鸫 dōng（冬）

10　鸱鸮 chī-xiāo（吃消）

10　鸬鹚 lú-cí（炉磁）

10　鸲 qú（渠）

10　隼 sǔn（损）

十一至十五画

11　䴓 chī（吃）

11　鸸鹋 ér-miáo（儿苗）

11　鸹 guā（瓜）

11 鸻 héng(恒)

11 鴷 liè(列)

11 鷚 liù(六)

11 鸺鹠 xiū-liú(休留)

12 鹕 hú(湖)

12 鹂 lí(离)

12 椋 liáng(凉)

12 鹈鹕 tí-hú(题胡)

12 鹀 wú(吴)

12 鹇 xián(贤)

12 鼫 yán(炎)

12 棕[椶]zōng(宗)

12 鹍 jí

13 鹎 bēi(杯)

13 塍 chéng(成)

13 鹒 lì(立)

13 鹊 què(却)

13 鹗 è(饿)

14 鹛 méi(眉)

15 鹐 bǔ(补)

15 鹡鸰 jí-líng(急灵)

15 鲣 jiān(坚)

15 鹢 jué(绝)

15 鵟 kuáng(狂)

15 鹴鸰 tuǒ-kōng(妥空)

15 鹟 wēng(翁)

15 鹞 yào(药)

十六至二十画

16 雕[鵰]diāo(刁)

16 薮 sǒu(叟)

16 鹧鸪 zhè-gū(这估)